元学习在自动机器学习和数据挖掘中的应用

（原书第二版）

Metalearning Applications to Automated Machine Learning and Data Mining
(Second Edition)

〔葡萄牙〕帕维尔·布拉兹迪尔(Pavel Brazdil)

〔荷兰〕简·范·赖恩(Jan N. van Rijn)

〔葡萄牙〕卡洛斯·索尔斯(Carlos Soares)   著

〔荷兰〕杰奎因·万斯科林(Joaquin Vanschoren)

李 欣 闫 林 李小波 译

科 学 出 版 社

北 京

内 容 简 介

本书全面而透彻地介绍了元学习和 AutoML 的几乎所有方面，涵盖了基本概念和架构、评估、数据集、超参数优化、集成和工作流，以及如何使用这些知识来选择、组合、调整和配置算法和模型，以更快更好地解决数据挖掘和数据科学问题。因此，它可以帮助开发人员开发可以通过经验改进自己的系统。

本书是 2009 年第一版的重大更新，共 18 章，内容几乎是上一版的两倍。这是作者能够更深入地涵盖最相关的主题，并结合各自领域最新研究的概述。本书适用于对机器学习、数据挖掘、数据科学和人工智能领域感兴趣的研究人员、研究生及该领域的从业人员。

图书在版编目（CIP）数据

元学习在自动机器学习和数据挖掘中的应用：原书第二版 / (葡)帕维尔·布拉兹迪尔(Pavel Brazdil)等著；李欣，闫林，李小波译. —北京：科学出版社，2024.6

书名原文：Metalearning Applications to Automated Machine Learning and Data Mining (Second Edition)

ISBN 978-7-03-075534-6

Ⅰ. ①元… Ⅱ. ①帕… ②李… ③闫… ④李… Ⅲ. ①机器学习
Ⅳ. ①TP181

中国国家版本馆 CIP 数据核字（2023）第 084487 号

责任编辑：阚 瑞 / 责任校对：胡小洁
责任印制：师艳茹 / 封面设计：蓝正设计

科学出版社 出版
北京东黄城根北街 16 号
邮政编码：100717
http://www.sciencep.com

北京九州迅驰传媒文化有限公司印刷
科学出版社发行 各地新华书店经销
*
2024 年 6 月第 一 版 开本：720×1000 1/16
2024 年 6 月第一次印刷 印张：21 3/4 插页：3
字数：445 000

定价：198.00 元
（如有印装质量问题，我社负责调换）

Pavel Brazdil，葡萄牙，波尔图，波尔图人工智能与决策支持实验室；波尔图大学商学院。

Jan N. van Rijn，荷兰，莱顿市，莱顿大学莱顿高级计算机科学研究所。

Carlos Soares，葡萄牙，波尔图，葡萄牙弗劳恩霍夫AICOS研究所及人工智能和计算机科学实验室，波尔图大学工程学院。

Joaquin Vanschoren，荷兰，埃因霍温市，埃因霍温理工大学数学与计算机科学系。

国际标准刊号：1611-2482   国际标准刊号：2197-6635(电子版)
认知技术
国际标准图书编号：978-3-030-67023-8   国际标准图书编号：978-3-030-670
                            24-5(电子版)
https://doi.org/10.1007/978-3-030-67024-5

前　言

本书第一版于 2009 年发行，已然是十余年前创作之时的事了。随着该领域的研究取得了实质性进展，我们决定编写第二版。我们的目标是将最重要的进展写进书中，以使新版本能够呈现该领域的最新信息，从而有益于活跃在该领域的研究人员、研究生和从业人员。

主要有哪些变化？若仅仅比较两个版本的章节数量，那么我们注意到，数量增加了一倍，页数大概也增加了一倍。

我们注意到，在编写第一版的时候，自动机器学习(AutoML)这一术语尚未出现。很明显，我们需要将该术语纳入新版本之中，并阐明它与元学习之间的关系。另外，操作链设计方法的自动化——现在称为应用流水线或工作流还处于起步阶段。因此，我们认为有必要更新现有的资料，以跟上这一发展趋势。

近年来，对于自动机器学习和元学习领域的研究不仅引起了研究人员，也引起了许多人工智能公司的广泛关注，其中包括谷歌(Google)和美国国际商用机器公司(IBM)。如何利用元学习来改进 AutoML 系统，是当今许多研究者试图回答的关键问题之一。

本书也展望了未来的发展趋势。在通常情况下，只有对某些领域有更深入的了解，我们才能够提出新的研究课题。我们谨慎地将一些新课题纳入了相关章节中。

本书第一版的作者包括：Pavel Brazdil、Christophe Giraud-Carrier、Carlos Soares、Ricardo Vilalta。随着该领域研究的广泛开展，我们邀请 Joaquin Vanschoren 和 Jan N. van Rijn 加入到项目中来，以增强我们团队的实力。但遗憾的是，Christophe 和 Ricardo 最终未能参与到新版本的编写过程中来。尽管如此，第二版的作者们仍非常感激他们在项目开始时所做的贡献。

本书的基本架构

本书由三部分组成。第一部分(第 2~7 章)介绍了元学习与 AutoML 系统的基本概念与架构；第二部分(第 8~15 章)讨论了各种扩展功能。第三部分(第 16~18 章)探讨了元数据的组织与管理(如元数据储存库)，最后对全书进行了总结。

第一部分   基本概念与架构

第 1 章首先阐释了本书中使用的基本概念，包括机器学习、元学习、自动机器学习等。接着对元学习系统的基本架构进行综述，作为对本书其余内容的导读。本章由本书的所有合著者共同完成。

第 2 章重点介绍了开发元数据的等级划分方法，这些方法相对容易构建，但在实际应用中仍然非常实用。第 3 章由 P. Brazdil、J. N. van Rijn 编写[①]，专门讨论了元学习与 AutoML 系统评价的课题。第 4 章介绍了作为元学习系统中元特征而发挥重要作用的不同数据集方法，由 P. Brazdil、J. N. van Rijn 编写。第 5 章由 P. Brazdil、J. N. van Rijn 编写，可以视为第 2 章内容的延伸。该章介绍了各种元学习方法，包括以往提出的成对比较等。第 6 章探讨了超参数优化问题，其中既包括基本的搜索方法，也包括自动机器学习领域中引入的更高级搜索法。该章由 P. Brazdil、J. N. van Rijn 和 J. Vanschoren 共同编写。第 7 章围绕表征操作顺序的工作流或英语流水线技术架构的自动化问题进行了讨论。该章由 P. Brazdil 编写，但其中引用了第一版中由 C. Giraud-Carrier 编写的一部分内容。

第二部分   先进技术与方法

第二部分(第 8~15 章)继续讨论第一部分中的内容，但涵盖了相关基本方法的不同扩展形式。第 8 章由 P. Brazdil、J. N. van Rijn 编写，专门对构形空间设计及实验规划等问题进行阐述。随后的两章讨论了集成这一具体问题。第 9 章是本书中的一个应邀撰写章节，由 C. Giraud-Carrier 编写。本章介绍了将一组基础算法进行集成的不同方法。本书第二版的作者认为无须变更这一部分内容，因此保

---

① 本章中使用了第一版第 2、3 章由 C. Soares 和 P. Brazdil 共同编写的部分内容，并做了相应修改。

留了它在第一版中内容。第 10 章继续讨论集成这一主题，并介绍了如何在集成的构建过程中利用元学习(集成学习)。本章由 C. Soares 和 P. Brazdil 共同编写。随后的章节专门讨论了较为具体的问题。第 11 章由 J. N. van Rijn 编写，详细说明了如何利用元学习在数据流设置中进行算法推荐。第 12 章由 R. Vilalta 和 M. Meskhi 共同编写，是本书中第二个应邀撰写章节，涵盖元模型的迁移等内容。本章对第一版中 R. Vilalta 编写的类似章节内容进行了大幅修改。第 13 章由 M. Huisman、J. N. van Rijn 和 A. Plaat 共同编写，是本书中第三个应邀撰写章节，讨论了深度神经网络中的元学习问题。第 14 章专门讨论了数据科学自动化这一相对新颖的课题。本章由 P. Brazdil 起草，并融入了其他合著者的文稿及建议。目的是讨论数据科学范畴内正常开展的各种操作，同时探讨自动化实现的可能性及元知识能否在此过程中得以利用。第 15 章的目标还在于展望未来，并探讨是否有可能实现更复杂解决方案的自动化设计。本章由 P. Brazdil 编写。其中不仅涉及操作应用流水线技术，还涉及更为复杂的控制结构(如迭代)，以及底层表达中的自动变换。

第三部分　元数据的组织与利用

第三部分由最后三章(第 16～18 章)组成，讨论了一些实际问题。其中，第 16 章由 J. Vanschoren 和 J. N. van Rijn 共同编写，讨论了元数据储存库，尤其是以 OpenML 命名的元数据储存库的问题。该储存库中包含从以往实施的诸多机器学习实验中获取的机器可用数据及相应的实验结果。第 17 章由 J. N. van Rijn 和 J. Vanschoren 共同编写，展示了如何通过开发元数据来获取有关机器学习和元学习研究的更多深刻见解，从而开发出新颖、有效的实用性系统。第 18 章对元知识的作用作了简短总结，并列举出一些未来可能遇到的困难。在第一版中，P. Brazdil 进行了详尽阐述，其中也包括 J. N. van Rijn 和 C. Soares 及其他合著者的各种贡献。

致　谢

我们在此对所有助力本项目取得丰硕成果的参与者表示感谢。

感谢荷兰研究委员会(NWO)为我们赞助的 612.001.206 "开放获取图书" 申请基金，使本书得以公开发行。

P. Brazdil 在此特别感谢波尔图大学经济学院、研发机构、INESC TEC 研究院及旗下研究中心——人工智能与决策支持实验室(LIAAD)的一贯支持。该项目(项目编号：UIDB/50014/2020)的开展得到国家基金通过葡萄牙基金资助机构 FCT(Fundacão para a Ciência e a Tecnologia)的部分支持。J. N. van Rijn 在此特别感谢弗莱堡大学、哥伦比亚大学数据科学研究所(DSI)和莱顿大学莱顿高级计算机科学研究所(LIACS)在整个项目实施过程中给予的支持。

C. Soares 谨对波尔图大学及旗下工程学院的支持表示感谢。

J. Vanschoren 谨对埃因霍温理工大学及旗下数据挖掘小组的支持表示感谢。

非常感谢我们的同事对本书提出的许多有益的探讨与建议，这些已在书中得以体现。他们分别是：Salisu M. Abdulrahman，Bernd Bischl，Hendrik Blockeel，Isabelle Guyon，Holger Hoos，Geoffrey Holmes，Frank Hutter，João Gama，Rui Leite，Andreas Mueller，Bernhard Pfahringer，Ashwin Srinivasan，Martin Wistuba。

同时，我们也感谢其他多位研究人员亲自或通过电子邮件与我们展开讨论，带来了积极的成果影响。他们分别是：Herke van Hoof，Peter Flach，Pavel Kordík，Tom Mitchell，Katharina Morik，Sergey Muravyov，Aske Plaat，Ricardo Prudˆencio，Luc De Raedt，Michele Sebag，Kate Smith-Miles。

还要感谢其他各位合作伙伴，包括：Pedro Abreu，Mitra Baratchi，Bilge Celik，Vítor Cerqueira，André Correia，Afonso Costa，Tiago Cunha，Katharina Eggensperger，Matthias Feurer，Pieter Gijisbers，Carlos Gomes，Taciana Gomes，Hendrik Jan Hoogeboom，Mike Huisman，Matthias König，Lars Kotthoff，Jorge Kanda，Aaron Klein，Walter Kosters，Marius Lindauer，Marta Mercier，Péricles Miranda，Felix Mohr，Mohammad Nozari，Sílvia Nunes，Catarina Oliveira，Marcos L. de Paula Bueno，Florian Pfisterer，Fábio Pinto，Peter van der Putten，Sahi Ravi，Adriano Rivolli，André Rossi，Cláudio Sá，Prabhant Singh，Arthur Sousa，Bruno Souza，Frank W. Takes，Jonathan K. Vis。同时也感谢 OpenML 社区为可复制性机器学习研究的推广所做出的努力。

另外,感谢我们的编辑——来自斯普林格公司的 Ronan Nugent 在整个项目中表现出来的耐心及给予我们的鼓励。

最后,感谢 Manuel Caramelo 对整本书稿细心校对并提出诸多修改建议。

Porto

Eindhoven

Leiden

Pavel Brazdil

Jan N. van Rijn

Carlos Soares

Joaquin Vanschoren

2021 年 3 月

目　　录

第一部分　基本概念与架构

第三部分　组织和利用元数据

第一部分
基本概念与架构

第1章 简 介

摘要 本章以介绍本书的结构开篇,分为三部分。第一部分解释了一些基本概念,如什么是元学习,元学习与自动化机器学习(AutoML)之间的关系等。接下来几章分别详细介绍了元学习与 AutoML 系统的基本架构、利用先验元数据进行算法选择的系统、系统评估时使用的方法,以及不同类型的元级模型。该部分还介绍了超参数优化和工作流设计所使用的方法。第二部分论述了更为先进的技术和方法。其中第 8 章说明了建立构形空间和开展实验的相关问题。随后的几章讨论了不同类型的集成、集成方法中的元学习、用于数据流的算法及跨任务的元模型转移。其中一章专门介绍了深度神经网络的元学习。最后两章讨论了各种数据科学任务自动化及尝试设计更复杂的系统的相关问题。第三部分内容相对较短。该部分讨论了元数据(包括实验结果)的存储库,并通过举例说明从这些元数据中可以学到什么知识。最后一章是结束语。

1.1 本书的结构

本书由三部分组成。

第一部分(第 2~7 章)概述了元学习系统的基本概念和架构,重点介绍了通过观察不同模型在先验任务中的表现,可以收集到哪些类型的"元知识",以及如何在元学习方法中使用这些元知识来更有效地学习新任务。由于这种元学习与AutoML 密切相关,因此本书也颇为详细地介绍了 AutoML,重点介绍了如何通过元学习来改进 AutoML。

第二部分(第 8~15 章)介绍了这些概念在更具体任务中的延伸。首先,我们讨论了一些可用于设计构形空间的方法,构形空间的设计会影响元学习和AutoML 系统的搜索。然后,我们展示了如何利用元学习来构建更好的集成,并为流数据推荐算法。接下来,我们探讨了如何利用神经网络中的迁移学习和小样本学习,将信息从之前学习的模型迁移到新的任务中。最后两章专门说明了数据科学自动化和复杂系统设计自动化的相关问题。

第三部分(第 16~18 章)提供了关于如何在存储库中整理元数据及如何在机器学习研究中利用元数据的实用建议。最后一章结束语,并提出了未来的挑战。

1.2　基本概念与架构(第一部分)

1.2.1　基本概念

1. 机器学习的作用

当今，数据无处不在。我们每天都会遇到各种形式的数据，例如，公司试图通过广告牌和在线广告的形式来推销他们的产品，大型传感器网络和望远镜监测着我们周围甚至宇宙中发生的复杂变化，制药机构记录着各类分子之间的相互作用，以寻找治疗新疾病的新药。

所有这些数据都是价值的，我们可以利用数据来表示不同的情况，学会将它们分成不同的小组，并将其纳入一个能够帮助我们做出决定的系统中。这样，我们就能从金融数据中识别欺诈性交易、根据临床数据研发新药或推测宇宙中天体的演变。这个过程就涉及学习。

科学界已经阐述了许多分析和处理数据的技术。其中一项典型的科学任务是建模，其目的是以简化的方式描述给定的复杂现象，以便从中进行学习。为此，基于各种直觉和假设，研究人员研发了许多数据建模技术。这一研究领域被称为机器学习。

2. 元学习的作用

如前所述，我们不能设想一个算法适用于所有的数据，各专业领域都有其适用的算法。为特定的任务和数据集选择合适的算法是获得适用模型的关键。因此，选择算法本身就可以视为一个学习任务。

跨任务学习的过程通常被称为元学习。然而，过去数十年来，不同的机器学习研究人员使用的术语也不同，如元建模、学会学习、持续学习、集成学习和迁移学习等。这个庞大且不断增长的工作体系已经清楚地表明，元学习可以大大提高机器学习的效率、简单性和可靠性。

元学习领域是一个非常活跃的研究领域。许多新的和有趣的研究方向在不断涌现，以新颖的方式来实现这一总体目标。本书旨在简述迄今为止最成熟的研究成果。随着该领域的迅速发展，数据资料需要进行整理并划分成不同紧密联系的单元。本书利用一个章节(第 4 章)论述了数据集的特征，但数据集在许多其他章节中也占据着重要地位。

3. 元学习的定义

我们先来看看本书对元学习的定义。

元学习是一种利用元知识来调整机器学习过程以获得有效模型和解决方案的原则性方法的学习。

前述元知识通常包括从过去的任务中获得的任何类型的信息，如先验任务的描述、尝试的管道架构和神经架构或所产生的模型。在很多情况下，元知识还包括在为新任务寻找最佳模型过程中所获得的知识，这些知识可以用来指导寻找更好的学习模型。Lemke 等(2015)从系统的角度对这一点进行了说明。

元学习系统必须包含一个用来学习经验的学习子系统，经验来源于单一数据集的先前学习片段和/或不同的领域或问题中提取的元知识。

目前，许多研究的目标都是如何利用过去和目标数据集中收集的元数据。

4. 元学习与自动机器学习(AutoML)

一个重要的问题是：元学习系统与 AutoML 系统之间有什么区别？尽管这是一个主观性很强的问题，不同的人可能会给出不同的答案，但是在本书中，我们给出了 Guyon 等(2015)提出的 AutoML 定义。

AutoML 指除模型选择、超参数优化及模型搜索等之外的机器学习过程自动化的所有方面。

许多 AutoML 系统使用的是从以往见过的数据集中获取的经验。因此，根据上面的定义，许多 AutoML 系统，就其本身而论，也属于元学习系统。本书重点关注涉元学习技术，以及经常使用元学习的 AutoML 系统。

5. 元学习一词的来源

第 1 章论述了 Rice(1976)的开创性工作。这项创举直到很久以后才在机器学习领域变得广为人知。

20 世纪 80 年代，Rendell 发表了多篇关于偏差管理的文章(该主题将在第 8 章进行讨论)。其中一篇文章(Rendell 等，1987)包括以下内容：变量偏差管理系统(VBMS)可以执行元学习。与其他多数学习系统不同，VBMS 可进行不同层次的学习。在概念学习过程中，系统还会获取有关归纳问题、偏差及两者之间关系的知识。因此，系统不仅可以学习概念，还可以学习问题与问题解决技术之间的关系。

20 世纪 70 年代末，Brazdil 在爱丁堡大学邂逅了与 Kowalski(1979)的著作有关的"元解释器"一词。1988 年，他组织了一场有关机器学习、元推理和逻辑学的研讨会(Brazdil 等，1990)。

本书的简介如下。

一部分人认为，元知识代表的是关于其他(目标级)知识的知识。元知识的目的主要是为了控制推理。另一学派认为，"元知识"的作用有所不同，它是用于控制知识获取和知识重组(学习)的过程。StatLog 项目(Michie 等，1994)对元知识进行了探索。

1.2.2　问题类型

在科学文献中，通常会区分以下问题类型，其中许多类型在整本书中均有所提及。元学习系统的总体目标是从先验模型的应用中学习(它们的构造原理及性能表现)，以便更好地为目标数据集建模。如果基本级任务是分类，这意味着可以预测目标变量的取值，即本例中的类值。理想情况下，通过借力训练数据以外的信息，能够更好地(或更有效地)实现这一目标。

(1) 算法选择(AS)。给定一组算法和一个数据集(目标数据集)，确定哪种算法最适合对目标数据集建模。

(2) 超参数优化(HPO)。给定一种包含特定超参数的算法和一个目标数据集，确定给定算法的最佳超参数并设置为目标数据集建模。

(3) 合并算法选择与超参数优化(CASH)。给定一组算法，其中每个算法都具有自身的超参数集，同时给定一个目标数据集，确定使用哪种算法及如何设置算法超参数来实现目标数据集的建模。一些 CASH 系统还可以处理更加复杂的应用流水技术合成任务，后面将进行讨论。

工作流(管道)合成即为，给定一组算法，且每个算法都有属于它自身的超参数集，并给定一个目标数据集，设计一个由一或多个算法组成的工作流(管道)为目标的数据集建模。工作流中包含的具体算法及算法超参数设置可以视为 CASH 问题。

(4) 架构搜索和(或)合成。这一问题类型可视作对上述问题类型的泛化。在此设置中，无须像工作流(应用流水技术)中那样在一个序列中组织单一成分。例如，该架构可以包括部分有序或树状的结构。神经网络结构设计可视为该范畴下的一个问题。

(5) 少样本学习。给定一个只包含很少示例的目标数据和各类非常相似但包含许多示例的数据集，检索一个在先验数据集上预训练过的模型，并对该模型进行微调，使它在目标数据集上有优异的表现。

注意，算法选择问题被定义在一个离散的算法集上，而超参数优化问题和 CASH 问题通常被定义在连续的构形空间上，或同时具有离散变量和连续变量的异构空间上。算法选择技术也可以轻松地应用于后者的离散化版本中。

在本书中，我们遵循以下已在机器学习领域中得到广泛应用的惯例。"超参数"属于用户自定义参数，它决定具体机器学习算法的行为。例如，决策树中的剪枝水平和神经网络中的学习速率均为超参数。(模型) "参数"是基于训练数据而习得的一种参数，如将神经网络模型的权值视作模型参数。

1.2.3 元学习与 AutoML 系统的基本架构

算法选择问题是 Rice(1976)率先提出来的。他观察到，算法性能与数据集的特性/特征是可能联系起来的。换句话说，数据集特征常常能够非常准确地预测出算法的性能。对于特定的目标数据集，可以利用这一点来识别出性能最佳的算法。从那时起，数据集特征就被用于超越机器学习范围(Smith-Miles, 2008)的诸多应用领域。

图 1.1 显示的是用于解决算法选择问题的元学习系统的总体架构。

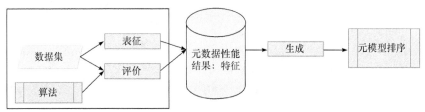

图 1.1 生成元级模型

首先收集元数据，对先前学习事件的信息进行编码，包括对我们以往所完成任务的描述。例如，这些任务可能是为特定数据集构建分类器时设定的分类任务，也可能是由不同的学习环境限定的强化学习任务。这些任务的特性对于推断新任务与先验任务之间的相关性通常是非常有用的。元数据还包括以往用于学习这些任务的算法(如机器学习应用流水技术或神经架构)，以及在评估过程中生成的性能信息，显示其运行效率有多高。在某些情况下，我们也可以存储已开发好的模型，或者这些模型的可测特性。这些源于多个先期(或当前)任务中的元数据可以合并在一个数据库中，或我们想要构建的先前经验的"内存"之中。

我们可以通过多种不同的方式来利用这些元数据。例如，我们可以在元学习算法中直接使用元数据，或将它用于开发元级模型。这种元模型可以应用于元学习系统之中，如图 1.2 所示。基于全新"目标"任务的特性，元模型可以在构建或推荐新的算法中做出尝试，并运用观察到的性能对算法或推荐进行更新，直到满足某个停止条件，通常为时间预算或性能约束。在某些情况下，任务特征并不包括在内，元学习系统仅从以往经验及对新任务的观察中学习。

图 1.2 使用元级模型预测最佳算法

1.2.4 使用来自先验数据集的元数据进行算法选择(第 2、5 章)

第 2 章和第 5 章讨论了利用算法在以前任务上的性能元数据为目标数据集推

荐算法的方法。这些推荐可以采用候选算法排序(第 2 章)或采用预测新任务算法的适用性的元模型(第 5 章)。

在第 2 章中，我们介绍了一种相对简单的方法，即平均排序法，人们经常把它作为一种基准方法使用。平均排序法使用在以往任务中获取的元知识来确认当前任务潜在的最优基础算法。该方法要求预先设定适当的评估量值，如精确度。在本章中，我们还会介绍一种基于精确度与运行时间的组合来构建这种排序方法，以确保在任何时间都能表现出良好性能。

第 5 章介绍一些更高级的方法。这两章中介绍的方法均旨在解决离散问题。

1.2.5 不同系统的评价与比较(第 3 章)

当使用特定的元学习系统时，重要的是要知道我们是否可以信任它提供的推荐，以及相较于其他竞争方法，其性能如何。第 3 章探讨一种常用于评估不同的元学习系统并进行比较的代表性方法。

为获得对一套元学习系统性能的有效评估，需将其置于多个数据集中。由于这些数据集之间的算法性能可能存在巨大差异，许多系统首先对其性能值进行归一化处理，以便实现有意义的比较。第 3.1 节介绍了一些实践中最常用的归一化法。

假设一个元学习系统输出一系列算法进行测试，我们可以研究这个序列与理想序列之间的相似度究竟有多高。这一点可以通过观察两个序列之间的相关度加以确定。第 3.2 节对此进行了更详尽的说明。

我们注意到，上述方法将元级模型中做出的预测与元目标(即算法的正确排序)进行了比较。该方法的一个缺点是，它无法直接显示基准性能的影响。这个问题可以通过考虑不同元学习系统中适当的基准性能及其如何随时间演变来规避。若理想性能已知，就有可能计算出性能的损失值，即实际性能与理想值之差。损失曲线显示了损失随时间演变的规律。在有些系统中，最大可用时间(即时间预算)是预先给定的。然后，可通过观察损失随时间演变的规律来比较不同的系统及其变体。第 3.3 节中列出了更多细节。

第 3.4 节中还给出了一些有用的指标，如进行序列比较时常用的松弛精度和折算累计增益。最后一节(第 3.5 节)介绍了在涉及数个元学习/AutoML 系统之间进行比较时常用的方法。

1.2.6 数据集特征/元特征的作用(第 4 章)

我们注意到，Rice(1976)在研究结论中指出，数据集特征起着至关重要的作用。从那时起，数据集特征就被用于多套元学习系统之中。通常，它们有助于限制对潜在最佳算法的搜索。如果这些特征不可用，或者在特定领域中很难对这些特征进行定义，则仍然可以进行搜索。在第 2 章和第 5 章中讨论的基于排序或成对比较的基本方法可以不带任何数据集特征地加以使用。这的确是一个优势，因为实际上，在许多领域中，很难找出足够多的信息特征来区分大量非常相似的算法组态。

一组重要的特征是基于性能的特征组。例如，这一特征组中包含的抽样地标，代表数据样本的具体算法性能，这些可以在几乎所有领域中获得。

毫无疑问，其中有些特征总体来说是较为重要的。例如，考虑目标变量的基本特性，如果是数量特征，建议采用适当的回归算法；如果是范畴特征，则建议采用分类算法。当我们遇到平衡/非平衡的数据时，也可以给出相似的论点。这一特性会影响正确方法的选择。第 4 章讨论了按照分类、回归或时间序列等任务类型组织的各种数据集特征。本书中的一些章节(如第 2 章和第 5 章)讨论了如何在不同的元学习方法中有效地利用数据集特性。

1.2.7 不同类型的元级模型(第 5 章)

人们曾经使用过的几种元级模型：回归模型；分类模型；相对性能模型。第 5 章讨论了此类模型的细节。本书中讨论的各种方法中均使用了这些模型。

回归模型采用合适的回归算法，该算法在元数据上进行开发，然后就可用于对特定基础算法集性能的预测。这些预测可用于对基础算法进行排序，从而找出最佳算法。

回归模型，尤其是数值和连续回归模型，在搜寻最佳超参数配置方面也起着重要的作用。例如，在第 6 章中讨论的 "基于序变模型的优化" 方法在元层次上使用一种回归算法为损失函数建模，并识别出有潜力的超参数设置。

分类模型能够识别哪一种基础算法适用于执行目标分类任务。这意味着，这些算法有可能在目标任务上获得相对良好的性能。注意，该元学习任务应用于离散域。

假如我们在元层次上使用概率分类器，而这些分类器除了提供类别(如适用或不适用)之外，还提供与分类概率有关的数值，那么这些数值就可用于识别潜在的最可行基础算法或在进一步搜索中找出适当的排序。

相对性能模型基于如下假设：如果目的是查找性能良好的算法，就不需要知道关于算法实际性能的细节。所需要的只是关于它们相对性能的信息。相对性能模型可以使用排序或成对比较。在所有这些设置中，可以使用搜索来查找目标数据集的潜在最佳算法。

1.2.8 超参数优化(第 6 章)

第 6 章介绍了超参数优化的各种方法及算法选择和超参数优化综合问题。本章有别于第 2 章和第 5 章的一个重要方面是：本章中讨论的方法采用的主要是从目标数据集中获取的性能元数据。这些元数据用于构建相对简单且易于快速测试的目标算法配置(具有适当超参数设置的算法)模型,而这些模型是可查询的。查询的目的是为了确定要测试的最佳配置,即对性能(如准确度)评估最佳的配置。这种类型的搜索被称为"基于模型的搜索"。

不过,情况并非完全清晰明了。可以看到,在以往数据集中收集的元数据也可能是有用的,能够提高基于模型搜索的性能。

1.2.9　工作流设计的自动化方法(第 7 章)

许多任务所需的解决方法并不涉及单一的基础算法,而是需要几种算法。"工作流"(或"管道")一词经常被用于表示这种序列。一般情况下,该集合可能只是部分有序。

在设计工作流(应用流水技术)时,配置数量会急剧增长。这是因为工作流中的每一项原则上都可以被适当的基准操作所替代,而且这种操作可能有好几个。一般可以按任意顺序执行两个或多个运算符序列,除非给出相反的指令,否则问题会变得很严重。这就产生了一个问题,因为对于 N 个运算符来说,存在有 $N!$ 个可能的组合。所以,如果以特定的顺序执行一组运算符,则需要给出明确的指令来达成这一效果。如果顺序无关紧要,则也应防止系统尝试其他指令。所有可选工作流及配置(包括所有可能的超参数设置)构成所谓的构形空间。

第 7 章讨论了用于限制设计选项,从而缩小构形空间的多种手段,其中包括本体及与上下文无关的文法。这些形式论各有其自身的优缺点。

许多平台都已经采用包含一套运算符的规划系统。这些都可以设计得与给定的本体或文法相一致。将在第 7.3 节中围绕这一论题进行讨论。

由于搜索空间可能相当大,因此充分利用先前经验相当重要。第 7.4 节处理这一论题,探讨过去已证明是有用的计划排序。因此,以往已证明是成功的工作流/应用流水技术是可检索的,且可用于规划未来任务。因此,同时利用规划和元学习是可行的。

1.3　先进技术和方法(第二部分)

1.3.1　设置构形空间和实验(第 8 章)

当前,元学习和 AutoML 研究面临的一个问题是,算法(一般为工作流)及配置的数量非常庞大,以至于在该空间中搜索合意的解决方案时,会引发很多问题。而且,获得一组完整的实验结果(完整的元数据)也不再可能。因此,出现了如下几个问题。

(1) 构形空间对于目标任务集来说是否足够？这一问题在第 8.3 节中处理。

(2) 构形空间的哪些部分是相关的，哪些部分不那么相关？将在第 8.4 节中讨论这个问题。

(3) 我们能否减少构形空间，使得元学习更加有效？将在第 8.5 节中讨论这个问题。从算法选择框架的角度考虑，这些问题均涉及算法空间。为了实现成功学习，问题空间的几个方面也变得很重要。

(4) 我们需要哪些数据集才能够将知识迁移到新的数据集上？将在第 8.7 节中讨论这个问题。

(5) 我们需要完整的元数据，抑或不完整的元数据就足够了？这一问题已在第 2 章中部分得到解答，第 8.8 节中将予以进一步阐述。

(6) 需首先安排哪些实验以获得足够的元数据？这一问题在第 8.9 节中讨论解决。

1.3.2 集成学习与数据流的自动化方法

1. 将基学习器组合为集成学习器(第 9 章)

分类或回归模型的集成是机器学习的一个重要领域。它们之所以非常受欢迎，是因为与单一模型相比，它们往往能够表现出高性能。这就是我们在本书中用了一整章的篇幅来讨论这个话题的原因。我们首先介绍了集成学习，并概述了一些最流行的方法，其中包括装袋法、推进法、堆叠法和级联归纳法。

2. 集成方法中的元学习(第 10 章)

越来越多的方法开始将元学习法——本书用意——整合到集成学习方法中[①]。我们在第 10 章探讨其中的一些方法。我们首先提供一个整体视角，然后再详细分析这些方法，其中包括所使用的集成方法、采用的元学习方法，最后是所涉及的元数据。

我们的研究表明，集成学习为元学习的研究提供了许多机会，同时也带来了非常有趣的挑战，涉及构形空间的大小、模型能力区域的定义及两者之间的依赖关系等。鉴于集成学习系统的复杂性，一个决定性的挑战是应用元学习来认识和解释这些系统行为。

3. 数据流算法推荐(第 11 章)

数据流的实时分析是数据挖掘研究的一个关键领域。许多采集到的真实世界

---

① 在集成学习文献中，"元学习"一词用于指代某些集成学习方法(Chan 等，1993)，它的含义与本书中的含义略有不同。

数据实际上就是一种数据流，观察结果依次进入数据流之中，而用于处理这些数据的算法往往受到时间和内存的限制。这方面的例子如股票价格、人体测量及传感器测量等。数据的性质随着时间的推移而发生变化，从而使我们在过去建立的模型很快就过时了。

这一点已经在科学界得到确认，因此，许多机器学习算法已做出调整或专门设计为在数据流上运行的算法。这方面的例子有 Hoeffding 树、在线推进和装袋法。此外，科学界还提供了所谓的"漂移探测器"机制，可用于查证已建立的模型何时不再适用。我们再一次面临算法选择的问题，但这个问题可采用元学习来解决。

在本章中，我们将介绍三种方法，探讨如何利用本书中所提供的技术来解决这个问题。首先，讨论元学习方法，采用该方法将数据流分为不同的区间，计算其中的元特征，并采用元模型为数据流各个部分选取相应的分类器。其次，讨论集成方法，即利用近期数据性能确定哪些集成成分还未过时。从某种意义上说，这些方法在实际应用要简单得多，因为它们不以元学习为基础，并且一直优于元学习法。最后，我们讨论了建立于递归概念上的方法。实际上，假设数据具有某种季节性是合理的，已经过时的模型可能在未来的某个时间点上再次呈现出相关性。本节介绍了对这类数据有促进作用的一些系统。在本章的最后提出了开放性研究问题及未来的研究方向。

1.3.3　元模型的跨任务迁移(第 12 章)

很多人认为，不应将学习视为一项伴随着每一个新问题从无到有出现的孤立的任务。相反，学习算法应该能够利用以往学习过程的成果来完成新的任务。这个领域通常被称为跨任务知识迁移，或者简单地称为迁移学习。在这种情况下，有时也会使用"学会学习"一词。

第 12 章专门讨论了迁移学习这一课题，其目的是通过检测、提取和利用某些跨任务信息来改善学习。本章特邀里卡多·维拉尔塔和米哈伊尔·M·梅斯希编写，旨在补充书中材料。

作者讨论了可用于跨任务知识迁移的不同方法，即具象迁移和功能迁移。"具象迁移"一词用于表示目标和源模型在不同时间接受训练的情况，迁移发生在一个或多个源模型训练完毕之后。在这种情况下，一种显性知识被直接迁移至目标模型或元模型之中，该模型捕获了过去的学习经历中获取的相关知识内容。

"功能迁移"一词被用于表示同时训练两个或多个模型的情况。有时将这种情况称为"多任务学习"。在这种情况下，模型在学习过程中共用内部结构(可能是一部分)。关于这一点，第 12.2 节中有更详细的介绍。

本章解决了究竟什么知识可以跨任务迁移这一问题，并对基于实例、特征和参数的迁移学习进行了辨别(第 12.3 节)。基于参数的迁移学习指的是这样一种情况：在源域中找到的参数可用于初始化目标域中的搜索。大家注意，这种策略在第 6 章(第 6.7 节)中也有过探讨。

由于神经网络在人工智能中发挥着重要的作用，因此本书用了一整节(第 12.3 节)专门讨论神经网络中的迁移问题，其中一种方法涉及部分网络结构的迁移。本节还介绍了一种"双环路架构"，其中基学习器在内环路中对训练集进行迭代，而学习器在外环路中对不同的任务进行迭代来学习元参数。本节还介绍了核方法与参数化贝叶斯模型中的迁移。最后一节(第 12.4 节)主要介绍一种理论框架。

1.3.4 深度神经网络的元学习(第 13 章)

最近，深度学习方法吸引了很多人的注意，因为它们在各种应用领域均取得了成功，如图像和语音识别领域。培训通常较慢，而且需要大量的数据，而元学习可以为这个问题提供解决方案。例如，元学习有助于确定超参数及与神经网络模型的权重有关的参数的最佳设置。

大多数元学习技术涉及两个层次的学习过程，这一点在前一章已经指出。在内部层次上，系统被赋予了一项新的任务，并试图学习与这项任务相关的概念。在外部层次上，智能体从其他任务中积累的知识促进了这种适应性。

作者将这一元学习领域分成三组：基于度量、模型和优化的技术，与之前的工作一致。介绍过标记系统并提供背景信息之后，本章介绍了每个类别的关键技术，并确定了主要的挑战和开放式问题。在本书之外还有这篇概述的扩展版(Huisman 等，2021)。

1.3.5 数据科学自动化与复杂系统设计

1. 数据科学自动化(AutoDS)(第 14 章)

观察发现，在数据科学中，很大一部分工作通常落在建模之前实施的各种准备步骤中。实际的建模步骤通常并不十分费力。这激励研究人员去审视准备步骤的自动化方法，并以 CRISP-DM 模型为名形成方法论(Shearer，2000)。

该方法论的主要步骤包括理解问题和定义当前问题/任务、获取数据、预处理并以各种方式转换数据、建立模型、对模型进行评估并自动生成报告。其中一些步骤可被封装在工作流中，因此，目标是设计具有最佳潜在性能的工作流。

第 6 章讨论了建模步骤，其中包括超参数优化。以工作流形式建立的更复杂模型将在第 7 章进行讨论。第 14 章的目的是集中讨论这些章节中未涉及的其他步骤。

与当前问题(任务)的定义有关的领域涉及各种步骤。在第 14.1 节中，我们指出，领域专家对于问题的理解需要转化为系统能够处理的描述。随后的步骤可以在自动化方法的助力下实施。这些步骤，包括生成任务描述符(如关键词)，有助于确定任务类型、领域和目标。这样的话，反过来我们又能够搜索和检索适于手头任务的特定领域知识。将在第 14.2 节讨论该问题。

数据获取及自动化的操作非同小可，有必要确定数据是否已经存在。在后一种情况下，需要制定详尽的计划来获取数据。有时，有必要合并不同来源(数据库、OLAP 数据立方等)的数据。第 14.3 节更详尽地讨论了这些问题。

AutoDSS 社区不止一个研究人员对预处理和转换领域进行了更多的探索。存在实例选择和(或)异常值消除、离散化及其他各种转换的方法。我们有时称这个领域为"数据驱拢"。可以通过利用现有的机器学习技术(如示范学习)来学习这些转换。第 14.3 节中提供了更多的细节。

数据科学的另一个重要领域涉及使用适当细节层次做出应用决策。可以看到，通过适当的聚合运算能够对数据进行总结，如在一个给定的 OLAP 数据立方中实施的"向下/向上钻取"操作。分类数据也可以通过引入新的高层特征来进行转换。该过程涉及适当粒度级别的确定。经过努力可以实现自动化，但是在能够为各公司提供实用的解决方案之前，还需做更多的工作。第 14.4 节中探讨有关该问题的更多细节内容。

2. 复杂系统设计自动化(第 15 章)

在本书中，我们处理了 KDD 工作流及其他数据科学任务的自动化设计问题。一个问题是，这些方法能否用于处理更复杂些的任务。第 15 章讨论了这些问题，但本书的重点是符号化方法。

当前许多成功的应用，尤其是视觉和 NLP 方面的应用，都利用了深度神经网络(DNNs)、卷积神经网络(CNNs)和递归神经网络(RNNs)。尽管这些我们早有所闻，但是我们认为符号化方法仍然是有价值的，理由如下。

(1) 深度神经网络通常需要大量的训练数据才能够顺利运行。有些领域中并没有太多示例可供使用(如罕见疾病的发生率)。此外，如果示例是由一个人提供的(如第 14 章讨论的数据驱拢)，我们希望系统能够在适量示例的基础上归纳出恰当的转换。这一领域内的许多系统都利用符号表征(如规则)，是因为它很容易将背景知识纳入其中，而背景知识往往也是以规则的形式存在。

(2) 看起来，每当人工智能系统需要与人类交流时，借助符号概念是非常有利的，因为这些概念能够很容易地在人类与系统之间迁移。

(3) 因为人类推理包括符号和亚符号两部分，因此可以预见，未来的人工智能系统也将遵循这一路线。所以可以预见，这两套推理系统将以功能共生的关系共存。实际上，目前的一个趋势涉及"可解释人工智能"。

本章的结构如下。

第 15.1 节探讨搜索更复杂任务的解决方案时可能需要的更复杂的运算符，如包括条件运算符和迭代处理所需的运算符。

第 15.2 节中讨论了有关新概念的引入，具体探讨通过引入新概念改变粒度的问题。本节还回顾了以往开发的各种方法，如构造性归纳、命题化、规则的重制等。本节重点关注一些新的进展，如深度神经网络中的特征构建。

有些任务不能一次性学完，而是需要细分成若干子任务，制定各组分学习的计划，并将各部分结合在一起，将在第 15.3 节中讨论该方法。学习进程中，有些任务需要一个迭代的过程，第 15.4 节中提供了有关这方面的更多细节。有些问题中任务是相互依存的，第 15.5 节中分析了一个这样的问题。

1.4　实验结果的储存库(第三部分)

1.4.1　元数据的储存库(第 16 章)

在本书中，我们讨论了使用有关历史数据集、分类器及实验的知识的好处。在全球范围内，每天都会有数千次的机器学习实验，生成源源不断的关于机器学习技术的经验信息。让他人自由获取实验细节，这一点相当重要。因为这样一来，人们就可以重复实验以验证结论的正确性，并利用这些知识来进一步拓展工作，从而加速科学的进步。

本章首先回顾了研究人员可以在其中分享数据、代码和实验的在线储存库。特别是 OpenML，一个自动精确地分享、组织机器学习数据的在线平台。OpenML 中包含成千上万个数据集和算法，以及有关这些实验的数百万份实验结果。在本章中，我们介绍了 OpenML 背后的基本理念及基本组成部分：数据集、任务、流程、设置、运行和基准套件。OpenML 具备各种编程语言的 API 绑定，用户很容易通过母语与 API 互动。OpenML 可以集成到各种机器学习工具箱之中，如 Scikit-learn、Weka 和 mlR，这是其标志性特征之一。这些工具箱的用户可以自动上传他们获得的所有结果，从而形成一个庞大的实验结果储存库。

1.4.2　学习储存库中的元数据(第 17 章)

拥有大量以结构化方式收集和整理的实验，我们就能够开展各种类型的实验研究。基于 Vanschoren 等(2012)的分类，我们提出了三种探究 OpenML 元数据的实验以探讨某些问题。简短描述为：单一数据集实验、多重数据集实验及包含特定数据集或算法特性的实验。

对于单一数据集实验，第 17.1 节展示了如何使用 OpenML 元数据开展简单的基准测试，尤其是用于评估改变特定超参数设置所带来的影响。对于多数据集实验，第 17.2 节展示了如何利用 OpenML 元数据评估超参数优化的优点，以及不同算法之间的预测差异。最后，对于涉及具体特征的实验，第 17.3 节展示了如何根据 OpenML 元数据来探究和解答某些科学假设，比如在哪些类型的数据集上的线性模型是合乎要求的、特征选择对于哪些类型的数据集是有用的。此外，我们还提出了一些研究项目，以期确立超参数在不同数据集中的相对重要性。

1.4.3　结束语(第 18 章)

本书的最后一章(第 18 章)是对全书的总结，由两节组成。鉴于元知识在本书所讨论的诸多方法中的核心作用，因此在此更详尽地讨论这个问题。我们尤其关注在不同的元学习/AutoML 任务中使用什么样的元知识的问题，如算法选择、超参数优化和工作流生成。请注意如下事实：一些元知识是由系统获得(习得)的，而另一些则是给定的(如特定构形空间的不同方面)。有关这个问题的更多细节在第 18.1 节中探讨。

第 18.2 节讨论了未来挑战，如元学习与 AutoML 方法的进一步整合，以及系统能够为元学习/AutoML 系统的配置提供怎样的指导以适应新的设置。上述任务涉及以提高搜索效率为目的的构形空间的(半)自动缩减。本章的最后一部分讨论了我们在努力实现数据科学不同步骤的自动化时遇到的各种挑战。

参 考 文 献

Brazdil, P. and Konolige, K. (1990). *Machine Learning, Meta-Reasoning and Logics*. Kluwer Academic Publishers.

Chan, P. and Stolfo, S. (1993). Toward parallel and distributed learning by metalearning. In *Working Notes of the AAAI-93 Workshop on Knowledge Discovery in Databases*, pages 227-240.

Guyon, I., Bennett, K., Cawley, G., Escalante, H. J., Escalera, S., Ho, T. K., Macià, N., Ray, B., Saeed, M., Statnikov, A., et al. (2015). Design of the 2015 ChaLearn AutoML challenge. In *2015 International Joint Conference on Neural Networks* (*IJCNN*), pages 1-8. IEEE.

Huisman, M., van Rijn, J. N., and Plaat, A. (2021). A survey of deep meta-learning. *Artificial Intelligence Review*.

Kowalski, R. (1979). *Logic for Problem Solving*. North-Holland.

Lemke, C., Budka, M., and Gabrys, B. (2015). Metalearning: a survey of trends and technologies. *Artificial Intelligence Review*, 44(1): 117-130.

Michie, D., Spiegelhalter, D. J., and Taylor, C. C. (1994). Machine Learning, Neural and *Statistical Classification*. Ellis Horwood.

Rendell, L., Seshu, R., and Tcheng, D. (1987). More robust concept learning using dynamically-variable bias. In *Proceedings of the Fourth International Workshop on Machine Learning*, pages 66-78. Morgan Kaufmann Publishers, Inc.

Rice, J. R. (1976). The algorithm selection problem. *Advances in Computers*, 15:65-118.

Shearer, C. (2000). The CRISP-DM model: the new blueprint for data mining. *J Data Warehousing*, 5:13-22.

Smith-Miles, K. A. (2008). Cross-disciplinary perspectives on meta-learning for algorithm selection. *ACM Computing Surveys (CSUR)*, 41(1): 6: 1-6: 25.

Vanschoren, J., Blockeel, H., Pfahringer, B., and Holmes, G. (2012). Experiment databases: a new way to share, organize and learn from experiments. *Machine Learning*, 87(2):127-158.

第 2 章 算法选择的元学习方法(一)(排序设置)

概述 本章探讨用于解决算法选择问题的方法,该方法利用算法(工作流)在先验任务中的性能元数据为特定的目标数据集生成推荐,这些推荐是以候选算法排序的形式提出来的。该方法涉及两个阶段。在第一阶段,算法/工作流的排序是基于不同数据集上的历史性能数据进行阐述的。随后将它们聚合为一个单一的排序(如平均排序)。在第二阶段,使用平均排序为目标数据集安排测试,以找出性能最好的算法。使用这种方法需事先设定一个合适的评价指标,如准确度。在本章中,我们还会介绍一种基于精确度与运行时间的组合来构建这种排序方法,确保其在任何时间都能表现出良好性能。该方法虽然十分简单,但仍然能给用户提供优质推荐。虽然本章中的示例源于分类领域,但该算法还可以应用于除算法选择外的其他任务中,即超参数优化(HPO),以及算法选择与超参数优化的组合(CASH)。该方法用于离散数据时,需要首先对连续超参数进行离散化处理。

2.1 简 介

本章遵循简介部分讨论的基本方案。图 1.1 和图 1.2 是对该方案的说明。然而在本章我们更关注一种方法,该方法利用特定的元数据获取了算法(工作流)在以往数据集上的性能结果,这种结果以排序方式进行表现。排序方法通常依赖于某种形式的元数据,即有关历史数据集上离散算法集性能表现的知识。本章讨论了一种能够将此类元数据转化成静态排序的标准方法。这种排序有助于用户在面对新的数据集时理清算法的顺序。该方法十分简单易用,但仍然能够为用户提供绝佳的推荐。因此,我们决定在后续章节中首先探讨该方法,之后再介绍其他方法。虽然该方法可用于各种领域,但本章中所有的例子都来自分类领域。

排序法可以应用于算法选择(AS)任务、超参数优化(HPO)及算法选择和超参数优化的组合(CASH)中。值得注意的是,该方法始终对离散数据有效。因此,在使用该方法解决 HPO 或 CASH 问题时,需要首先将连续超参数离散化。

本章的结构安排如下。

第 2.2 节探讨一个相当普遍的话题,涉及不同形式的推荐。系统只能够推荐一个单项或几个项,或项的排序表。

第 2.3 节基于现有的元数据介绍了用于构建算法排序的方法。该方法涉及两个阶段。在第一个阶段,算法/工作流的排序是基于不同数据集上的历史性能数据进行阐述的。随后将它们聚合为单一的排序(如平均排序)。第 2.3.1 小节提供了细节描述。在第二阶段,使用平均排序为目标数据集安排测试,以找出性能最好的算法。第 2.3.2 小节对相关细节进行阐述。该过程代表一类标准,并为诸多元学习及 AutoML 的研究论文所采用。

第 2.4 节描述了一种方法,其中包含的一种度量标准结合了准确度与运行时间。实际上,由于该方法的目标是尽快找出性能良好的算法,因此该方法首先测试快速算法,然后再测试较慢的算法。最后一节(第 2.5 节)介绍了基本方法的各种扩展形式。

2.2 不同形式的推荐

在解释利用排序的方法之前,让我们分析一下系统可以提供的不同推荐类型。系统可以推荐用户应用/探索:算法集中的最优算法;最优算法的子集;线性排序;准线性(弱)排序;不完全排序。

虽然完全排序和不完全排序又称为总排序和部分排序,但我们在本书中主要采用前一种说法。表 2.1 显示了每种情况的特征。在我们的示例中,假设给定的算法组合包括 $\{a_1, a_2, \cdots, a_3\}$,图 2.1 中补充了这一信息。Hasse 图中给出了一种简单的可视化排序表示法(Pavan 等,2004),其中的每个节点代表一种算法,定向边界代表 "明显优于" 这一关系。图 2.1(a)显示了一个完全线性排序的实例。图 2.1(b)显示了一个完全的准线性排序实例。图 2.1(c)显示了一个不完全的线性排序实例。每一幅图表都与表 2.1 中第 3 至第 5 行的排序相对应。随后的小节中提供了有关每种形式的更多细节内容。

表 2.1 不同形式推荐实例

算法集中最好的算法	a_3
子集	$\{a_3, a_1, a_5\}$
排序	
线性和完全排序	$\begin{array}{cccccc} 1 & 2 & 3 & 4 & 5 & 6 \\ \hline a_3 & a_1 & a_5 & a_6 & a_4 & a_2 \end{array}$
准线和完全排序	$\overline{a_3 a_1} \quad a_5 \quad \overline{a_6 a_4} \quad a_2$
线性排序和不完全排序	$a_3 \quad a_1 \quad a_5 \quad a_6$

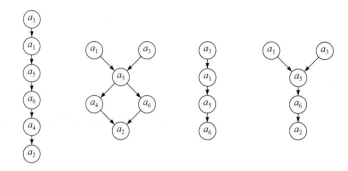

(a) 完全线性排序　(b) 完全准线性排序　(c) 不完全线性排序　(d) 不完全准线性排序

图 2.1　采用 Hasse 图进行排序

2.2.1　算法集中的最佳算法

第一种形式包括确定预期能够在基础算法集中表现出最佳性能的算法(Pfahringer 等，2000；Kalousis，2002)。请注意，这在形式上是大小为 1 的排序。直观地说，多数数据科学家在一个新数据集上初次应用他们最青睐的算法时，都会利用这种排序。有一种方法是为每个数据集确定最优算法。然后，需将收集到的信息进行聚合。一种可能的办法是使用在大多数数据集上表现最佳的算法。

这一点类似于在线性排序中选取排名最高的一项。由于该策略不使用搜索，因此所选的算法可能并非真正最优的算法。这样，我们就可能得到一个不合格的结果。

2.2.2　最优算法子集

采用最优算法子集这种推荐形式的方法会举荐一个(通常较小的)算法子集，这些算法在特定问题上往往有良好表现(Todorovski 等，1999；Kalousis 等，1999；Kalousis，2002)。确定这个子集的方法之一是找出每个数据集的最佳算法，如果该最佳算法与其他算法性能表现不相上下，我们只需要按顺序选取第一个出现的算法。然后，可以将收集到的信息通过算法联合的形式进行聚合。那么，假定训练数据集中有 n 个数据集，我们最终将得到一个最多包含 n 个元素的子集。我们注意到，该方法忽略了所有在性能上与最优算法不相上下的算法。因此，所选取的子集可能并不包括真正的最佳算法。

为了增加成功的可能性，我们可以采用一个更精细的策略，包括为每个数据集及其他所有具有同样优异性能表现的算法找出最佳算法。在一个特定数据集上性能表现优异，通常是用相关术语给出的定义。例如，一个能在某些数据集上做出 50%正确预测的模型就算性能优异，在其他数据集上，这一表现可能会很一般。相关细节内容将在下一小节讨论。

1. 识别具有同类性能的算法

假设最佳算法(a^*)已经确定，那么就会出现一个问题，即是否还存在其他性能相当的算法(如 a_c)。一种可能是实施适当的统计测试，以确定某些候选算法的性能是否显著低于最佳算法的性能(Kalousis 等，1999；Kalousis，2002)。如果某个算法与最佳算法相比性能并不是很差，就将该算法列入"优秀"子集之中。在实践中，研究人员同时应用了参数测试(如 t 测试)和非参数测试(如威尔克森符号等级测试)(Neave 等，1992)。因该方法所需信息需在交叉验证程序的不同交叠中收集，所以，该方法需采用交叉验证(CV)对算法进行测试。

若不存在可用的交叠信息，可以采用一种近似方法来获取较为满意的解决方案。该方法涉及为该数据集上的最优算法设定性能范围。所有性能处于该范围内的算法均可认为是性能优异的算法。在分类中，可以采用以下方式对性能范围进行定义(Brazdil 等，1994；Gama 等，1995；Todorovski 等，1999)：

$$\left(e_{\min}, e_{\min} + k\sqrt{\frac{e_{\min}(1-e_{\min})}{n}} \right) \tag{2.1}$$

其中，$e_{\min}$ 表示最优算法的误差；n 表示示例数；k 表示用户定义的置信度，影响范围的大小。注意，该方法基于一种误差是正态分布的假设。

以上两种方法是相关的，因为第一种方法的置信区间与第二种方法中采用的范围有关。因此，任何性能在此范围内的算法都可以视作与最佳算法性能相当。该方法的结果是，每个数据集都获得了一个很小的算法子集(即性能优异的算法)。

2. 聚合子集

上一步生成的子集需进行聚合，这可以通过联合的方式来实现。最终子集中的算法可根据它涉及数据集的数量来排序。如果一个特定的算法 a_i 出现在几个子集中，而 a_j 只出现一次，则可以为 a_i 赋予比 a_j 更高的秩，因为与 a_i 相比，a_j 在目标数据集中表现出更优性能的概率更高。

该方法的优点是，搜索阶段涉及不止一种算法，因此，真正的最佳算法被包含在其中的概率更高。

这一论题与减少特定组合中的算法集这一问题相关，将在第 8 章中予以讨论。

2.2.3　线性排序

以往的许多研究都使用过排序(Brazdil 等，1994；Soares 等，2000；Keller 等，2000；Brazdil 等，2003)。通常，排序中所示的顺序是实验阶段应遵循的顺序，许多系统倾向于采用线性和完全排序(表 2.1 第 3 行和图 2.1(a))。之所以称之为"线性排序",是因为所有算法的排序都不同。此外,它还是完全排序,因为所有的算法 a_1, …, a_6 都有明确的秩(Cook 等,2007)。

这种类型的排序有一个缺点,即无法表示两种算法在一个特定数据集上旗鼓相当的表现(即两种算法在性能方面无显著差异)。

2.2.4 准线性(弱)排序

当存在两个或多个算法时,可以使用准线性(弱)排序法(Cook 等,1996)。表 2.1 (第 4 行)就是其中一个例子。算法名称上方的一行(与中 $\overline{a_3 a_1}$ 一样)表示相应算法在性能上并无显著差异。图 2.1(b)给出了另一种表示方法。

在没有足够的数据用于区分算法在当前数据集上的(相对)性能时,或者当算法的性能的确无法区分时,就需要采用准线性排序。在这种情况下,可以通过给所有性能相当的算法分配相同的秩来解决这个问题。

Brazdil 等(2001)提出了一种元学习法,以准线性排序的形式提供推荐。该方法是第 2.3 节中讨论的 k-NN 排序法的改进版。它确认具有同等性能的算法,并只推荐其中一种算法。

2.2.5 不完全排序

线性和准线性排序可能都是不完全的,因为测试中仅使用了一部分算法。于是出现了一个问题,即该怎样做。我们认为有必要区分以下两种截然不同的情况。当一些算法由于某种原因被排除在考虑范围之外时(如有时会崩溃、很难应用、运行得相当缓慢等),就会出现第一种情况。在这种情况下,我们就应该像完全排序一样使用不完全排序。

当开发出新算法并且需要将它添加到现有算法集(组合)中时,就会出现第二种情况。很明显,有必要运行测试来扩展现有元数据,元数据不一定要完整。第 8 章(第 8.8 节)将深入探讨完整与非完整元数据这一论题。若讨论中的元学习法对不完全元数据有效的话,就会出现一个问题,即应该优先运行哪些测试。第 8 章(第 8.9 节)介绍了针对多臂老虎机领域开发的可用于此用途的一些策略。

2.2.6 在特定的预算范围内寻找最佳算法

排序特别适用于算法推荐,因为元学习系统的开发不需要知道用户会尝试多少种基础算法。这一数值取决于可用的计算资源(即预算)及在目标问题上实现优异性能(如准确度)的重要性。如果时间是关键因素,则应该只选取极少的替代算法。另一方面,如果关键因素是准确度,那么就应该检验更多的算法,以增加获得潜在最佳结果的概率。这一点已在各种实验研究中得以证实(如 Brazdil 等,2003)。

2.3　算法选择所需的排序模型

本章所介绍的方法基于以下假设：如果目标是找出性能优异的算法，则准确预测它的真实性能就不那么重要，重要的是预测它的相对性能。因此，算法推荐的任务可以被定义为根据算法的预测性能对算法进行排序的任务。

为了在机器学习帮助下解决这一问题，我们采用了第 1 章入门内容中描述的两阶段法。

第一阶段，收集描述算法性能的数据，即"性能元数据"。有些方法还利用了基准任务的某些特征，即"任务/数据集元数据"。元数据允许生成元级模型。在本章讨论的方法中，元级模型是以算法(工作流)排序表的形式出现的。第 2.3.1 小节中提供了有关该过程的更多细节。

元模型生成之后，就有可能推进至第二阶段。元模型可用于获取针对目标数据集的推荐。第 2.3.2 小节中给出了更多相关细节。

2.3.1　以排序的形式生成元模型

生成元模型的过程包含以下步骤。
(1) 在所有数据集上评估所有算法。
(2) 根据数据集的相似性来识别元数据的相关部分。
(3) 使用所有性能结果阐述所有算法的排序，代表一个元模型。
该过程如图 2.2 所示。

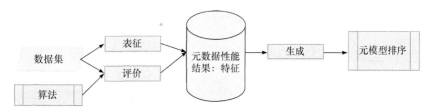

图 2.2　以排序的形式生成一个元模型

1. 收集性能结果

在这一步，需运行测试以收集性能结果(性能元数据)。我们假设性能结果储存在性能矩阵 P 中，其中行代表数据集，列代表算法。更确切地说，行的标签(名称)是所采用数据集的名称，即 $D = d_1, \cdots, d_k$。同样，列的标签(名称)代表算法名称，即 $A = a_1, \cdots, a_n$。每个槽 $P(i, j)$ 都存有进行相应评估后的数据集 i 上的算法性能 j。

让我们搞清楚这里可以使用什么样的性能衡量标准。在分类领域中，一些常见的衡量标准包括准确度、AUC、F1、microF1 和 macroF1 等，在机器学习(ML)著作中均有介绍(如 Mitchell，1997；Hand 等，2001)。在本章的例子中，主要采用"预测准确度"，它被定义为由模型正确分类的测试实例的比例。

这一过程的细节见算法 2.1。为简化描述，我们假设初始性能矩阵 P_0 是特定的，且最初是空矩阵。目的是生成一个秩矩阵 R，其格式与性能矩阵 P 类似，但它由秩而非性能值组成。表 2.2 显示了 3 个数据集和 10 种算法的测试结果转换为秩的示例。

算法 2.1　构建性能和秩矩阵

输入：P_0(空性能矩阵)

输出：R(排序矩阵)

> 开始
>> $P \leftarrow P_0$
>
> 终止

P **do** 中的行级触发器(数据集)i
>> P **do** 中的列级触发器(算法)j
>>> 采用交叉验证(CV)法在数据集 i 上评估算法 j：
>>
>> 终止　　$P(i,j) \leftarrow CV(j,i)$
>
终止

P **do** 中的列级触发器(算法)j
>> 将性能向量转化为排序：
>>
>> $R(,j) \leftarrow$ 秩$(P(,j))$

终止

表 2.2　基于 3 个数据集的平均排序示例

算法	C5b	C5r	C5t	MLP	RBFN	LD	Lt	IB1	NB	RIP
拜占庭	2	6	7	10	9	5	4	1	3	8
伊索蕾数据集	2	5	7	10	9	1	6	4	3	8
PenDigits 数据集	2	4	6	7	10	8	3	1	9	5
平均秩打分 $\overline{R_i}$	2.0	5.0	6.7	9.0	9.3	4.7	4.3	2.0	5.0	7.0
平均排序	1.5	5.5	7	9	10	4	3	1.5	5.5	8

该秩转化实例较为简单。分配给最佳算法的是秩 1，第二最佳算法分配的是秩 2，以此类推。

需要注意的是，在每个数据集上交叉验证每个算法成本较高，而且只在相对少数算法和数据集上行得通。在许多研究中，这些信息被认为是现成的。例如，可以采用此类元数据的已有来源，具体如第 16 章中介绍的 OpenML。

2. 将性能结果聚合为单一排序

本小节介绍将不同测试中获得的排序集聚合为单一综合排序的过程。聚合是在可供选择的具体排序标准的基础上进行的。存在不同的标准：平均秩；中位秩；基于显著的赢或(和)输的秩。

(1) 按平均秩聚合。该方法可以视为波得方法的一个变体(Lin，2010)。该方法受到了弗里德曼的《M-统计量》的启发(Neave 等，1992)。基于平均秩的方法称作平均排序(AR)法。这种方法要求每个数据集都要有基于性能结果的所有算法排序。

设 $R_{i,j}$ 为基础算法 a_j(j=1，$\cdots$，n)在数据集 i 上的秩，其中 n 表示算法的数量。每个 a_j 的平均秩为

$$\overline{R_j} = \frac{\sum\limits_{i=1}^{n} R_{i,j}}{k} \tag{2.2}$$

其中，k 代表数据集的数量。最终的排序是通过对平均秩进行排序，并相应地给算法分配秩而获得的。进一步将给出实例。

(2) 按中位秩聚合。该方法与刚才介绍的方法类似。而不是用公式来计算平均秩。不需要根据式(2.2)计算平均秩，只需得出中值。基于中位秩的方法被称为中位数排序(MR)法。Cachada(2017)基于含 37 个数据集上 368 个不同工作流的测试结果的组合对平均排序和中位排序这两种方法做了对比。结果显示，相较于平均排序法，中位排序法获得了更好的结果，但没有统计显著性。

(3) 按显著赢或(和)输的数量进行聚合。该方法确立了每种算法 a_i 的秩，并将较其他算法的显著赢或(和)输的数量考虑在内。算法 a_i 显著优于算法 a_j 被界定为具有统计意义的性能差异。很多研究者原先均探索过这一方法(Brazdil 等，2003；Leite 等，2010)。

3. 通过示例阐述平均排序

这里通过示例说明平均排序法在算法推荐问题上的应用。所用的元数据捕捉到 10 种分类算法(表 2.3)和 57 个来自 UCI 机器学习库的数据集性能(Asuncion 等，2007)。有关实验装置的更多信息可以在别的地方找到(Brazdil 等，2003)。

表 2.3　分类算法

C5b	推进的决策树(C5.0)
C5r	基于决策树的规则集(C5.0)
C5t	决策树(C5.0)
IB1	1-最近邻(MLC++)
LD	线性判别式
Lt	具有线性属性组合的决策树
MLP	多层感知器(克莱门汀)
NB	朴素贝叶斯
RBFN	径向基底函数网络(克莱门汀)
RIP	规则集(RIPPER)

　　这里的目标是基于表 2.2 中所列出的三个数据集上获得的排序来构建算法排序。表中呈现了通过聚合单个排序获得的相应平均秩得分 $\overline{R_j}$。秩得分可用于重新排列算法,从而获得推荐的排序(C5b,IB1 ..RBFN)。对于未来在目标数据集上进行实验,该排序会予以指引。

　　注意,平均排序包含两对平局情况。其中一个涉及 C5b 和 IB1,二者共享前两个秩,因而在我们的表格中被赋予的等级值为 1.5。平局的意思是,没有证据表明,任意一种基于所使用元数据的算法(在本例中为 C5b 和 IB1)会获得不同的性能。用户可以采用我们的随机选择,或者在选择过程中采用其他一些标准(如运行时间)。

　　随之而来的一个问题是,预测(或推荐)的排序是否是真实排序,也就是算法在目标数据集上的相对性能的准确预测。这个问题在下一小节(第 2.3.2 节)和第 3 章中加以探讨。我们注意到,这两种排序或多或少有些相似。最大的错误是在 LD 和 NB 的秩预测过程中造成的(四个秩位),但大多数错误是关于两个秩位的。然而,一个适当的评估方法是必不可少的。也就是说,我们需要能够系统地量化并比较排序质量的方法。第 2.3.3 节中给出了相关解释。

2.3.2　使用排序元模型进行预测(top-n 策略)

　　对于为目标数据集该选用何种算法,上一小节中讨论的元模型可用于提供推荐。在图 2.3 中对该方法进行说明。算法 2.2 给出了有关该方法的更多细节。

图 2.3　使用平均排序(AR)法预测最佳算法

算法 2.2　Top-n 程序假设平均准确度为 1/3

输入：$A=\{a_1,\cdots,a_n\}$(按秩排序的算法表)

　　　　d_{new}(目标数据集)

　　　　n(待测算法数量)

输出：$a*$(最佳性能算法)

　　　　$p*$ ($a*$的性能)

　　　　t_{accum}(用时)

开始

　│　$a* \leftarrow A[1]$(initialize $a*$)
　│　评估第一算法并初始化值
　│
　│　$(p*, t_{\text{accum}}) \leftarrow \text{CV}(A[1], d_{\text{new}})$
　│　**foreach** $i \in \{2,\cdots,n\}$**do**
　│　│　评估第 i 个算法
　│　│
　│　│　$(p_c, t_c) \leftarrow \text{CV}(A[i], d_{\text{new}})$
　│　│　if　$p_c>p*$　然后
　│　│　│　$a* \leftarrow A[i]$
　│　│　结束
　│　│　$p* \leftarrow$ 最大值$(p_c, p*)$
　│　│
　│　│　$t_{\text{accum}} \leftarrow t_c + t_{\text{accum}}$
　│　结束
结束

　　由于推荐是以排序的形式呈现，故我们有理由要求用户遵守推荐的顺序。排名第一的算法(工作流)极有可能被认为是最佳的，其次是排名第二的算法，以此类推。这是通过对目标数据集上以这种顺序排列的算法的交叉验证来完成的。每次交叉验证测试之后，性能都被储存了起来，具备最高储存性能的算法就是优胜者。关于用户应选择多少种算法的问题随之而来。

　　top-n 执行可用于此目的(Brazdil 等，2003)。该方法还可以模拟选取排在最前的 n 个项。在研究 top-n 方案的性能时，我们通常会让它运行到最后。换言之，参数 n 通常会被设置为最大值，对应于算法的数量。这样做的好处是，我们可以在不同的执行阶段检查结果。确定 n 的另一种可选方法是确定时间预算(第 2.4 节)。

　　下面给出示例说明。

　　我们依据表 2.4 中推荐的排序并对 waveform40 数据集进行测试来对该方法加以说明。表中还显示每种算法获得的准确度及相应的运行时间。表中列出的第一项代表该数据集的默认分类精度。由于数据 waveform40 包括三种类型，我们可以根据假设平均精度为 1/3，在假设类别具有同等可能性。假设确定这一点几乎无须花费时间。

表 2.4　在 waveform40 数据集上执行特定推荐排序的结果

推荐	Def	MLP	RBFN	LD	LT	C5b	NB	RIP	C5r	C5t	IB1
排序	0	1	2	3	4	5	6	7	8	9	10
准确度	0.33	0.81	0.85	0.86	0.84	0.82	0.80	0.79	0.78	0.76	0.70
运行时间	0	99.70	441.52	1.73	9.78	44.91	3.55	66.18	11.44	4.05	34.91
运行时间积累	0	99.7	541.2	542.9	552.7	597.6	601.2	667.4	678.8	682.9	717.8

　　图 2.4 显示了准确度随被执行算法的数量(n)演变的方式。执行的第一个算法是 MLP，准确度达 81.4%。一旦执行排序中的下一个算法(RBFN)，准确度就会显著提升，高达 85.1%。执行排序中的下一个算法 LD 时所获得准确度的增幅较小，为 86.0%。这种情况在其余算法中并没有多大改变。请注意，当使用 top-n 策略时，性能从未下降。为理解这一点，我们需要重新审视其实际作用。到目前为止，它在交叉验证测试中获得最高的测量性能，并且随着交叉验证算法集的扩充，该值不会减小。

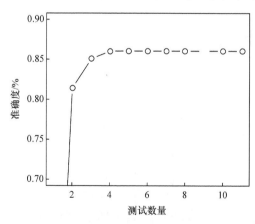

图 2.4　执行 top-n 时，准确度对测试数量的依赖

　　图 2.5 显示了准确度在运行时间上的演变。该图提供了与推荐排序评估有关的更多信息。该图表明，尽管 RBFN 的执行带来了准确度的显著改进，但它是以相对较长的运行时间(441s)为代价的。该图还显示，虽然用 LD 的增益较小，但相应的运行时间却相当短(小于 2s)。

　　第 2.4 节中讨论了排序方法的另一种变体，其中将运行时间纳入算法。研究结果表明，这一改进带来了显著的效果。

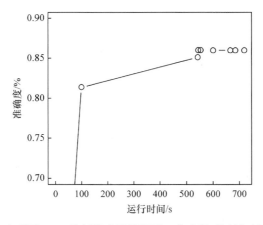

图 2.5　在采用 top-n 执行策略的情况下，准确度对运行时间的依赖

2.3.3　对建议排序的评价

一个重要的问题在于这些"建议排序"的优劣择选。第 3 章讨论了可用于评估系统生成建议质量的方法，具体介绍了两种不同的方法。

第一种方法的目标是通过与正确排序进行比较来评价推荐的质量，此为黄金标准；第二种方法的目标是依据排序对基础级性能的影响进行评价。

2.4　实施精度与运行时间的组合测度

排序可以基于我们想要考虑的任一性能指标。将准确度(或 AUC、F1 等)和运行时间结合起来的措施尤为值得关注。实际上，我们事先并不确定哪些算法会在目标数据集上有良好表现，所以大量的时间可能会浪费在较慢的算法上。理想状态下，我们希望首先为速度快而性能相对较好的算法安排交叉验证测试，然后才是其他更慢的算法。

Abdulrahman 等(2018)指出，为特定目标数据集寻求最佳算法，这可能会带来大幅提速。将准确度与运行时间结合起来的联合测量法，并不是什么新鲜理念。不止一个作者提出过这样的措施，如 Brazdil 等(2003)提出了 ARR 这一方法。然而，正如后来所显示的那样(Abdulrahman 等，2018)，该方法不是单调的。作者们引入了一个不受此缺陷影响的措施 A3R(第 5 章)。这里，我们使用该函数的一种简化形式 A3R′(van Rijn 等，2015)，定义为

$$\text{A3R}_{a_j}'^{d_i} = \frac{P_{a_j}^{d_i}}{\left(T_{a_j}^{d_i}\right)Q} \tag{2.3}$$

其中，$P_{a_j}^{d_i}$ 表示算法 a_j 在数据集 d_i 上的性能(如准确度)，$T_{a_j}^{d_i}$ 表示对应的运行时间。该函数要求在准确度和运行时间的重要性之间建立恰当的平衡。这是由参数 Q 完成的，该参数实际上是一个比例因子。通常，Q 是一个相当小的数字，如 1/64，实际上代表的是第 64 次根。这是因为，运行时间的变化远远大于准确度。某一特定算法比另一种算法慢(或快)三个数量级的情况并不罕见。很明显，我们不希望方程完全受制于时间比。

例如，当设置为 Q = 1/64 时，一个慢 1000 倍的算法会生成一个 1.114 的分母。因此，只有在它的准确度比参考算法高 11.4%的情况下，才能够与更快的参考算法进行比较。

这就出现了一个问题：什么才是参数 Q 的最佳设置？Abdulrahman 等(2018)对该问题进行了考察。他们考虑了 Q 的各种设置，包括 1/4、1/16、1/64、1/128 和 1/258。研究表明，Q=1/64 是最佳设置，因为与其他选项相比，它可以更快地找出性能较好的算法。该设置可以被视为有效的默认设置。

我们用第 2.3 节中描述的方式对平均排序进行了阐述。除此之外，还可以针对每个数据集实现运行时间的归一化。将在第 3 章围绕归一化进行讨论。

对于每个数据集，根据所选性能指标(此处为 A3R)对算法进行排序，并相应地分配秩。

平均排序可用式(2.2)构建。图 2.6 转载自 Abdulrahman 等(2018)的研究成果，从中可以看出，这种升级对损失曲线有极大影响，AR*的损失曲线对应参数设置为 P=1/64 的基于 A3R 的平均排序法，所获得的曲线比 AR0 版本要好得多，在后者对应的情况中，只有准确度是重要的。采用 AR*，在达到 100s 之前就能实现 1%的损失，而 AR0 则需要超过 10000s 才能够实现相同比率的损失。

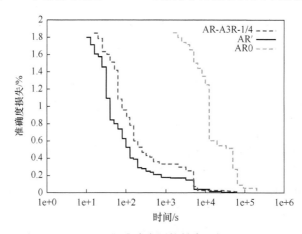

图 2.6　基于 A3R 和准确度平均排序的损失-时间曲线

2.5　扩展及其他方法

2.5.1　采用平均排序法推荐工作流

当前,研究人员和从业人员的注意力都转向了操作工作流(应用流水技术)的选择与配置。这些通常包括各种不同的预处理操作,然后是对带有适当超参数配置的机器学习算法的应用。

在这一节中,我们简要提及了 Cachada 等(2017)的研究成果,他们采用变体 AR*为新数据集推荐工作流。工作流可能包括具体的特征选择方法(相关特征选择,CFS(Hall,1999)),以及从给定选项(共 62 个)中选取的具体分类算法,其中约有一半是集成。此外,作者们也使用一些分类算法的不同版本(具有不同超参数设置的算法)。

作者们指出,AR*能够选出性能优异的工作流。他们的实验还表明,将特征选择和超参数配置作为替代选项总体上是有好处的。第 7 章给出有关这种方法及其他相关方法的更多细节。

2.5.2　排序可能会降低数据集专家级算法的等级

本章探讨的排序重点是整体性能较高的算法。尽管这看起来不可理解,但也存在潜在的缺陷。例如,考虑以下情况,如表 2.5 所示。

表 2.5　实例元数据集

算法	d_1	d_2	d_3	d_4	算法	d_1	d_2	d_3	d_4
a_1	0.66	0.63	**0.95**	0.65	a_1	4	4	**1**	4
a_2	**0.90**	**0.81**	0.89	**0.84**	a_2	**1**	**1**	2	**1**
a_3	0.82	0.79	0.83	0.83	a_3	2	2	3	2
a_4	0.74	0.76	0.84	0.77	a_4	3	3	4	3

该实例由数据集 $d_1,\cdots,d_4$ 和算法 $a_1,\cdots,a_4$ 构成。左边的表格显示了每种算法在每个数据集上的性能值。右边的表格显示了每个数据集上的算法排序。

可以看出,完全排序将是 a_2、a_3、a_4、a_1,表明 a_1 是最差的待测试算法。从另一个角度来看,a_1 实际上是唯一能够在数据集(d_3)上超越 a_2 性能的算法。换句话说,在考虑每个数据集的性能时,算法 a_2 和 a_1 是仅有的两个位于帕累托前沿的算法。

Brazdil 等(2001)和 Abdulrahman 等(2019)解决了如何从给定集合(可以转化为排序)中识别和消除某些算法的问题。第 8 章(第 8.5 节)中对该方法做了进一步详述。

Wistuba 等(2015)研究了互补算法排序的创建方法。Pfisterer 等(2018)的研究表明，创建基于元数据的最优排序是一个 NP 完全问题，并提出了贪婪算法。

2.5.3　基于 DEA 多准则分析的方法

设计两种(或更多)性能准则组合测量的另一种方法是使用数据包络分析(DEA)(Charnes 等，1978)对算法进行多准则评价(Nakhaeizadeh 等，1997)。DEA 的一个重要特征是，不同准则的权重是由方法而非用户决定的。然而，这种灵活性可能并非总是完全合适的，因此 Nakhaeizadeh 等(1998)提出了一个改进的 DEA 方法，能够实现对不同准则的相对重要性的个性化处理。例如，某个用户可能更喜欢更快的算法，即使不是那么准确，也能生成可解释模型。

2.5.4　利用数据集的相似性来识别元数据的相关部分

第 2.3 节描述了如何在所有元数据的基础上创建排序模型。然而，并非所有在实验中收集的元数据都可能与手头任务相关。如果元数据包含与当前任务截然不同的数据集上的测试结果，则采用它可能会对性能产生不利的影响。因此，出现了一个问题，即如何识别哪些元数据与给定任务相关。

一种通用的方法是利用数据集特征来确定与目标数据集最相似的数据集子集，并只采用与这些数据集相关的元数据。这里提出的方法是源于以下假设：如果数据集是相似的，则在这些数据集上获得的算法排序也会相似。在这个背景下，有时将数据集的特征称为"元特征"。第 4 章将详细讨论数据集的特征。

我们想强调的是，通常能够在没有这个步骤的情况下使用排序方法，而且结果相当令人满意。然而，若不考虑数据集的特征，则目标数据集并不影响对算法的测试顺序。换句话说，该方法遵循固定调度。虽然这可能不会影响最终确定的算法，却可能需要更多的时间来确定最终算法，因此拥有灵活的调度操作可能会带来好处。第 5 章(第 5.8 节)介绍了一种与此处讨论的有所不同的灵活调度，其中有一种被称为"主动测试"的方法。

2.5.5　处理不完全排序

在实践中，有时会出现一定比例的测试结果缺失的情况。也就是说，在某些数据集上，一些算法的测试结果可能会缺失。那么，如果发生这种情况，生成的排序是不完整的。表 2.1 第 5 行和图 2.1(c)中显示了不完全排序的实例。表 2.6 显示了一个涉及六种算法($a_1,\cdots,a_6$)和六个数据集($D_1,\cdots,D_6$)的实例。其中，在每一列中，六个结果中有两个是缺失的。

表 2.6　测试结果缺失的元数据示例

算法	D_1	D_2	D_3	D_4	D_5	D_6
a_1	0.85	0.77		0.98		0.82
a_2		0.55	0.67	0.68	0.66	
a_3	0.63		0.55	0.89		0.46
a_4	0.45	0.52	0.34		0.44	0.63
a_5	0.78	0.87	0.61	0.34	0.42	
a_6		0.99		0.89		0.22

　　鉴于实践中经常出现不完整的测试结果,因此出现了一个问题,即该怎么做。一个简单而明晰的答案是:完善结果。然而,这并非一直可行,因为某个具体算法可能根本无法运行,或者有关它运行的技术已经不再可用。而且,采用 ML 算法开展实验可能常常需要大量的计算资源。

　　因此,另一种可能性是,在为目标数据集寻找潜在的最优算法的过程中实验不完整的元数据。Abdulrahman 等(2018)考察这一问题,指出对准确度和运行时间进行组合测量的平均排序法 AR*(第 2.4 节)甚至不受元数据中 50%遗漏率的影响。这具有重要的意义,表明我们不需要实施穷举测试就能够给出性能相当优异的元模型。

　　Abdulrahman 等(2018)的研究表明,需要改进用于聚合不完全排序的方法。下面的小节中给出了更多的相关细节。

　　存在许多不同的方法,可用于聚合不完全排序。Lin(2010)认为,可以将这些方法分为三类:启发式算法、马尔可夫链方法和随机优化方法。例如,最后一类包括交叉熵蒙特卡洛(CEMC)法。

　　合并不完全排序可能涉及不同规模的排序。有些方法要求在聚合之前完成这些排序过程。让我们考虑一个简单的例子。假设排序 R_1 代表四个元素(a_1, a_3, a_4, a_2),而 R_2 仅代表两个元素(a_2, a_1)。有些方法会要求为 R_2 中缺失的元素(a_3、a_4)赋予一个具体的秩(如秩 3)。例如,R 的 RankAggreg 包中就采用了这一策略(Pihur 等,2009)。这是不对的,因为不应该强迫人们假设事实上不存在的信息。

　　Abdulrahman 等(2018)提出了一个相对简单的方法来聚合不完全排序,从而规避这一缺陷。该方法基于以下观察结果:如果两个排序的长度不相等,则较短排序中的秩所提供的信息要比较长排序中的秩提供的信息少得多,很容易看出其中的原因。如果与另一种类似的算法相比,某个不合格的算法可能会出现在第一个位置上。作者提供了实验证据,表明这种方法固然简单,却能够提供相当优异的结果。

参 考 文 献

Abdulrahman, S., Brazdil, P., van Rijn, J. N., and Vanschoren, J. (2018). Speeding up algorithm selection using average ranking and active testing by introducing runtime. *Machine Learning*, 107(1):79-108.

Abdulrahman, S., Brazdil, P., Zainon, W., and Alhassan, A. (2019). Simplifying the algorithm selection using reduction of rankings of classification algorithms. In *ICSCA '19,Proceedings of the 2019 8th Int. Conf. on Software and Computer Applications, Malaysia*, pages 140-148. ACM, New York.

Asuncion, A. and Newman, D. (2007). UCI machine learning repository.

Brazdil, P., Gama, J., and Henery, B. (1994). Characterizing the applicability of classification algorithms using meta-level learning. In Bergadano, F. and De Raedt, L.,editors, *Proceedings of the European Conference on Machine Learning (ECML94)*, pages 83-102. Springer-Verlag.

Brazdil, P., Soares, C., and da Costa, J. P. (2003). Ranking learning algorithms: Using IBL and meta-learning on accuracy and time results. *Machine Learning*, 50(3):251-277.

Brazdil, P., Soares, C., and Pereira, R. (2001). Reducing rankings of classifiers by eliminating redundant cases. In Brazdil, P. and Jorge, A., editors, *Proceedings of the 10th Portuguese Conference on Artificial Intelligence (EPIA2001)*. Springer.

Cachada, M. (2017). Ranking classification algorithms on past performance. Master's thesis, Faculty of Economics, University of Porto.

Cachada, M., Abdulrahman, S., and Brazdil, P. (2017). Combining feature and algorithm hyperparameter selection using some metalearning methods. In *Proc. of Workshop AutoML 2017, CEUR Proceedings Vol-1998*, pages 75-87.

Charnes, A., Cooper, W., and Rhodes, E. (1978). Measuring the efficiency of decision making units. *European Journal of Operational Research*, 2(6):429-444.

Cook, W. D., Golany, B., Penn, M., and Raviv, T. (2007). Creating a consensus ranking of proposals from reviewers' partial ordinal rankings. *Computers & Operations Research*, 34(4):954-965.

Cook, W. D., Kress, M., and Seiford, L. W. (1996). A general framework for distancebased consensus in ordinal ranking models. *European Journal of Operational Research*, 96(2):392-397.

Gama, J. and Brazdil, P. (1995). Characterization of classification algorithms. In Pinto-Ferreira, C. and Mamede, N. J., editors, *Progress in Artificial Intelligence, Proceedings of the Seventh Portuguese Conference on Artificial Intelligence*, pages 189-200. Springer-Verlag.

Hall, M. (1999). *Correlation-based feature selection for machine learning*. PhD thesis, University of Waikato.

Hand, D., Mannila, H., and Smyth, P. (2001). *Principles of Data Mining*. MIT Press.

Kalousis, A. (2002). *Algorithm Selection via Meta-Learning*. PhD thesis, University of Geneva, Department of Computer Science.

Kalousis, A. and Theoharis, T. (1999). NOEMON: Design, implementation and performance results of an intelligent assistant for classifier selection. *Intelligent Data Analysis*, 3(5):319-337.

Keller, J., Paterson, I., and Berrer, H. (2000). An integrated concept for multi-criteria ranking of data-mining algorithms. In Keller, J. and Giraud-Carrier, C., editors, *Proceedings of the ECML Workshop on Meta-Learning: Building Automatic Advice Strategies for Model Selection and*

Method Combination, pages 73-85.

Leite, R. and Brazdil, P. (2010). Active testing strategy to predict the best classification algorithm via sampling and metalearning. In *Proceedings of the 19th European Conference on Artificial Intelligence (ECAI)*, pages 309-314.

Lin, S. (2010). Rank aggregation methods. *WIREs Computational Statistics*, 2:555-570.

Mitchell, T. M. (1997). *Machine Learning*. McGraw-Hill.

Nakhaeizadeh, G. and Schnabl, A. (1997). Development of multi-criteria metrics for evaluation of data mining algorithms. In *Proceedings of the Fourth International Conference on Knowledge Discovery in Databases & Data Mining*, pages 37-42. AAAI Press.

Nakhaeizadeh, G. and Schnabl, A. (1998). Towards the personalization of algorithms evaluation in data mining. In Agrawal, R. and Stolorz, P., editors, *Proceedings of the Third International Conference on Knowledge Discovery & Data Mining*, pages 289-293. AAAI Press.

Neave, H. R. and Worthington, P. L. (1992). *Distribution-Free Tests*. Routledge.

Pavan, M. and Todeschini, R. (2004). New indices for analysing partial ranking diagrams. *Analytica Chimica Acta*, 515(1):167-181.

Pfahringer, B., Bensusan, H., and Giraud-Carrier, C. (2000). Meta-learning by landmarking various learning algorithms. In Langley, P., editor, *Proceedings of the 17th International Conference on Machine Learning*, ICML'00, pages 743-750.

Pfisterer, F., van Rijn, J. N., Probst, P., M¨uller, A., and Bischl, B. (2018). Learning multiple defaults for machine learning algorithms. *arXiv preprint arXiv:1811.09409*.

Pihur, V., Datta, S., and Datta, S. (2009). RankAggreg, an R package for weighted rank aggregation. *BMC Bioinformatics*, 10(1):62.

Soares, C. and Brazdil, P. (2000). Zoomed ranking: Selection of classification algorithms based on relevant performance information. In Zighed, D. A., Komorowski, J., and Zytkow, J., editors, *Proceedings of the Fourth European Conference on Principles and Practice of Knowledge Discovery in Databases (PKDD 2000)*, pages 126-135. Springer.

Todorovski, L. and Dˇzeroski, S. (1999). Experiments in meta-level learning with ILP. In Rauch, J. and Zytkow, J., editors, *Proceedings of the Third European Conference on Principles and Practice of Knowledge Discovery in Databases (PKDD99)*, pages 98-106. Springer.

van Rijn, J. N., Abdulrahman, S., Brazdil, P., and Vanschoren, J. (2015). Fast algorithm selection using learning curves. In *International Symposium on Intelligent Data Analysis XIV*, pages 298-309.

Wistuba, M., Schilling, N., and Schmidt-Thieme, L. (2015). Sequential model-free hyperparameter tuning. In *2015 IEEE International Conference on Data Mining*, pages 1033-1038.

第3章 学习/自动机器学习(AutoML)系统评价建议

摘要 本章讨论了几种通常用于评估元学习和 AutoML 系统的典型方法,这有助于我们确定是否可以信任由某个具体系统提供的建议,同时也提供了一种可用于比较不同方法的方式。由于算法的性能在不同任务中可能差异较大,因此通常有必要先对性能值进行归一化处理以使比较有意义,本章讨论了一些常用的归一化法。由于给定的元学习系统常会输出算法的一个序列进行测试,因此我们可以研究该序列与理想序列的相似度。这一点可以通过观察两个序列之间的相关度加以确定,本章提供了有关该问题的更多细节。针对系统比较采用的一个常见方法是考虑选取不同算法(工作流)对基础性能的影响,并确定性能如何随时间演变。若已知理想性能,就有可能计算出性能损失的数值。损失曲线显示出损失随时间变化的规律,或者在事先给定的最大可用时间(即时间预算)内,它的数值为多大。本章还介绍了对于涉及数个元学习/AutoML 系统的比较常采用的方法,并实施统计学检验。

3.1 简　　介

在本章中,我们介绍了可用于评估由某个给定元学习/AutoML 系统生成的推荐质量的方法。

对于很多任务,有必要在不同的任务(数据集)中比较基础算法的性能。由于一些任务可能难于其他任务,因此在不同任务间的性能表现可能有很大差异。因此,重新调节性能值可以实现对这些数值的比较。第 3.3 节中讨论了不同的重新调节技术。

对于典型元学习/AutoML 系统的推荐,可以认为是建议将某种具体的算法(工作流)应用于目标数据集之中。很多时候,这些建议是以算法(或工作流)的有序序列形式提出来的,可以认为它是生成的推荐排序。

用于推荐项排序表的策略可以与信息检索中使用的策略相比较。在信息检索中,通常会向用户推荐一个潜在有用的文件列表。原因很简单,列表中的第一项可能是非相关项,因此最好给用户提供其他选项。回到评估上,出现了以下问题。

(1) 从用户的角度来看,具体元学习/AutoML 系统的性能是否令人满意?

(2) 具体元学习/AutoML 系统的性能与其他同类系统(竞争对手)相比如何?

　　本章的目的是解决上述两个问题。对于第一个问题，有两种方式可用于评估算法(工作流)的推荐排序质量，第一种方法是将推荐的排序与黄金标准进行比较，将在第 3.5 节讨论该问题；第二种方法旨在评估推荐被采纳后的效果，将在第 3.6 节中给出关于这一点的更多细节。

3.2　基础算法的评估方法

　　对于机器学习(ML)算法的评估，在各种机器学习教材中均有讨论(如 Mitchell(1997)；Kohavi(1995)；Schaffer(1993))，本书将不再详细讨论。然而，针对元学习/AutoML 系统评估方法的解释，我们需要提出一些所需的基本概念。

3.2.1　泛化误差

　　机器学习中的一个重要概念是"泛化误差"。通常，机器学习算法的设计应最大限度地降低该误差。换句话说，在面对一些数据集时，不应该试图准确无误地拟合这些数据，而是应该尝试生成一个模型，并保证模型能够在尚不可见的数据点上有良好的表现。在下一节中，我们将简要给出具体的度量方式。

3.2.2　评估策略

　　留出法、交叉验证法或留一法(Kohavi，1995；Schaffer，1993)等评估策略可用于度量不可见数据点上的泛化性。

　　(1) 留出法。在应用留出法进行评估时，原始数据集被分成两组，一组是训练集，由一定比例(如 90%)的数据组成；另一组是留出集，由剩下的 10%组成。该模型在训练集上进行训练，并在留出集上进行评估。分成两个子集的过程由一个参数控制，该参数的设置会影响对性能的估计。

　　(2) 交叉验证(CV)经常被用于克服留出法的问题，主要通过对模型进行多次评估。在 10 倍交叉验证中，将对给定的算法评估 10 次。在每一倍中，将在包含 10%实例的原始数据集的另一个部分上对算法进行训练，而余下的 90%将被用于测试。因此，每增加一倍都会生成一定的性能量度。例如，在分类中，通常包括准确度、精确性、查全率、AUC 等，某一参数的数值常常被聚合在一起。因此，我们可以从 10 个准确值中提取出准确度的平均值。

　　(3) 留一法(LOO-CV)可以认为是交叉验证法的一个特例。用$|d|$来表示数据集的大小，在这种情况下，倍(循环)的数量等于$|d|$。在大小为$|d|$的训练集上对模型进行$|d|$次训练，并在最后的数据点上对其进行评估。以此方式，正好可以将每个数据实例用于测试一次。当可用于训练和测试的实例相对较少时，经常采用这种方法。

(4) 自举法。一般在案例数量较少时采用自举法这一策略。扩充的数据集通过从原始数据集中生成一定数量的"自举样本"来创建，其中每个原始数据点都可以在放回的条件下被采样(意味着它可以在自举过程中多次出现)。如果生成了一个与原始数据集大小相同的自举程序，有一些数据点自然就被省略了，因为其他数据点会多次出现。这些数据点将构成测试集。

机器学习领域已经采用交叉验证法作为算法性能的评估标准。然而，对于大型数据集(如影像数据集)而言，通常使用一个单一的留出集作为替代。在本书中，我们经常采用交叉验证评估这一术语。

在第 3.4 节中，我们解释了如何将这些量度标准扩展应用于评估元学习和 AutoML 系统。后面我们将讨论性能值的归一化问题，因为在不同的数据集之间进行比较时，需要用到。

3.2.3　损失函数和损失

在机器学习文献中，经常采用损失一词来代替误差。"损失"代表一个数值，若想获取这一数值，需要将损失函数应用于给定的算法及给定的数据集 d，并且在给定的算法中，超参数 θ 应以某种方式予以配置。损失函数定义为

$$L = \mathcal{L}\left(a_\theta^j, d_{\text{train}}, d_{\text{valid}}\right) \tag{3.1}$$

其中，d_{train} 代表 d 的训练部分；d_{valid} 代表验证集，即用于评估目的 d 的子集。第 3.4.1 小节将进一步阐明验证集和测试集之间的区别。

让我们看看如何写成公式，以提供有关过程的更多细节。令 $M(a_\theta^j, d_{\text{train}})$ 表示由 a_θ^j 生成的已训练模型的输出。在 d_{train} 上，给定数据集 d 的训练部分。令

$$\hat{y}_{\text{valid}} = A\left(M\left(a_\theta^j, d_{\text{train}}\right), X_{\text{valid}}\right) \tag{3.2}$$

表示已训练模型针对 X_{valid} 的应用，也是 d_{train} 的一部分，其中只包括属性值。该函数返回围绕基础性能做出的预测 $\hat{y}_{\text{valid}}$。然后，通过将预测值 $\hat{y}_{\text{valid}}$ 与真实值 y_{valid} 比较，可以确定损失 L 为

$$L = \mathcal{L}\left(\hat{y}_{\text{valid}}, y_{\text{valid}}\right) \tag{3.3}$$

其中，真实值是 d_{valid} 的一部分，仅包含目标变量。

有时，使用上面给出的损失函数(3.1)的简短形式是很方便的，其中只涉及输入变量。

3.3　基础算法的性能归一化

我们注意到，不同数据集的性能值范围可能有很大的不同。90%这一准确度

数值在某一个分类问题上可能非常高，但在另一个分类问题上却很低。如果我们在不同的数据集上对系统的性能进行比较，那么重新调整数值的大小就很重要。对这一问题，以往曾提出过不同的方法，如下所示。

(1) 用秩替代性能值。

(2) 重新调整至 0-1 区间。

(3) 将数值映射到正态分布之中。

(4) 重新调整为分位点值。

(5) 通过考虑误差范围来实现归一化。

关于每一种转化的更多细节将在下面给出。

1. 用秩替代性能值

在第 2 章(第 2.2.1 小节)描述了转化过程。

2. 重新调整至 0-1 区间

转化处理要求我们确定某一个算法数据集 d 上的最优(最大)性能 $P_{\max}^d$ 和最差(最小)性能 $P_{\min}^d$。对于最差性能，通常是采用默认分类器的性能，因为默认分类器仅预测最常见的类。这两个值确定了一个区间，即 0-1，所有的值都被重新调整至这个区间之中。下面的方程式显示了如何将一个具体的性能值 P^d 重新调整为 P'^d：

$$P'^d = \frac{P^d - P_{\min}^d}{P_{\max}^d - P_{\min}^d} \tag{3.4}$$

其中，P'^d 的值接近于 0(1)。这表明，性能与这个数据集的最低(最高)测量值接近。

3. 将数值映射到正态分布之中

另一种可能是使用标准归一化方法，这需要我们计算所有性能值的平均值与标准偏差。然后，通过减去平均值并且将结果除以标准偏差来实现所有成功率(或其他性能值)的归一化。这种方法的优点是，对于数值存在相当明晰的解释。较高的负值(即<-0.5)表明，成功率相当低。数值约等于 0 表明，成功率与平均水平相差不大。较高的(即>0.5)表明性能相当好。

这种方法的缺点是，由于假设数值是正态分布的，这在某些应用中可能不成立。

4. 重新调整为分位点值

该方法将所有数值都转化为分位数，分位数实际上是用于将概率分布范围划分成等概率的连续区间的切点。

5. 通过考虑误差范围来实现归一化

Gama 等(1995)建议采用误差范围来表示所有的性能值(Mitchell，1997)。具体计算方法如下：

$$EM = sqrt(ER \times (1-ER)/NT)$$

其中，ER 代表错误率，NT 代表测试集中的实例数。将误差转化为表示低于最优误差率或高于最差误差率的 EM 数量的数值。这种方法的缺点是，其中假设数值是正态分布的。

3.4　元学习与 AutoML 系统的评估方法

在本节中，我们介绍了在元学习和 AutoML 系统的评估过程中需要考虑的评估方法，分为两种模式。在第一种模式中，执行完留出策略(方案)之后，只实施一次评估，在下一小节将给出相关的更多细节。在另一种模式中，执行完交叉验证(CV)(留一法(LOO))策略之后将出现循环，在第 3.4.2 小节中将给出相关的更多细节。

3.4.1　留出策略下的一次通过性评估

该方案遵循了第 3.2 节中描述的策略，依赖于如下原理：将给定的数据集划分成训练子集和测试集。这种划分取决于设置实验的用户，超出了给定元学习/AutoML 系统的范围。在比较各种元学习/AutoML 系统的性能时，这种划分都应该是不变的。许多元学习/AutoML 系统在内部进行了这样的评估，以确定应该推荐哪种基础算法。下面我们将更详细地探讨这一问题。

1. 元学习/AutoML 系统的目标

在简介部分，我们描述了各种元学习/AutoML 问题，其中包括算法选择(AS)、超参数优化(HPO)及算法选择和超参数优化(CASH)的组合问题。在这里，我们将考虑 CASH 这一问题，因为它涵盖了其他两个问题。

CASH 问题的正式定义利用了第 3.2.3 节中讨论的损失概念。下面的定义是基于 Thornton 等(2013)的研究成果得出的：

$$a_{\theta*}^{*} = \arg\min \mathcal{L}\left(a_{\theta}^{j}, d_{\text{train}}, d_{\text{valid}}\right)$$
$$a^{j} \in \mathcal{A}, \theta \in \Theta^{j}$$

(3.5)

可以看到，元学习系统的目标是通过探索不同的替代算法和超参数设置来实现损

失的最小化。在这个过程中，他们还进行了评估，以便给出最优推荐。将在下一
小节具体讨论这个问题。

2. 由元学习/AutoML 系统执行的内部评估

许多元学习/AutoML 系统中都有一个内循环，其中包括评估：测试了某个基
础模型，在一组不可见数据案例上评估这个模型，并再次重复这一过程。

由于这些系统未(也不被允许)以任何方式使用测试集，因此需要采用额外的
案例集(Varma 等，2006)。因而，训练集进一步分为内部训练集和验证集两部分。
其中，内部训练集用于评估不同变体的性能(如不同的超参数设置)，并选出最佳
变体。这种划分可由元学习系统的一个参数决定，甚至能够在没有人为干预下进
行优化。数据集的划分如图 3.1 所示。

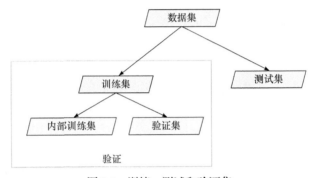

图 3.1　训练、测试和验证集

在验证集上性能表现最优的模型被元学习/AutoML 系统选中，可以在整个训练
集(即内部训练集和验证集)上重新进行训练，这样它就会包括尽可能多的数据以提
高自身性能。最后，在测试集上对模型进行评估，并将该模型的性能报告给用户。

注意，也可以对内部划分进行升级，从而将交叉验证程序包含在与选择过程
关联的内部评估中。这样做的好处是，在不同倍数上获得的不同性能值可以聚合
成一个分散度较低的单一数值(如平均值)。因此，基于这个数值做出的决定往往
更加可靠。但缺点是，与留出法相比，交叉验证需要更多的时间，因此系统需要
更多的时间来进行推荐。

我们注意到，这种评估方法提供了一个单一的结果。这是因为事实上，在元
层次上使用了留出法的缘故。下一小节将讨论在元层次上使用交叉验证(CV)(或留
一法(LOO-CV))的情况。

3. 避免偏差评估

在评估包含元学习能力的 AutoML 系统时，必须确保用于评估的数据集不包

含在伴随元学习系统的元数据集中，因为这将导致对性能的评估出现偏差。Auto-sklearn 等一些系统是由多种常见的基础数据集组成的元数据集中附带的。如果目标是评估这个系统在新数据集上的性能表现，则显然这些数据集不应该包括在伴随着这个系统的元数据集中。

　　然而，如果目的仅仅是使用元学习系统来解决实际问题，那么新数据集是否属于现有元数据集库的一部分，或者是否与这个元数据集库中的数据集相似都不重要。如果出现这种情况，人们可能会期望系统凭借自身的元学习能力在这种情况下表现良好。

3.4.2　采用交叉验证的元级评估

　　交叉验证的多步评估要求将基本数据集视为实例。然后按照第 3.2 节中交叉验证(CV)策略所描述的方式对这些实例进行折叠划分。由于这个过程对所有倍数都是重复的，因此我们得到的测试结果与倍数的数量一样多。这些信息可以被聚合成总值(如个体性能值的平均值)。

　　应该注意，在许多领域，元数据集可能相对较小，并且包含数量有限的基础数据集。因此，留一法(LOO-CV)是一种经常使用的方法，原因是该方法适用于这一情况。在这种情况下，由于遗留下的是基础数据集，所以这种策略可以被称为"留下一个数据集法"。

　　另一种是支持表格查找的元级评估。由于对基础算法的评估需要极大的计算量，所以通常会采用如下策略：将每一数据集上的每种算法性能记录下来，并存储在相应的元数据集中。需要再次进行相同的评估时，就只需通过表格查找的方式检索到以前的结果。

　　这种评估方法的优点是，它便于执行对元学习系统进行大规模评估的任务。由于实验结果是预先计算过的，因此实验可以多次进行，计算量为零。可通过代理模型来扩展表格查找，采用经验性能模型来预测未明确检验的配置性能。NAS-Bench-101 是最近获得的一个大型元数据集，可用于检索实验结果[①]。

3.5　根据相关度评估推荐

　　推荐的算法(工作流)排序的质量一般是通过与黄金标准的比较来确定的。有时，理想的排序也被称为真正排序。

　　这一评估方案适用于对生成排序的元学习系统的评估，比如第 2 章中介绍的

---

① 基于美国国家科学院平台的(1NASBench)理想排序：神经架构搜索数据集和基准测试程序，https:// github. com/google-research/nasbench new (test) dataset(s)。

元学习系统。在每个"留下一个数据集"循环中，推荐的排序与留下的数据集上的理想(真实)排序进行比较，然后取所有循环结果的平均值。

不同的预测排序具有不同的准确度。例如，如果黄金标准(真实排序)为(1，2，3，4)，则在直觉上，(2，1，3，4)与(4，3，2，1)相比，就算得上是更好的预测(即更准确)。这是因为，前一个排序比后一个排序更接近真实排序。

可以采用不同的度量标准来评估推荐排序与黄金标准的接近程度(或相似程度、准确程度)。这个距离实际上代表了对排序准确度的测量。其中一个很常见的例子就是以前采用的秩相关(Sohn，1999；Brazdil 等，2000；Brazdil 等，2003)为基础。在这里，我们选择了 Spearman 秩相关系数(Neave 等，1992)，当然也可使用 Kendall 的等级相关系数。很明显，我们希望得到与黄金标准高度相关的排序。这样，我们就能评估特定排序方法的准确度。

如果元学习/AutoML 方法 M_A 生成的推荐排序表比 M_B 获得的推荐更接近真实排序，则认为方法 M_A 比 M_B 更准确。

1. Spearman 秩相关

预测排序与真实排序之间的相似度可以用 Spearman 秩相关系数(Spearman，1904；Neave 等，1992)度量：

$$r_s\left(\hat{R}, R\right) = \frac{\sum_{i=1}^{n}\left(\hat{R}_i - \overline{\hat{R}_i}\right)\left(R_i - \overline{R}_i\right)}{\sqrt{\left(\sum_{i=1}^{n}\left(\hat{R}_i - \overline{\hat{R}_i}\right)^2 \sum_{i=1}^{n}\left(R_i - \overline{R}_i\right)^2\right)}} \tag{3.6}$$

其中，$\hat{R}_i$ 表示预测秩，$\overline{\hat{R}_i}$ 表示预测秩的平均值，R_i 表示项 i 的真实秩，n 表示项的数量。在无平局的情况下，可以使用以下公式：

$$r_s\left(\hat{R}, R\right) = 1 - \frac{6\sum_{i=1}^{n}\left(R_i - \overline{R}_i\right)^2}{n^3 - n} \tag{3.7}$$

Spearman 系数一个有趣的特征是，它大体上是平方秩误差的总和，而平方秩误差可能与通常用于回归处理(Torgo，1999)的归一化平均误差度量相关。

对总和进行重新调整以生成更有意义的值：值 1 代表完全一致；–1 代表完全不一致。相关度为 0 意味着排序不相关，这是随机排序方法的预期得分。

r_s 值统计数据可以在相应的临界值表中获得，这种临界值表在很多统计学教科书中都可以找到(如 Neave 等，1992)。

表 3.1 是用 Spearman 秩相关系数(式 3.6)评估排序准确度的说明[①]。读者可以

---

① 推荐的排序与第 2 章表 2.3 中的排序相同。

验证 Spearman 秩相关系数的 r_s 值为 0.707。根据 r_s 的临界值表，在 2.5%的水平段上(单边测试)得到的数值是显著的[①]。因此，Spearman 系数表明，推荐排序充分逼近真实排序。

表 3.1　字母数据集的推荐排序和真实排序

算法	C5b	C5r	C5t	MLP	RBFN	LD	LT	IB1	NB	RIP
推荐	1.5	5.5	7	9	10	4	3	1.5	5.5	8
真实	1	3	5	7	10	8	4	2	9	6

2. 加权秩相关度量

Spearman 秩相关系数的缺点是，它对所有秩都一视同仁。另一种度量标准，按照 da Costa 等(2005)及 da Costa(2015)的观点，加权秩序相关度量更加重视较高的秩。该度量标准采用两个秩的线性函数来权衡它们之间的距离，表示为

$$r_w\left(\hat{R}, R\right) = 1 - \frac{6\sum_{i=1}^{n}\left(R_i - \overline{R}_i\right)^2\left(\left(n - \hat{R}_i + 1\right) + \left(n - R_i + 1\right)\right)}{n^4 + n^3 - n^2 - n} \tag{3.8}$$

作者提供了一份临界值表，可用于测试系数的某一数值是否与零之间有显著差异。

加权秩相关度量常常出现在各种实际应用中，如算法推荐、信息检索、股票交易和推荐系统。所有这些系统中的输出都是以排序形式进行的。

3.6　评估推荐的效果

使用相关度评估排序的一个不足之处是，不能直接显示用户采用推荐排序表之后的得失情况。鉴于此，根据推荐算法的排序表，许多研究人员采用了一种方法，在新数据集上模拟算法的排序评估。

3.6.1　性能损失和损失曲线

此处使用的量度即为性能损失，将它定义为 $\hat{a}^*$ 和 a^* 之间的准确度差异，其中 $\hat{a}^*$ 表示系统在特定时刻识别出的最优算法，a^* 表示我们已知的真正最优算法(Leite 等，2012)。请注意，在许多情况下，我们并不知道真正的最优算法是什么。然而，在实践中常常会使用一些替代方法，比如通过相当长时间的搜索找出的算法。

文献中给出的许多损失曲线呈现了损失对所开展测试数量的依赖程度。图 3.2

---

① 置信度为 1。

给出了此类曲线的一个实例。

由于测试所需的时间有所不同，因此显示损失如何随时间变化是很有用的。让我们用"损失-时间曲线"这一术语来指代这种曲线类型。图 3.3 给出了结果。

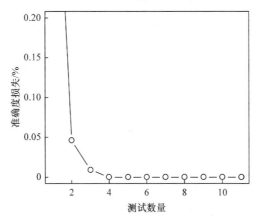

图 3.2　随测试次数变化的损失曲线

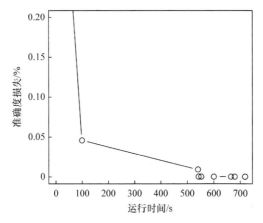

图 3.3　随运行时间变化的损失曲线

3.6.2　用曲线下面积表征损失曲线

每条损失-时间曲线都可以用一个表示给定区间内平均损失的数值来表征，对应于损失曲线下的面积。这一特征与曲线下面积(AUC)相似，但存在一个重要区别。对于曲线下的面积，X 轴的数值介于 0 和 1 之间，而损失曲线在用户定义的某一组 T_{min} 和 T_{max} 之间。通常情况下，搜索合适算法的用户不会担心在极短的时间内仍然存在较高的损失风险。在 Abdulrahman 等(2018)的实验中，将 T_{min} 设置为 10s。然而，对于在线设置，我们可能需要一个小得多的值。将 T_{max} 的值设定为 104s，相当于约 2.78h。假设多数用户为了获取答案愿意等待几个小时，而不是几天。另外，许多损失曲线在此时达到了 0，或者其数值非常接近于 0。请注意，这属于任意设置，表示一种默认值，应根据具体领域的要求寻求合适的数值。

3.6.3　将通过多程交叉验证的损失曲线聚合起来

在第 3.4.2 小节中，我们探讨采用交叉验证或留一法策略对元学习 AutoML 系统进行多程评估的情况。在每一个评估步骤中，系统都会生成一条损失/损失-时间曲线。因此，将单个损失聚合成平均损失曲线，以弄清整体情况，这是很有用的。一个替代方法是构建一条中位数损失曲线。图 3.4(van Rijn(2016) 的研究成果) 显示了在对 105 个数据集测试中获得的五种不同的元学习系统的损失/损失-时间曲线。对百分位数带(如 25% 和 75%)进行阐述通常很有用，因为它显示了最高频率值的出现位置。

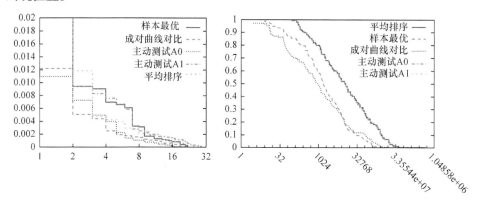

图 3.4　在 105 个数据集上获得的五种元学习系统的平均损失及损失-时间曲线(见彩图)

3.6.4　在特定时间预算内进行统计测试

需要实施统计比较的原因取决于以下事实：即便表明某种元学习/AutoML 方法通常能够生成比另一种方法更加准确的预测结果，也无法提供足够有说服力的理由。比较中采用的数值是在数据集样本上获得的相应真实数值的估计值。与学习任务中的算法准确度估计值一样，这些估计值有一定偏差，这说明两种方法之间的差异在统计学上可能并不重要。因此，我们需要一种方法来评估元学习/AutoML 方法之间差异的统计学意义。

实施统计测试时，应有两组(更多组)数值，用于捕捉两个(或更多)元学习/AutoML 方法性能的某些方面。这些数字可分为两种类型：第一种类型涉及推荐排序与真实排序之间的某种相关系数(第 3.5 节)；第二种类型涉及用于表征两条损失曲线的数值，可以是特定时间预算内表现出的性能，抑或是特定时间区间内用于表征性能的 AUC 值。在多个数据集上使用两种或多种方法的情况下，通常要采用 Demšar(2006) 介绍的多重比较程序，这样就涉及弗里德曼氏试验，如果该试验表明各方法之间存在显著差异，就可能继续实施事后检验，如 Nemenyi 检验或 Dunn 检验。

可以根据系统在特定时间预算内表现出的性能对它们进行排序。如果我们事先不知道预算的数值，但知道预算可能存在的时间区间，就有可能对这个区间内的所有数值进行聚合。一种方法是估算该区间内损失-时间曲线下面积。图 3.5 给出了一个实例(van Rijn(2016)的研究成果)。用特定区间内损失-时间曲线下面积测量系统性能，根据性能对所有系统进行排序。当然，创建相对于特定时间预算的替代性排序也可以做到的。

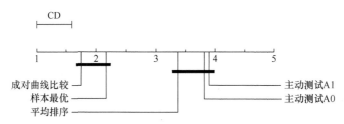

图 3.5 通过 Nemenyi 检验得到的典型结果

这些秩可表示为一维线性空间。如果两个秩之间的距离大于所谓的"临界距离"，两个系统之间的性能差异具有重要的统计学意义。该临界距离取决于算法的数量和数据集的数量。没有统计差异的系统由粗黑线连接(图 3.5)。

实例中，测试并未发现"成对曲线比较"与"凭样最优"之间的统计差异。实际上，正如图 3.4(b)中显示的那样，两条损失-时间曲线彼此接近，因此人们可能倾向于只看前面的图就得出类似的结论。另一方面，该图显示，"成对曲线比较"与"平均秩"之间存在统计学差异。注意，这些结论的可靠性取决于所选的时间预算、所选的数据集，以及还待完善的元学习系统。

3.7 一些有用的度量标准

3.7.1 松弛精度

松弛精度(LA@X)采用排序表中前 X 个元素的排序精度(Kalousis，2002；Sun 等，2013)。如果 X 个最高预测元素中的一个包含正确排序中最上面的元素，则 LA@X 返回 1 这个数值，否则返回 0。LA@1 是一种特殊情况，称为"限制性精度"。即如果预测是正确的，则返回 1，否则返回 0。

3.7.2 归一化的"折算累计增益"

折算累计增益(DCG)常用于评估搜索引擎的有效性(Järvelin 等，2002)，并已

应用于一些算法选择工作中(如 Sun 等(2013))。该函数根据排序表中的相应位置，使用分级关联量表，表示为

$$\text{NDCG@X} = \text{DCG@X} \times \left(\text{IDCG@X}\right)^{-1} \tag{3.9}$$

其中，IDCG@X 表示 X 处的理想 DCG。DCG@X 定义为

$$\text{DCG@X} = \sum_{i=1}^{X} \left(\frac{2^{g_i-1}}{\log_2\left(i+1\right)} \right) \tag{3.10}$$

其中，g_i 表示排序表中的位置值。

参 考 文 献

Abdulrahman, S., Brazdil, P., van Rijn, J. N., and Vanschoren, J. (2018). Speeding up algorithm selection using average ranking and active testing by introducing runtime. *Machine Learning*, 107(1):79-108.

Brazdil, P. and Soares, C. (2000). A comparison of ranking methods for classification algorithm selection. In de Mántaras, R. L. and Plaza, E., editors, *Machine Learning: Proceedings of the 11th European Conference on Machine Learning ECML 2000*, pages 63-74. Springer.

Brazdil, P., Soares, C., and da Costa, J. P. (2003). Ranking learning algorithms: Using IBL and meta-learning on accuracy and time results. *Machine Learning*, 50(3):251-277.

da Costa, J. P. (2015). *Rankings and Preferences: New Results in Weighted Correlation and Weighted Principal Component Analysis with Applications*. Springer.

da Costa, J. P. and Soares, C. (2005). A weighted rank measure of correlation. *Aust. N.Z.J. Stat.*, 47(4):515-529.

Demšar, J. (2006). Statistical comparisons of classifiers over multiple data sets. *The Journal of Machine Learning Research*, 7:1-30.

Gama, J. and Brazdil, P. (1995). Characterization of classification algorithms. In Pinto-Ferreira, C. and Mamede, N. J., editors, *Progress in Artificial Intelligence, Proceedings of the Seventh Portuguese Conference on Artificial Intelligence*, pages 189-200. Springer-Verlag.

Järvelin, K. and Kekäläinen, J. (2002). Cumulative gain-based evaluation of IR techniques. *IEEE Transactions on Information Systems*, 20(4).

Kalousis, A. (2002). *Algorithm Selection via Meta-Learning*. PhD thesis, University of Geneva, Department of Computer Science.

Kohavi, R. (1995). A study of cross-validation and bootstrap for accuracy estimation and model selection. In *Proceedings of Int. Joint Conference on Artical Intelligence (IJCAI)*, volume 2, pages 1137-1145. Montreal, Canada.

Leite, R., Brazdil, P., and Vanschoren, J. (2012). Selecting classification algorithms with active testing. In *Machine Learning and Data Mining in Pattern Recognition*, pages 117-131. Springer.

Mitchell, T. M. (1997). *Machine Learning*. McGraw-Hill.

Neave, H. R. and Worthington, P. L. (1992). *Distribution-Free Tests*. Routledge.

Schaffer, C. (1993). Selecting a classification method by cross-validation. *Machine Learning*, 13(1):135-143.

Sohn, S. Y. (1999). Meta analysis of classification algorithms for pattern recognition. *IEEE Transactions on Pattern Analysis and Machine Intelligence*, 21(11):1137-1144.

Spearman, C. (1904). The proof and measurement of association between two things. *American Journal of Psychology*, 15:72-101.

Sun, Q. and Pfahringer, B. (2013). Pairwise meta-rules for better meta-learning-based algorithm ranking. *Machine Learning*, 93(1):141-161.

Thornton, C., Hutter, F., Hoos, H. H., and Leyton-Brown, K. (2013). Auto-WEKA: Combined selection and hyperparameter optimization of classification algorithms. In *Proceedings of the 19th ACM SIGKDD International Conference on Knowledge Discovery and Data Mining*, pages 847-855. ACM.

Torgo, L. (1999). *Inductive Learning of Tree-Based Regression Models*. PhD thesis, Faculty of Sciences, Univ. of Porto.

van Rijn, J. N. (2016). *Massively collaborative machine learning*. PhD thesis, Leiden University.

Varma, S. and Simon, R. (2006). Bias in error estimation when using cross-validation for model selection. *BMC Bioinformatics*, 7(1):91.

第 4 章　数据集特征(元特征)

摘要　本章讨论了在各类元学习系统中起关键作用的数据集特征。通常，它们有助于限制特定配置空间中的搜索。目标变量的基本特征决定了合适方法的选取。如果是数量特征，建议采用适当的回归算法；如果是范畴特征，则建议采用分类算法。本章概述了不同类型的数据集特征，这些特征有时也称为元特征。这些元特征种类各异，包括简单、统计、信息论、基于模型、基于复杂性和基于性能的元特征。最后一组特征的优点是，它在任何领域都易于界定。这些特征包括，代表数据样本上算法性能的抽样地标、捕获性能值的差异或比率并提供性能增益估值的相对地标。本章的最后一部分讨论了不同机器学习任务中使用的具体数据集特征，包括分类、回归、时间序列和聚类等。

4.1　简　　介

元学习的一个目标是将学习算法的性能与数据特征即元特征，进行关联。因此，有必要确定哪些数据特征可以很好地预测算法的相对性能，并从数据中计算出它们的数值。根据 Rice(1976)提出的框架，这些元特征可用于预测不同数据集的算法性能。这可以被视为一个回归、分类或排序任务(第 5.2 节和第 5.3 节)。

1. 什么算是优良的数据集特征

针对元学习开发元特征时，应该考虑以下问题。

(1) 区分力。元特征组中应包含用于区分基础算法性能方面的信息。因此，应精心挑选并以适当的方式呈现元特征。

(2) 计算复杂性。元特征的计算不应太过复杂。不然的话，因未执行所有候选算法而节约的成本就可能无法补偿用于表征数据集而产生的度量计算成本。Pfahringer 等(2000)认为，元特征的计算复杂性不可高于 $O(n \log n)$。

维度与可用的元数据量相比，元特征的数量不应太大，否则可能会发生过度拟合。

2. 针对任务和数据的特征描述

适合于不同元学习问题的元特征集内部可能存在很大的差异。对于一个特定的元学习问题，最佳元特征组本质上取决于任务、数据集和算法。尽管本书重点是机器学习领域的算法推荐类元学习，但它也可以应用于其他各种领域。Smith-Miles(2008)论述了如何将元学习应用于分类、预测、约束满足和优化等方面的问题。Cunha 等(2018b)探讨如何将元学习应用于推荐系统，Costa 等(2020)论述了如何将元学习应用于非平衡域。

对于机器学习，最常见的领域包括分类、回归、时间序列预测、聚类和优化，等等。在下面的几节中，我们将介绍用于其中一些领域的数据特征方面的更多细节。

3. 算法的特征描述

大多数元学习法都聚焦于数据集特征描述方面。然而，关于算法的信息也可能很有用。例如，Hilario 等(2001)采用了有关表征类型(如该表征类型所能够处理的数据类型)、方法(如懒惰或渴望等学习策略)、弹性(如基于实验研究的对不相干属性的敏感性)和实用性(如参数易于处理)的信息。

4. 元特征开发

对于成功的元学习系统，开发有用的元特征是一项重大挑战。在元学习中，这一挑战与任一机器学习任务类似，主要是通过(元)特征工程方法来解决的，这些方法最初并不是很系统的。最近，人们对更系统的元特征开发方式产生了越来越浓厚的兴趣[①]，我们在第 4.6 节详细讨论这个问题。

4.2　分类任务中采用的数据特征描述

在本节中，我们回顾了分类任务中采用的主要特征类型。通常会按类型将它们安排在不同小组。这里，我们考虑以下类型。

(1) 简单的、统计学意义和信息理论意义上的元特征。

(2) 基于模型的元特征。

(3) 基于性能的元特征。

(4) 概念和复杂性的元特征。

下面将更加详尽地介绍各个分组的内容。有兴趣的读者还可以查阅包含最常见数据集特征概述的其他资料(Muñoz 等，2018；Vanschoren，2019；Rivolli 等，2019)。

---

① https://ieeexplore.ieee.org/abstract/document/8215494

　https://ieeexplore.ieee.org/document/7344858

　https://www.ijcai.org/Proceedings/2017/0352.pdf

4.2.1　简单、统计型和信息理论型(SSI)元特征

本节中介绍的各种特征代表了源于特定数据集因变量和(或)自变量的数据特征。

1. 简单元特征

通常，该元特征集中包含非常简单的描述性度量，如下所示。

(1) 例子(实例)的数量 n。

(2) 属性(特征)的数量 p。

(3) 类的数量 c。

(4) 离散属性的比例。

(5) 特征 x_i 的缺失值比例。

(6) 特征 x_i 的野值比例。

其中一些用于最早提出的元学习法(如 Rendell 等，1987；Aha，1992；Michie 等，1994；Kalousis，2002)，现在仍然是最常用的元特征之一。类的元特征数表征了分类任务的复杂性。有些作者采用了上述一些元特征的不同变体。例如，一些研究人员使用 $\log(n)$，而非例子的数量 n。两个元特征间的一些比率似乎相当有用，如下所示。

(1) 每类例子的数量 n/c。

(2) 每个维度(特征)的例子数 n/p。

通常，我们希望每类例子的数量(n/c)都足够大。由于它给出了有关数据密度的估计值，如果数值较低，表明数据很稀疏，因此，分类问题可能变得更难。同样，我们也希望每个维度例子数(n/p)的值也较大。若数值较低，则说明我们有相当多的基础特征可以选择。Michie 等(1994)将这一情形称为"维数灾难"。

某些元特征指的是具体的数据集特征(如特征 x_i 的野值比例)。第 4.6 节探讨不同特征之间的聚合操作。

2. 统计元特征

最常见的数据表征方法包括描述性统计的使用，通常与数值特征相关。一些元特征如下所示，它们集中于单一的独立特征(x_i)或类(y)上[①]。

(1) x_i 的偏斜度。

(2) x_i 的峰度。

---

① 这些特征在早期的元学习著作中得到了广泛应用(Michie 等，1994；Brazdil 等，1994；Brazdil 等，1994；Gama 等，1995；Todor-ovski 等，1999；Lindner 等，1999；Bensusan 等，2001；Kalousis 等，1999；Sohn，1999；Vilalta，1999；Köpf 等，2000；Kalousis，2002)。

(3) 类 y 的概率。

偏斜度和峭度是对潜在分布形状的表征(如正态性)。其他元特征表现两个或多个独立特征之间的关系,如下所示。

(1) x_i 和 x_j 的相关度, $\rho(x_i, x_j)$。

(2) x_i 和 x_j 的协方差。

(3) x_i 和 x_j 的集中度。

前两个由 Michie 等(1994)论述,集中度则由 Kalousis 等(2001b)论述。这些度量提供了对特征相互依赖关系的评估。

本小节及其他小节中列出的元特征可以生成不同的衍生元特征。可以应用聚合操作(如平均数、最大数)从单个值中提取出新的元特征,如平均相关。第 4.6 节探讨可用于衍生新特征的不同操作的细节。

3. 信息论型元特征

这些元特征源自信息理论,常与名词属性相关联。有些元特征只适用于一种属性或类。

(1) x_i 的特征熵, $H(x_i)$。

(2) y 的类别熵, $H(y)$。

类别熵规定了有关分类任务难度的估值(Michie 等, 1994),还提供了关于类偏斜的估计值。其他元特征对两个或多个独立特征之间的关系进行表征,如 x_i 和 y 之间的交互信息, $\mathrm{MI}(x_i, y)$。

其他元特征可以从上述基本特征中衍生出来(Michie 等, 1994),如下所示。

(1) 内在任务维度 $\dfrac{H(y)}{\mathrm{MI}(x_i, y)}$。

(2) 噪声-信号比 $\dfrac{H(y) - \mathrm{MI}(x_i, y)}{\mathrm{MI}(x_i, y)}$。

4.2.2 基于模型的元特征

在本节方法中,由数据推导出一个模型,并且元特征基于该模型属性(Bensusan, 1998; Peng 等, 2002)。这里使用的模型依赖于任务类型,处理分类任务时可能用到决策树等工具。若处理的是其他 ML 任务(如回归),很明显这类模型不合适,必须以某种方式将该模型与候选算法进行关联,以提供有用的元特征。使用该方法获得的元特征只有在模型归纳足够快的情况下才对算法推荐有用。下面是一些反映概念复杂性基本树型元结构的例子。

(1) 节点数。

(2) 叶片数。

(3) 枝长。

从基本特征中可以衍生出其他元特征：每个特征的节点数；每个类的叶片数；叶片一致。

注意，前面讨论的 SSI 元特征是直接在数据集上计算的，而基于模型的元特征是通过模型间接获取的。

4.2.3　基于性能的元特征

1. 地标

数据特征描述的另一种方法是使用地标(Bensusan 等，2000；Bensusan 等，2000)。地标可用于对特定数据集上的算法性能进行快速估值[1]。可以通过运行简化版算法来获取。例如，决策树桩，即决策树的根节点，可以成为决策树的地标[2]。Pfahringer 等(2000)提出了以下地标。

(1) 1NN，用于表征数据的稀疏性。

(2) 决策树(或决策树桩)，用于表征数据的可分离性。

(3) 线性判别式，用于表征线性可分离性。

(4) 朴素贝叶斯，用于表征特征的独立性。

与基于模型的元特征一样，地标间接表征数据集的特征。但它们能更进一步表征模型在某些数据集上的性能表现，而非属性。

一些研究报告对此处讨论的数据特征描述方法进行了比较(如 Bensu 等，2001；Köpf 等，2002；Todorovski 等，2002)。

2. 相对地标

相对地标也可用于表征数据集。和前面的情况一样，特征描述是间接性的。相对地标基于两种算法性能的差异(或比率)。因为相对地标的性能可以与其他算法性能进行比较，所以被用于探究具体算法 a 的性能(Fürnkranz 等，2001；Soares 等，2001)。

此外，Leite 等(2012)在第 5 章讨论的主动测试法中使用了相对地标。最后，Post 等(2016)使用相对地标来确定是否应对特定的算法和数据集组合使用特征选择。

3. 二次抽样地标和局部学习曲线

获取快速性能估值的另一种方法是在数据样本上运行能估计其性能的算法，

---

① 地标的概念可与早期的度量标准研究工作相关联(Brazdil 等，1994)。

② 第 3 章阐释了获取性能评估的方法。

从而获得相关的二次抽样地标(Fürnkranz 等，2001；Soares 等，2001；Leite 等，2004)。

通过考虑单一算法二次抽样地标的有序序列可以获取更多的信息特征，实际上这也代表了其学习曲线的一部分(Leite 等，2005)。在这种情况下，元学习不仅可以将估值，还可以将曲线形状考虑在内。

就前两种情况而言，二次抽样地标也间接描述了数据集特征。如果二次抽样地标的性能实际上与基础算法的性能相关，那么我们就可以认为该方法将比之前的方法更成功。已有的实验结果支持这一点(Leite 等，2007；van Rijn 等，2015)。

4．多性能地标

我们已在前面的一个小节中指出，地标代表的是特定算法在特定数据集上的性能表现。因此我们可以将一个或多个地标与某个特定的数据集联系起来，并以向量的形式进行表示。

4.2.4　基于概念和复杂性的元特征

本节论述一组用于表征受监督分类任务复杂性的度量标准(Rendell 等，1990；Ho 等，2002)，这些标准中有些可以作为有效的元数据加以使用。这里，我们考虑了以下标准类型。

(1) 输出空间中的概念差异/粗糙性。

(2) 个体特征的重叠。

(3) 类的可分离性。

接下来的几个小节中阐述有关类型的更多细节。大多数元特征由 Ho 等(2002)阐述，除非另有说明。Smith 等(2014)采用了类似特征，但描述的是特定实例的复杂性，而非整个数据集的特征。

1．输出空间中的概念差异/粗糙性

概念差异(Rendell 等，1990；Perez 等，1996)可捕捉目标概念在实例空间中的粗糙性。当输入空间中相邻例子具有不同的标签时，输出空间就会出现奇异性。如果相邻的两个例子 e_i 和 e_j 属于同一类，则度量标准 $\delta(e_i, e_j)$ 为 0，否则为 1。所用的几对例子仅在一个特征上有所不同。然后，取不同对例子的平均值，以获得终值。

线性分类器的非线性这一度量标准对分类器决策边界的光滑度很敏感，因此其目的与前面讨论过的概念差异相似。目的是对输入点(例子)稍加改变，将这些点作为测试点，并研究其对线性分类器误差率的影响。新的测试点是通过反复挑选两个同一类点(例子)并对相应的特征值执行线性插值(随机系数)而生成的。在原

始训练集上操练的分类器应用于这一新测试集，其误差代表度量单位。

1NN 分类器的非线性这一度量标准的获取方式与线性分类器的非线性度量类似。以上述方式生成的新测试用于原始训练集上训练过的 1NN 分类器。该分类器的误差代表这种度量单位。

2. 个体特征的重叠

(1) 费雪判别率的计算公式 $\dfrac{\mu_1 - \mu_2}{\sigma_1 - \sigma_2}$ 中 μ_1 和 σ_1 分别表示与类别 1 相关的特征值的平均值和标准偏差。类似地，μ_2 和 σ_2 与类别 2 相关。

(2) 体积重叠区域为可以确定一个由与类别 1 关联的一些特征的最大值和最小值划定的区域。在类别 2 中也可以执行这一过程。最后，可以对重叠区域进行计算。

(3) 特征效率的目的是描述每个特征对离析两个类别的贡献值。如果某些特征值同时与两个类别相关，则在该数值区域内的类别是模糊的。模糊性是可以逐步消除的。每一步都可以根据非重叠区域内的点数对特征进行排序。将每个特征的效率限定为所有剩余点中可由该特征进行分离的片段。

Ho 等(2002)的文章中给出了有关上述特征的更多细节。

3. 类的可分离性

Ho 等(2002)提出了两组度量标准。第一组表征线性可分离性的特征，而第二组说明两组测试点(例子)是否来自两种不同的分布。下面，我们只介绍每组中的一个特征，两种元特征均对特定分类问题难度做出评估。

(1) 线性可分离性。该方法以线性分类器的应用为前提，将一个元特征定义为该线性分类器的误差率。

(2) 组限上的测试点片段。目的是确定两个样本(类别 1 和 2)是否来自同一种分布。该方法采用"最小生成树"(MST)这一概念来实现这一目标。"最小生成树"不分类别地将测试点(数据实例)连接起来。然后，与反类相连的点数表示组限上的点。图 4.1 给出了例证。这一部分测试点可用作一个度量标准。

4. 一些复杂性度量与其他类型之间的关系

值得注意的是，本小节中讨论的一些度量标准是以使用某种模型类型(线性分类器、NN 分类器)为前提的，而且这些度量标准是从其自身的应用中衍生出来的。我们可以将其与第 4.2.2 小节中讨论的基于模型的特征进行比较。此外，由于有些特征是由特定分类器(线性分类器、NN 分类器)的误差率表征的，因此该方法可以与 4.2.3 小节中讨论的地标方法进行比较。

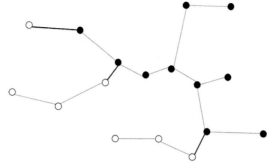

图 4.1　连接两类测试点的最小生成树

图中，较厚的边缘将两个类连接起来。该图来自 Ho 等(2002)的研究结论

4.3　回归任务中采用的数据特征描述

各研究人员已经对元学习方法在回归任务中的应用做了研究，也对所采用的元特征做了阐述(Soares 等，2004；Lorena 等，2018)。元特征可分为以下几大类。

(1) 简单元特征和统计元特征。

(2) 基于复杂性的元特征。

(3) 光滑度元特征。

这里，除非另有说明，我们将严格遵循 Lorena 等(2018)提出的论述。

4.3.1　简单元特征和统计元特征

本节中元特征与第 4.2.1 小节中讨论的元特征之间没有太大的区别。这些元特征中有许多可以重复使用，因此，这里不再收录。然而，由于目标变量为数值类型，因而需要更改所有涉及目标变量的特征。下面是一些仅表征一种变量的特征。

(1) 目标变量的差异系数 $\dfrac{\sigma(y)}{\mu(y)}$。

(2) 目标变量 y 的野值数量。

目标变量的变异系数为目标变量的标准偏差 $\sigma(y)$ 和平均值 $\mu(y)$ 之间的比率(Soares 等，2006；Soares，2004)。有些元特征体现两个变量之间的关系，如数据密度 n/p。

数据密度的概念类似分类任务中采用的概念(第 4.2.1 小节)，即按照实例与特征数量之间的比率计算。

基于相关性的元特征如下。

(1) 特征 x_i 和目标 y 之间的相关度 $\rho(x_i, y)$。

(2) 特征 x_i 和特征 x_j 之间的相关度 $\rho(x_i, x_j)$。

其他特征可以通过各种操作从基本集中获取，包括如第 4.6 节中所述的聚合

操作(平均等)。有两个元特征尤为重要(Lorena 等，2018)，具体为

(1) 特征与目标之间的最大相关度 ρ_{max}；

(2) 特征与目标变量之间的平均相关度 $\bar{\rho}$。

高位值 ρ_{max} 表明，仅使用这一特征就可能实现对目标的良好预测。

4.3.2　基于复杂性的度量

(1) 最大个体特征效率。该度量标准可以看作是对专为分类任务定义的特征效率针对回归的一种调整。特征对于类的可分离性的重大影响这一概念被特征对于目标相关度的重大影响所取代。对于每个特征 x_i，该方法确定了获取特征 x_i 和目标变量之间高度相关性(<0.9)之前必须删除的最小实例数量，然后将删除的实例数量转化为比例。最终，这一度量标准达到在所有特征中确定的最小比例。小值表示相对容易的问题。

(2) 集体特征效率。该效率包含一个迭代过程，即确定具有最高相关度的特征，进行线性拟合，并删除具有小残值的例子。该度量标准相当于所有的特征经过检验之后剩余实例的比例。小值表示相对容易的问题，大值表示更复杂的问题。

4.3.3　基于复杂性/模型的度量

Lorena 等(2018)将以下两个特征纳入基于复杂性的度量标准之中。不过，由于它们来源于一个特定模型(线性回归器)，因此我们也可以将其视为基于模型的特征。

(1) 线性回归器的平均绝对值。该度量标准可用于获取多元线性回归残差表平均值。小值表示较简单的问题。

(2) 线性回归器的残差方差。该度量标准可用于获取多元线性回归残差平方的平均值。小值表示较简单的问题。

4.3.4　光滑度度量

(1) 近似实例的目标值相似性[1]。这种元特征具有与概念差异类似的目标，即试图评估输出空间中近似实例的平滑度/粗糙度(第 4.2.4 小节)。该方法借用了边界上测试点部分定义中所采用的最小生成树的理念。最小生成树将输入(特征)空间中最相似的实例连接在一起，边缘采用欧氏距离进行加权。然后，该度量标准捕捉到目标值之间的平均距离。低值表示较简单的问题。

(2) 具有类似目标的实例的特征相似性[2]。该度量标准是对上述度量标准的补充，用于测量输入(特征)对于具有相似目标值的实例对的相似程度。

---

[1] Lorena 等(2018)将该度量标准称为输出分布。

[2] Lorena 等(2018)将该度量标准称为输入分布。

(3) 1NN 回归器的误差。该元特征是类似的元特征 1NN 地标的改进版本, 后者是专为分类任务而定义的。这里需要采用适当的误差测定, 如均方误差(MSE)。

4.3.5　非线性度量

(1) 线性回归器的非线性。该元特征由一个类似的元特征改编而来, 后者对分类任务进行界定。首先, 选择两个具有类似输出的实例, 并对输入(特征)值和输出值进行插值处理, 以生成一个新的测试数据项。重复该步骤。线性回归器在原始数据上进行训练, 并应用于新的测试集, 获得的均方误差用作元特征。低值表示较简单的问题。

(2) 1NN 回归器的非线性。该元特征由一个类似的元特征改编而来, 后者对分类任务进行界定。此处使用 1NN 回归量而非线性回归量。

4.4　时间序列任务中使用的数据特征描述

对于如何将元学习应用于时间序列任务这一问题, 以往有不同的研究人员开展过研究(如 Adya 等, 2001; Prudêncio 等, 2004; dos Santos 等, 2004; Lemke 等, 2010, 等等)。对于时间序列数据的特征描述, 需要考虑这样一个事实: 时间序列是有序的数值集。

Lemke 等(2010)将特征分为四组: 综合统计、频域特征、自相关特征和差异性度量。接下来对前三组的更多细节展开阐述。最后一组涉及差异性度量, 非常有益于集成的构建。第 10 章中给出有关该问题的更多细节。

1. 综合统计(描述性统计)

为计算时间序列的描述性统计, Lemke 等(2010)首先使用多项式回归对其进行去趋势处理。采用了如下一些特征。

(1) 时间序列的长度。

(2) 去趋势后序列的标准偏差(std)。

(3) 偏斜度和峰度。

(4) 以 std(序列)/std(去趋势序列)对趋势进行计算。

(5) 转折点的数量。

(6) 阶跃变化的数量。

(7) 对非线性的评估。

通过生成一个代理线性时间序列并与原始时间序列进行比较, 实现对非线性的评估。

2. 频域特征

基于频率的特征可以从功率谱中获取，而功率谱又是通过对时间序列数据进行快速傅里叶变换而获得。例如，Lemke 等(2010)采用了以下特征。

(1) 三个最大数值的频率。

(2) 极大值表示最强的季节或循环成分。

(3) 包含至少有 60% 极大成分峰的数量。

3. 基于自相关的特征

这些特征给出时间序列平稳性和季节性的相关信息。自相关和部分自相关(Box 等，2008)给出有关时间序列属性的重要信息(Chatfield，2003)。这些数值是根据包含滞后 d 个位置的数据点计算的。Lemke 等(2010)采用了：

(1) 滞后 1 和 2 的自相关；

(2) 滞后 1 和 2 的部分自相关；

(3) 滞后 7(或 12)的部分自相关，采集周(或月度)季节性信息。

其他元特征可以按照前面讨论的类似方式从基本特征中导出。有些实例中包含前五个自相关系数的平均绝对值(即 $d \in \{1,\cdots,5\}$)或第一个自相关系数的统计数据(Prudêncio 等，2004；dos Santos 等，2004)。

4.5　聚类任务中采用的数据特征描述

本节分析可用于聚类的各种元特征。之前，各研究人员已解决了这一问题(de Souto 等，2008；Soares 等，2009；Ferrari 等，2015；Pimentel 等，2019)。

这一领域归属于一组称为无监督学习的算法，是一个具有挑战性的领域。这些任务中不含目标变量，因此可用于这些数据的描述性特征较少。下面介绍可用于应对这一挑战的不同技术。

第 4.2 节中介绍了可用于分类任务的主要元特征类型，可以分为四组。由此出现了各组是否能适应聚类任务的问题，如果可以，应如何适应。以下各小节将详细介绍这一专题。

1. 简单、统计型和信息论型元特征

因数据中不包含目标变量，所以可只采用涉及自变量的特征。例如，Ferrari 等(2015)采用了适当的元特征子集，该子集类似于第 4.2.1 小节中所示的元特征子集。Pimentel 等(2019)提出了用于描述实例(非特征)之间秩相关关系分布的元特征。

2. 基于模型的元特征

有趣的是，Ferrari 等(2015)将这一想法改造成了聚类任务。作者们确定了一个向量 d，其中包含特定数据集中所有成对对象(数据实例)i 和 j 之间的成对欧氏距离 $d_{i,j}$。然后，将向量归一化处理为一个区间[0，1]，并采用统计度量进行表征。一共可以分为三组，接下来将进行讨论。

第一子组中包含一些简单的度量，如平均值、方差、标准偏差、偏斜度和峭度。所有这些都成为 d 中数值分布的特征。

第二子组元特征是按照 Kalousis(2002)的方法，基于 d 中数值分布构建的直方图特征。作者们采用了 10 个大小相同的二进数(区间)。与二进数 j 相对应的特征包括该二进数中所含的数值百分比。

第三子组元特征提供了另一种用于描述分布特征的方法。作者首先生成由 $z = \dfrac{x - \mu}{\sigma}$ 定义的 z-得分，其中 μ 表示平均值，σ 表示标准偏差。z-得分的绝对值为离散的 4 个二进数：[0，1)、[1，2)、[2，3)和[3，∞)。相应的元特征采集了每个二进数中的案例比例。

3. 基于性能的元特征

有些研究者在用于聚类的元学习框架中使用了内部验证措施(Vukicevic 等，2016；Tomp 等，2019)。

在分类任务中使用的各种度量标准，如地标和二次抽样地标等，看起来皆适用于该领域。

4. 元学习与目标数据集的优化对比

然而，该领域为元学习法带来了挑战。仅仅通过观察数据，可能很难为聚类算法(或配置)提供有效的推荐。这是因为，许多方法并不在原始空间中对点进行聚类，而是首先进行降维处理。因而，替代方法是在目标概念上进行搜索，以找出最优解决方案。

4.6　从基本集中衍生出新特征

1. 通过聚合生成新特征

我们注意到有些特征，如偏斜度等可以针对每一数值属性进行计算。鉴于不同数据集的属性数量不同，这意味着对不同数据集偏斜度进行描述的数值数量也不相同。这就给采用命题表征法的元学习系统带来了问题。

解决这个问题最常见的方法就是进行某种形式的聚合，如计算平均偏斜度。不过，应该预料到，在这种聚合过程中重要信息可能会丢失。作为选择，Kalousis 等(1999)采用了一种细粒度聚合过程，用固定的二进制数直方图来构建新的元特征。例如，偏斜度值的分布可以用三个元特征来表示，分别对应于偏斜度小于 0.2、介于 0.2 和 0.4 之间、大于 0.4 的属性数量。

2. 生成一套完整的元特征

一些研究人员(Pinto 等，2016；Pinto，2018)观察到，许多系统使用的数据集特征可以说是不完整的。例如，通常将"熵"应用于目标变量而非数据集特征。聚合操作常涉及计算问题，比如计算所有数字特征的平均值。下面列出了不同的聚合操作(Tukey，1977)。

(1) 平均值(μ)。

(2) 标准偏差(σ)。

(3) 最小值(min)。

(4) 最大值(max)。

(5) 第一四分位数($q1$)。

(6) 中值($q2$)。

(7) 第三四分位数($q3$)。

以上这些通常不予采用。因此，作者提议生成一个完整的特征集，以丰富所探讨的始集。Pinto(2018)指出，采用全套的元学习系统，其性能优于始集。尽管特征选择可用于特征系统集，但事实证明，它也可能会降低系统性能。

3. 通过 PCA 生成新特征

可以使用主成分分析法将特征投射到包含主成分的低维空间中，如 Smith-Miles 等(2014)就采用了这一方法。不过，就性能预测而言，PCA 模型多少有些不尽如人意，因为 PCA 只可用于实现特征解释方差的最大化。

4. 通过特征选择和投射实现特征转换

Smith-Miles 等(2014)采用的方法中包括 235 个数据集实例，涉及两个步骤。在第一个步骤中，通过特征选择将一个相对较大的特征集(509)中的特征数减少至 10 个。在第二步中，将十维空间投影到二维空间上。投射被界定为一个优化问题，目的是最大限度地降低根据特征数据矩阵和性能向量的真实及预测值定义的"近似误差"。投射显示出二维空间中的区域，即"足迹"，其中的一种特定算法可能具备优异的性能。第 4.7.1 节中给出了有关该研究的更多细节。

5. 通过矩阵分解构建新的潜在特征

Fusi 等(2018)提议将矩阵因子分解应用于性能矩阵 $Y\in\mathbb{R}^{N\times D}$，其中 N 表示算法(工作流)数量，D 表示数据集数量。每个单元格中都包含一种特定算法在特定数据集上的性能表现。作者提出采用对 $Y\approx XW$ 进行分解的概率矩阵因子分解算法，其中 $X\in\mathbb{R}^{N\times Q}$ 和 $W\in\mathbb{R}^{Q\times D}$。

作者指出，在许多情况下，Y 是一个稀疏矩阵，该方法有助于得出一个所需的解。在对新的(目标)数据集实施重复算法选择时，重要的是能够处理缺失值。概率矩阵因子分解法的一个优点是，它将每个数据集都映射到一个大小为 Q 的潜在特征向量之中。

这为新的研究方向开辟了一条道路，从中可以挖掘出合成矩阵的模式，如图 4.2 所示(基于 Fusi 等(2018)的研究)。该图显示了有关四种不同算法(更确切地说，是 OpenML 流)及不同组态的变体在几个数据集上的各种结果。本研究中涉及的算法包括朴素贝叶斯、随机森林、XGBoost 和线性判别分析(LDA)。

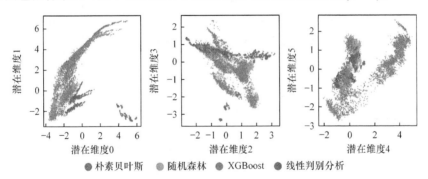

图 4.2　基于 42000 个配置概率矩阵分解的潜在嵌入，用算法进行色彩编码(见彩图)

Yang 等(2019)介绍了一套 AutoML 系统，该系统与具有类似潜在特征的算法选择方法相结合。

6. 以嵌入的形式生成新特征

有些研究人员建议使用所谓的连体神经网络(SNN)从特定的数据集中生成特征向量(Baldi 等，1993；Bromley 等，1994)[①]。该网络由两个类似的子网络组成。在训练过程中，每个子网络都用于相似的例子之中，比如同一类实例。从中可以提取出一个由神经权重组成的特征向量，有效地表征一个嵌入。分类涉及对每个例子中提取的特征向量的比较与每个类的储存特征向量之间的区别。比所选择的

---

① 第 13 章中阐述连体神经网络。

阈值更接近于该储存正向类表征的项放于正向类属中。该方法最初用于区分原始签名和伪造签名。

在随后的研究中，这一方法被重新使用并改造应用于其他各种领域，包括说话人识别(Chen 等，2011)和语句相似度(Mueller 等，2016)。

在另一项涉及元学习法推荐系统的研究中，Cunha 等(2018a)使用图嵌入法创建数据集嵌入。

4.7　元特征的选择

4.7.1　静态选择元特征

一般来说，从所有可能的选项中选取合适的数据特征子集及相应的元特征是非常重要的。与可用元数据的数量相比，元特征的数量不应该太大。过多的度量标准可能会导致过度拟合，从而削弱对于不可见数据的预测效果。这一点尤为正确，因为元学习(即数据集)中的实例数往往较少。

可以在元学习系统的开发过程中选择元特征，方法是只纳入预期相关的度量标准(Brazdil 等，2003)。如前所述，这一点可以通过考虑元学习问题的特征来实现。

也可以纳入可能多的元特征。然后，应用特征选择法获取适当元特征的较小子集。显然，如果有可能使用一个相对较小的子集，这种方法就有优势。整个元学习过程将更简单，不必计算那么多特征。

实践表明，在元层次上采用基于包装器的特征选择法可提高结果的质量(Todorovski 等，2000；Kalousis 等，2001a)。之所以有此改进，是因为"干扰"属性已被丢弃。基于包装器的方法通常会用到"后向消元"这一手段，一般用于特征选择(Kuhn 等，2013)。

近期，Muñoz 等(2018)运用 509 个特征在分类领域进行了全面研究。旨在筛选出一个小子集，以很好地表征分类任务的难度。难度的高低是通过"非线性可分离性"等度量标准来确定的。确定相关特征的全过程相当复杂，于是作者确定了以下十个特征。

(1) 属性的大归一化熵(信息论)。

(2) 类属性的归一化熵(信息论)。

(3) 属性和类的平均互信息量(信息论)。

(4) 决策节点(地标)的误差率。

(5) 线性分类器(地标)的训练误差。

(6) 加权距离的标准偏差(概念特征描述)。

(7) 最大特征效率(复杂性)。

(8) 集体特征效率(复杂性)。

(9) 组限上的点片段(复杂性)。

(10) 最近邻分类器的非线性(复杂性)。

该文献也提到元特征类型，该集合中包含几种有代表性的元特征类型。

4.7.2　动态(迭代)数据特征描述

在 4.7.1 节中，在介绍相关用法之前，我们通过元学习系统介绍了元特征的选择过程。另一种方法主要是以迭代的方式来收集元特征(Leite 等，2005，2007)。该方法在元数据的收集带来成本损失的情况下是很有用的，因为我们可能不想仅仅为了省事而从一开始就使用信息量最丰富的集合。

假设目的是为了确定在目标数据集上应该使用算法 A 还是算法 B。基于小样本(即在特定的二次抽样地标的基础上)对两种算法进行测试，可以得出一些信息，用于这一决策。很明显，如果我们使用更多的样本，就可以获得更多信息。但是，如果我们能够在现有的元数据基础上制定决策，就没有必要进一步扩展。

在 Leite 等(2005，2007)提出的算法的每个阶段，系统都试图确定当前可用的元特征集是否足够，或者是否应该予以扩展，以及如果扩展，应如何进行扩展。这是在现有元数据的助力下完成的，目的是确定在过去类似情况下发生了什么。如果有证据表明进一步扩展能够带来性能的明显改善，则会设法找出最优的扩展模式。这一扩展模式预期能够提供最丰富的信息，同时只需要最少的计算量。

我们注意到，数据集的特征描述是逐步积累的。在每个步骤中，系统都会确定下一组应予以尝试的样本量。这些实验的构思是通过考虑以往所有实验结果逐步积累起来的，实验结果包括在其他数据集(以往的元数据)和部分在目标数据集(新元数据)上的实验结果。

4.8　针对算法的表征和表示问题

4.8.1　针对算法的数据特征描述

在元特征的开发过程中，也应考虑基础算法的集合。在纳入不同算法的情况下，不同的元特征集可能有助于区分不同算法对的性能(Aha，1992；Kalousis 等，2001a，2000；Sun 等，2013)。

例如，"连续特征的比例"有助于区分朴素贝叶斯和 k-NN，但不能区分朴素贝叶斯和基于规则的学习器(Kalousis 等，2000)。这与已有的认知是一致的，即与朴素贝叶斯相比，k-NN 更适合连续特征，但朴素贝叶斯和基于规则的学习器在处理这类属性时均存在困难。因此，应该采用一套能够区分所有算法的元特征。

另一种方法是将问题转化为几对元学习问题(即预测应该采用算法 A 还是算

法 B，或两种算法是否等效)，并将不同的元特征集用于每个问题。例如，Sun 等 (2013)就采用了这一策略。现有元数据用于训练基于规则的分类器，该分类器可用于预测算法 A(或 B)对于某个特定数据集是否有更佳表现。这些规则包括基本特征，其中可能包含地标(如与特定树型(REPTree.depth2)相关的曲线下面积)。

当基础算法较为相似时，应该设计具体的元特征来表征它们之间的差异。一个特殊的情况是，基础算法代表具有不同参数设置的同一种算法。在为 SVM 核选取参数的情况下，已经证明与应用一般元特征相比，采用针对算法的元特征能够获得更好的结果(Soares 等，2006)。这项研究中采用的元特征是以所探讨的不同核参数的核矩阵为基础的。针对该问题的另一种解决方法结合了表征核矩阵的元特征与围绕边限关系对数据进行描述的其他元特征(Tsuda 等，2001)。

4.8.2　表示问题

大多数研究人员采用一个具有固定位置数的向量来表示元特征。然而，有些方法已经利用了元特征的"关系表示"(Todorovski 等，1999；Hilario 等，2001；Kalousis 等，2003)，这些关系表示常用于归纳逻辑编程(ILP)中。例如，在具有 k_c 个连续属性的数据集中，偏斜度是用 k_c 个元特征进行描述，每个属性均具有偏斜度值。也有人提出一种 ILP 法，旨在充分利用基于模型的数据特征描述方法，该方法也是一种非命题法(Bensusan 等，2000)。作者通过表征从该数据集中导出的决策树来解释他们的方案。

4.9　确立数据集之间的相似度

4.9.1　基于元特征的相似度

向量 $f_{d_i} = (f_{d_i,1}, f_{d_i,2}, \cdots, f_{d_i,m})$，表示元实例(数据集)$d_i$ 的元特征，其中 m 表示元特征的数量。类似 $f_{d_{new}}$ 表示目标数据集 d_{new} 的元特征向量。元特征的向量用于识别和目标数据集最相似的数据集，这是通过一种类似 k-NN 的方法来完成的。示例之间的相似度通常基于一些简单的距离度量标准(如曼哈坦距离、欧几里得距离等)[①]。

在假设所有特征都是数值型且已赋予相同权重的情况下，数据集 d_{new} 和数据集 d_i 之间距离为

$$\text{Dist}_{mf}(d_{new}, d_i) = \sum_{p=1}^{m} \frac{\left| f_{d_{new},p} - f_{d_i,p} \right|}{\max\left(f_{*,p}\right) - \min\left(f_{*,p}\right)} \tag{4.1}$$

---

① Atkeson 等(1997)探讨了距离度量的问题。

　　该式采用 $L1$ 准则计算距离。用所有数据集的对应数值范围除以每个元特征的距离值就可实现距离值归一化。基于元特征的相似度值：$Sim_{mf} = 1 - Dist_{mf}$ 可以用以下方法从距离中获得。

4.9.2　基于算法性能结果的相似度

　　下面两个相似度度量标准是 Leite 等(2021)的最新研究成果。

1. 基于余弦的性能结果相似度

　　这种相似度通过探讨不同算法在这些数据集上的性能结果来计算两个数据集之间的相似程度。这里采用的实际度量标准是"余弦相似度"。该度量标准允许计算代表数据集 d_{new} 和 d_i 的两个向量 $v(d_{new})$ 和 $v(d_i)$ 之间的相似度,具体如下(Manning 等,2009):

$$Sim_{cos}(d_{new}, d_i) = \frac{v(d_{new}).v(d_i)}{\left| v(d_{new}) \right|_2 * v(d_i)_2} \tag{4.2}$$

式中,分子表示两个向量的点积(内积),而分母表示二者欧氏长度的乘积。用分母对结果值进行归一化处理,使其介于 0 和 1 之间。这里的向量 $v(d_{new})$ 和 $v(d_i)$ 分别表示在数据集 d_{new} 或 d_i 上对算法(工作流)进行评估时所获得的性能值。可用函数 $p(a, d_{new})$ 和 $p(a, d_i)$ 来表示。因此,上述方程可以改写为

$$Sim_{cos}(d_{new}, d_i) = \frac{p(a, d_{new}).p(a, d_i)}{\left| p(a, d_{new}) \right|_2 * \left| p(a, d_i) \right|_2} \tag{4.3}$$

　　将乘积之和代入点积后,得到

$$Sim_{cos}(d_{new}, d_i) = \frac{\sum_{a_k \in a} p(a_k, d_i) * p(a_k, d_{new})}{\left| p(a, d_{new}) \right|_2 * \left| p(a, d_i) \right|_2} \tag{4.4}$$

式中,分母中形式为 $|X|_2$ 的项的欧氏长度可算作 $\sum \sqrt{(xk)^2}$。算法集 a 是 d_{new} 上评估的所有可能元素的一个子集。

2. 性能结果基于相关性的相似度

　　这种相似度与前一种较为类似,通过探讨不同算法在这些数据集上表现出的性能结果来计算两个数据集之间的相似度。它未采用余弦相似度,而是使用基于斯皮尔曼相关的相似度,即

$$Sim_{r_s}(d_{new}, d_i) = r_s(p(a, d_{new}), p(a, d_i)) \tag{4.5}$$

其中,$p(a, d_{new})$ 是应用于算法(工作流)向量 a 的一个函数,该函数将相应的性能值

(如准确度)返回数据集 d_{new} 上，并按同样的方式对 $p(a, d_i)$ 进行界定。项 r_s 表示斯皮尔曼相关函数。

另一个类似的变体采用第 3 章(第 3.2 节)中讨论过的关联加权秩度量(da Costa 等，2005；da Costa，2015)：

$$\text{Sim}_{r_w}\left(d_{\text{new}}, d_i\right) = r_w\left(p\left(a, d_{\text{new}}\right), p\left(a, d_i\right)\right) \tag{4.6}$$

类似地，r_w 表示加权秩相关函数。

参 考 文 献

Adya, M., Collopy, F., Armstrong, J., and Kennedy, M. (2001). Automatic identification of time series features for rule-based forecasting. *International Journal of Forecasting*, 17(2):143-157.

Aha, D. W. (1992). Generalizing from case studies: A case study. In Sleeman, D. and Edwards, P., editors, *Proceedings of the Ninth International Workshop on Machine Learning (ML92)*, pages 1-10. Morgan Kaufmann.

Atkeson, C. G., Moore, A. W., and Schaal, S. (1997). Locally weighted learning. *Artificial Intelligence Review*, 11(1-5):11-73.

Baldi, P. and Chauvin, Y. (1993). Neural networks for fingerprint recognition. *Neural Computation*, 5.

Bensusan, H. (1998). God doesn't always shave with Occam's razor - learning when and how to prune. In *ECML '98: Proceedings of the 10th European Conference on Machine Learning*, pages 119-124, London, UK. Springer-Verlag.

Bensusan, H. and Giraud-Carrier, C. (2000). Discovering task neighbourhoods through landmark learning performances. In Zighed, D. A., Komorowski, J., and Zytkow, J., editors, *Proceedings of the Fourth European Conference on Principles and Practice of Knowledge Discovery in Databases (PKDD 2000)*, pages 325-330. Springer.

Bensusan, H., Giraud-Carrier, C., and Kennedy, C. (2000). A higher-order approach to meta-learning. In *Proceedings of the ECML 2000 Workshop on Meta-Learning: Building Automatic Advice Strategies for Model Selection and Method Combination*, pages 109- 117. ECML 2000.

Bensusan, H. and Kalousis, A. (2001). Estimating the predictive accuracy of a classifier. In Flach, P. and De Raedt, L., editors, *Proceedings of the 12th European Conference on Machine Learning*, pages 25-36. Springer.

Box, G. and Jenkins, G. (2008). *Time Series Analysis, Forecasting and Control*. John Wiley & Sons.

Brazdil, P., Gama, J., and Henery, B. (1994). Characterizing the applicability of classification algorithms using meta-level learning. In Bergadano, F. and De Raedt, L., editors, *Proceedings of the European Conference on Machine Learning (ECML94)*, pages 83-102. Springer-Verlag.

Brazdil, P. and Henery, R. J. (1994). Analysis of results. In Michie, D., Spiegelhalter, D. J., and Taylor, C. C., editors, *Machine Learning, Neural and Statistical Classification*, chapter 10, pages 175-212. Ellis Horwood.

Brazdil, P., Soares, C., and da Costa, J. P. (2003). Ranking learning algorithms: Using IBL and meta-learning on accuracy and time results. *Machine Learning*, 50(3):251-277.

Bromley, J., Guyon, I., LeCun, Y., Sackinger, E., and Shah, R. (1994). Signature verifica- ˜ tion using a "siamese" time delay neural network. In *Advances in Neural Information Processing Systems 7*, NIPS'94, pages 737-744.

Chatfield, C. (2003). *The Analysis of Time Series: An Introduction*. Chapman & Hall/CRC, 6th edition.

Chen, K. and Salman, A. (2011). Extracting speaker-specific information with a regularized Siamese deep network. In *Advances in Neural Information Processing Systems 24*, NIPS'11, pages 298-306.

Costa, A. J., Santos, M. S., Soares, C., and Abreu, P. H. (2020). Analysis of imbalance strategies recommendation using a meta-learning approach. In *7th ICML Workshop on Automated Machine Learning (AutoML)*.

Cunha, T., Soares, C., and de Carvalho, A. C. (2018a). cf2vec: Collaborative filtering algorithm selection using graph distributed representations. *arXiv preprint arXiv:1809.06120*.

Cunha, T., Soares, C., and de Carvalho, A. C. (2018b). Metalearning and recommender systems: A literature review and empirical study on the algorithm selection problem for collaborative filtering. *Information Sciences*, 423:128 - 144.

da Costa, J. P. (2015). *Rankings and Preferences: New Results in Weighted Correlation and Weighted Principal Component Analysis with Applications*. Springer.

da Costa, J. P. and Soares, C. (2005). A weighted rank measure of correlation. *Aust. N.Z. J. Stat.*, 47(4):515-529.

de Souto, M. C. P., Prudencio, R. B. C., Soares, R. G. F., de Araujo, D. S. A., Costa, I. G., Ludermir, T. B., and Schliep, A. (2008). Ranking and selecting clustering algorithms using a meta-learning approach. In *2008 IEEE International Joint Conference on Neural Networks (IEEE World Congress on Computational Intelligence)*, pages 3729-3735.

dos Santos, P. M., Ludermir, T. B., and Prudêncio, R. B. C. (2004). Selection of time series forecasting models based on performance information. In *Proceedings of the Fourth International Conference on Hybrid Intelligent Systems (HIS'04)*, pages 366-371.

Ferrari, D. and de Castro, L. (2015). Clustering algorithm selection by meta-learning systems: A new distance-based problem characterization and ranking combination methods. *Information Sciences*, 301:181-194.

Fürnkranz, J. and Petrak, J. (2001). An evaluation of landmarking variants. In Giraud-Carrier, C., Lavrač, N., and Moyle, S., editors, *Working Notes of the ECML/PKDD 2000 Workshop on Integrating Aspects of Data Mining, Decision Support and Meta-Learning*, pages 57-68.

Fusi, N., Sheth, R., and Elibol, M. (2018). Probabilistic matrix factorization for automated machine learning. In *Advances in Neural Information Processing Systems 32*, NIPS'18, pages 3348-3357.

Gama, J. and Brazdil, P. (1995). Characterization of classification algorithms. In PintoFerreira, C. and Mamede, N. J., editors, *Progress in Artificial Intelligence, Proceedings of the Seventh Portuguese Conference on Artificial Intelligence*, pages 189-200. SpringerVerlag.

Hilario, M. and Kalousis, A. (2001). Fusion of meta-knowledge and meta-data for casebased model selection. In Siebes, A. and De Raedt, L., editors, *Proceedings of the Fifth European Conference on Principles and Practice of Knowledge Discovery in Databases (PKDD01)*. Springer.

Ho, T. and Basu, M. (2002). Complexity measures of supervised classification problems. *IEEE*

Transactions on Pattern Analysis and Machine Intelligence, 24(3):289-300.

Kalousis, A. (2002). *Algorithm Selection via Meta-Learning*. PhD thesis, University of Geneva, Department of Computer Science.

Kalousis, A. and Hilario, M. (2000). Model selection via meta-learning: A comparative study. In *Proceedings of the 12th International IEEE Conference on Tools with AI*. IEEE Press.

Kalousis, A. and Hilario, M. (2001a). Feature selection for meta-learning. In Cheung, D. W., Williams, G., and Li, Q., editors, *Proc. of the Fifth Pacific-Asia Conf. on Knowledge Discovery and Data Mining*. Springer.

Kalousis, A. and Hilario, M. (2001b). Model selection via meta-learning: a comparative study. *Int. Journal on Artificial Intelligence Tools*, 10(4):525-554.

Kalousis, A. and Hilario, M. (2003). Representational issues in meta-learning. In *Proceedings of the 20th International Conference on Machine Learning*, ICML'03, pages 313-320.

Kalousis, A. and Theoharis, T. (1999). NOEMON: Design, implementation and performance results of an intelligent assistant for classifier selection. *Intelligent Data Analysis*, 3(5):319-337.

Köpf, C. and Iglezakis, I. (2002). Combination of task description strategies and case base properties for meta-learning. In Bohanec, M., Kavšek, B., Lavrač, N., and Mladenić, D., editors, *Proceedings of the Second International Workshop on Integration and Collaboration Aspects of Data Mining, Decision Support and Meta-Learning (IDDM-2002)*, pages 65-76. Helsinki University Printing House.

Köpf, C., Taylor, C., and Keller, J. (2000). Meta-analysis: From data characterization for meta-learning to meta-regression. In Brazdil, P. and Jorge, A., editors, *Proceedings of the PKDD 2000 Workshop on Data Mining, Decision Support, Meta-Learning and ILP: Forum for Practical Problem Presentation and Prospective Solutions*, pages 15-26.

Kuhn, M. and Johnson, K. (2013). *Applied Predictive Modeling*. Springer.

Leite, R. and Brazdil, P. (2004). Improving progressive sampling via meta-learning on learning curves. In Boulicaut, J.-F., Esposito, F., Giannotti, F., and Pedreschi, D., editors, *Proc. of the 15th European Conf. on Machine Learning (ECML2004)*, LNAI 3201, pages 250-261. Springer-Verlag.

Leite, R. and Brazdil, P. (2005). Predicting relative performance of classifiers from samples. In *Proceedings of the 22nd International Conference on Machine Learning*, ICML'05, pages 497-503, NY, USA. ACM Press.

Leite, R. and Brazdil, P. (2007). An iterative process for building learning curves and predicting relative performance of classifiers. In *Proceedings of the 13th Portuguese Conference on Artificial Intelligence (EPIA 2007)*, pages 87-98.

Leite, R. and Brazdil, P. (2021). Exploiting performance-based similarity between datasets in metalearning. In Guyon, I., van Rijn, J. N., Treguer, S., and Vanschoren, J., editors, *AAAI Workshop on Meta-Learning and MetaDL Challenge*, volume 140, pages 90-99. PMLR.

Leite, R., Brazdil, P., and Vanschoren, J. (2012). Selecting classification algorithms with active testing. In *Machine Learning and Data Mining in Pattern Recognition*, pages 117-131. Springer.

Lemke, C. and Gabrys, B. (2010). Meta-learning for time series forecasting and forecast combination. *Neurocomputing*, 74:2006-2016.

Lindner, G. and Studer, R. (1999). AST: Support for algorithm selection with a CBR approach. In Giraud-Carrier, C. and Pfahringer, B., editors, *Recent Advances in MetaLearning and Future Work*, pages 38-47. J. Stefan Institute.

Lorena, A., Maciel, A., de Miranda, P., Costa, I., and Prudêncio, R. (2018). Data complexity meta-features for regression tasks. *Machine Learning*, 107(1):209-246.

Manning, C., Raghavan, P., and Schutze, H. (2009). *An Introduction to Information Retrieval*. Cambridge University Press.

Michie, D., Spiegelhalter, D. J., and Taylor, C. C. (1994). *Machine Learning, Neural and Statistical Classification*. Ellis Horwood.

Muñoz, M., Villanova, L., Baatar, D., and Smith-Miles, K. (2018). Instance Spaces for Machine Learning Classification. *Machine Learning*, 107(1).

Mueller, J. and Thyagarajan, A. (2016). Siamese recurrent architectures for learning sentence similarity. In *Thirtieth AAAI Conference on Artificial Intelligence*.

Peng, Y., Flach, P., Brazdil, P., and Soares, C. (2002). Improved dataset characterization for meta-learning. In *Discovery Science*, pages 141-152.

Perez, E. and Rendell, L. (1996). Learning despite concept variation by finding structure in attribute-based data. In *Proceedings of the 13th International Conference on Machine Learning*, ICML'96.

Pfahringer, B., Bensusan, H., and Giraud-Carrier, C. (2000). Meta-learning by landmarking various learning algorithms. In Langley, P., editor, *Proceedings of the 17th International Conference on Machine Learning*, ICML'00, pages 743-750.

Pimentel, B. A. and de Carvalho, A. C. (2019). A new data characterization for selecting clustering algorithms using meta-learning. *Information Sciences*, 477:203 - 219.

Pinto, F. (2018). *Leveraging Bagging for Bagging Classifiers*. PhD thesis, University of Porto, FEUP.

Pinto, F., Soares, C., and Mendes-Moreira, J. (2016). Towards automatic generation of metafeatures. In *Pacific-Asia Conference on Knowledge Discovery and Data Mining*, pages 215-226. Springer International Publishing.

Post, M. J., van der Putten, P., and van Rijn, J. N. (2016). Does feature selection improve classification? a large scale experiment in OpenML. In *Advances in Intelligent Data Analysis XV*, pages 158-170. Springer.

Prudêncio, R. and Ludermir, T. (2004). Meta-learning approaches to selecting time series models. *Neurocomputing*, 61:121-137.

Rendell, L. and Seshu, R. (1990). Learning hard concepts through constructive induction: Framework and rationale. *Computational Intelligence*, 6:247-270.

Rendell, L., Seshu, R., and Tcheng, D. (1987). More robust concept learning using dynamically-variable bias. In *Proceedings of the Fourth International Workshop on Machine Learning*, pages 66-78. Morgan Kaufmann Publishers, Inc.

Rice, J. R. (1976). The algorithm selection problem. *Advances in Computers*, 15:65-118.

Rivolli, A., Garcia, L. P. F., Soares, C., Vanschoren, J., and de Carvalho, A. C. P. L. F. (2019). Characterizing classification datasets: a study of meta-features for metalearning. In *arXiv*. https://arxiv.org/abs/1808.10406.

Smith, M. R., Martinez, T., and Giraud-Carrier, C. (2014). An instance level analysis of data complexity. *Machine Learning*, 95(2):225-256.

Smith-Miles, K., Baatar, D., Wreford, B., and Lewis, R. (2014). Towards objective measures of algorithm performance across instance space. *Computers & Operations Research*, 45:12-24.

Smith-Miles, K. A. (2008). Cross-disciplinary perspectives on meta-learning for algorithm selection. *ACM Computing Surveys (CSUR)*, 41(1):6:1-6:25.

Soares, C. (2004). *Learning Rankings of Learning Algorithms*. PhD thesis, Department of Computer Science, Faculty of Sciences, University of Porto.

Soares, C. and Brazdil, P. (2006). Selecting parameters of SVM using meta-learning and kernel matrix-based meta-features. In *Proceedings of the ACM SAC*.

Soares, C., Brazdil, P., and Kuba, P. (2004). A meta-learning method to select the kernel width in support vector regression. *Machine Learning*, 54:195-209.

Soares, C., Petrak, J., and Brazdil, P. (2001). Sampling-based relative landmarks: Systematically test-driving algorithms before choosing. In Brazdil, P. and Jorge, A., editors, *Proceedings of the 10th Portuguese Conference on Artificial Intelligence (EPIA2001)*, pages 88-94. Springer.

Soares, R. G. F., Ludermir, T. B., and De Carvalho, F. A. T. (2009). An analysis of metalearning techniques for ranking clustering algorithms applied to artificial data. In Alippi, C., Polycarpou, M., Panayiotou, C., and Ellinas, G., editors, *Artificial Neural Networks - ICANN 2009*. Springer, Berlin, Heidelberg.

Sohn, S. Y. (1999). Meta analysis of classification algorithms for pattern recognition. *IEEE Transactions on Pattern Analysis and Machine Intelligence*, 21(11):1137-1144.

Sun, Q. and Pfahringer, B. (2013). Pairwise meta-rules for better meta-learning-based algorithm ranking. *Machine Learning*, 93(1):141-161.

odorovski, L., Blockeel, H., and Dˇzeroski, S. (2002). Ranking with predictive clustering trees. In Elomaa, T., Mannila, H., and Toivonen, H., editors, *Proc. of the 13th European Conf. on Machine Learning*, number 2430 in LNAI, pages 444-455. Springer-Verlag.

Todorovski, L., Brazdil, P., and Soares, C. (2000). Report on the experiments with feature selection in meta-level learning. In Brazdil, P. and Jorge, A., editors, *Proceedings of the Data Mining, Decision Support, Meta-Learning and ILP Workshop at PKDD 2000*, pages 27-39.

Todorovski, L. and Džeroski, S. (1999). Experiments in meta-level learning with ILP. In Rauch, J. and Zytkow, J., editors, *Proceedings of the Third European Conference on Principles and Practice of Knowledge Discovery in Databases (PKDD99)*, pages 98-106. Springer.

Tomp, D., Muravyov, S., Filchenkov, A., and Parfenov, V. (2019). Meta-learning based evolutionary clustering algorithm. In *Lecture Notes in Computer Science, Vol. 11871*, pages 502-513.

Tsuda, K., Rätsch, G., Mika, S., and Müller, K. (2001). Learning to predict the leave-one-out error of kernel based classifiers. In *ICANN*, pages 331-338. Springer-Verlag.

Tukey, J. (1977). *Exploratory Data Analysis*. Addison-Wesley Publishing Company. van Rijn, J. N., Abdulrahman, S., Brazdil, P., and Vanschoren, J. (2015). Fast algorithm selection using learning curves. In *International Symposium on Intelligent Data Analysis XIV*, pages 298-309.

Vanschoren, J. (2019). Meta-learning. In Hutter, F., Kotthoff, L., and Vanschoren, J., editors, *Automated*

Machine Learning: Methods, Systems, Challenges, chapter 2, pages 39-68. Springer.

Vilalta, R. (1999). Understanding accuracy performance through concept characterization and algorithm analysis. In Giraud-Carrier, C. and Pfahringer, B., editors, *Recent Advances in Meta-Learning and Future Work*, pages 3-9. J. Stefan Institute.

Vukicevic, M., Radovanovic, S., Delibasic, B., and Suknovic, M. (2016). Extending metalearning framework for clustering gene expression data with component-based algorithm design and internal evaluation measures. *International Journal of Data Mining and Bioinformatics (IJDMB)*, 14(2).

Yang, C., Akimoto, Y., Kim, D. W., and Udell, M. (2019). Oboe: Collaborative filtering for AutoML model selection. In *Proceedings of the 25th ACM SIGKDD International Conference on Knowledge Discovery & Data Mining*, pages 1173-1183. ACM.

第5章 算法选择元学习法(二)

摘要 本章介绍不同类型的元学习模型，包括回归、分类和相对性能模型。回归模型采用适当的回归算法，该算法在元数据上进行训练，并用于预测特定基础算法的性能。预测结果可转而用于对基础算法进行排序，从而找出最佳算法。对于第 6 章中介绍的潜在最佳超参数配置的搜索，这些模型也发挥着重要作用。分类模型能够确定哪些基础算法适用或不适用于目标分类任务。概率分类器可用于构建潜在有用备选方案的排序。相对性能模型利用关于基础模型相对性能信息，这些信息可能以排序或成对比较的形式出现。本章探讨利用这些信息为目标任务搜索潜在最佳算法的各种方法。

5.1 简 介

本章探讨算法选择的不同方法。其中一些方法在早期的元学习研究中使用过，但许多方法已经予以升级且相当有竞争力[①]。

第 5.2 节探讨在算法推荐系统中使用适当的回归模型问题。如果我们能够预测一组特定基础算法(如分类器)的性能，就可以对这些算法进行整理并实际生成排序。然后，我们可以只采用最上面的元素，或者使用第 2 章中介绍的 top-N 策略，来搜索潜在最佳算法。

第 5.3 节探讨另一种方法，在元层次上使用分类算法。这里的目的是确定哪些基级算法单纯适用于目标机器学习(如分类)任务。

如果我们在元层次上使用概率分类器，既提供类别(如适用或不适用)又提供与分类概率有关的数值，那么我们就可以再次使用概率来阐述排序。与前面的情况一样，可以找出潜在最佳基级算法。其中一类重要的方法是建立在对基级算法性能配对比较的基础上。

这些方法中，算法推荐系统将实际基础性能转化为可采集相对性能的信息。

第5.4~5.6 节介绍配对模型。

第5.7 节介绍二段法。首先使用配对模型生成特征，随后用这些特征生成预测。

上面讨论的一些方法可用于在预处理阶段开展配对检测。不过，在确定潜在最佳算法的过程中，可能不需要所有的测试。有些方法采用更加智能的方式识别

---

① 这部分以本书第一版第36-42 页内容为基础。正文部分已经扩展、升级。

潜在有用的测试，该方法被称为"主动测试"，将在第 5.8 节中探讨。

第 5.9 节探讨使用非命题(即相关或基于 ILP 的)表示法来描述数据集的可能性。因此，需要升级对应的方法用于处理此类表示问题。

5.2　在元学习系统中运用回归模型

在第 2 章中，我们介绍了一种元学习系统，将基础性能数据转化为秩，目的是预测基础算法的排序及配置。为简便起见，我们简单地用 $\theta \in \Theta$ 表示各个组合 a_θ，并将其简称为配置。其中，Θ 用于表示所有可能的组态，或所有可能组态的分布。

有些方法中的基本思想是评估各个基础配置的性能，并选择一个能导向最优结果的配置。一些作者将此类模型称为"实证性能模型"(EPM)(Leyton-Brown 等，2009；Hutter 等，2014；Eggensperger 等，2018)。

5.2.1　实证性能模型

根据回归器是使用仅从当前数据集中获取的元数据还是使用从其他数据集中获取的元数据，现有的方法可以分为两组。

1. 使用当前数据集中的元数据

首先分析未使用从其他数据集中获取的元数据的方法。该方法构成了 Auto-WEKA 系统的基础(Thornton 等，2013)。

当其他数据集中没有可用的元数据时，元数据的唯一来源可能来自数据集本身的早期运行中。首先，测试了几种预选配置，测试结果构成所生成的元数据。可以随机选取这些配置中的一个，也可以通过初始设计来选择(Pfisterer 等，2018；Feurer 等，2018)。元数据包括 n 个案例(元实例)，具体形式为

$$\text{Meta}D \equiv \left(\theta_i, P_i \right)^n \tag{5.1}$$

其中，$i = \{1, 2, \cdots, n\}$，θ_i 表示第 i 种算法配置，P_i 表示配置性能。可以在该元数据上训练合适的回归器，这样我们就可以得到元模型 $\text{Meta}M$：

$$\text{Meta}M \leftarrow \text{Train}(\text{Meta}D) \tag{5.2}$$

正如在所有的学习任务中一样，性能取决于可用案例的数量。那么，我们需要在 $\text{Meta}D$ 中有足够数量的案例来获取合理的性能。实证性能模型 $\text{Meta}M$ 可用于预测(更准确地说是评估)一些新配置的性能，即使这些配置不是现有元数据 $\text{Meta}D$ 的一部分：

$$\hat{P}_k \leftarrow \text{Predict}(\text{Meta}M, \theta_k) \tag{5.3}$$

因此，可以查询不同的配置，选出具备最佳评估性能的配置，并在当前的基础数据集上进行评估。第 6.3 节将介绍更多相关细节内容。

2. 使用其他数据集中元数据的方法

有些研究人员使用其他数据集中提供的信息来搜索最佳配置(Gama 等, 1995; Sohn, 1999; Köpf 等, 2000; Bensusan 等, 2001; Feurer 等, 2014)。首先, 扩展式(5.1)中的符号范围, 以包含不同的数据集:

$$\text{Meta}D \equiv \left(\theta_i, d_j, p_{i,j}\right)_{i=1, j=1}^{n,m} \tag{5.4}$$

其中, θ_i 表示一种组态, d_j 表示用于度量性能 $P_{i,j}$ 的数据集。每个数据集都采用元特征 $\text{mf}(d_j)$[①]进行表征。第 4 章中对可能存在的元特征进行了详尽概述。

可以按照式(5.2)中所示的方法对元模型 Meta$M$ 进行训练。式(5.2)因为涉及各种数据集, 所以, 和前面的情况一样, 构建此类模型是一个较复杂的过程。预测可以通过调用来完成:

$$\hat{P}_{k,t} \leftarrow \text{Predict}(\text{Meta}M, \theta_k, d_t) \tag{5.5}$$

如果我们忽视 Meta$M$ 本身, 预测任务将涉及两个参数。其中一个是配置 θ_k, 其目的是找出一个配置 θ^*, 以便在目标数据集 d_t 上获得最高性能。那么一种朴素的方法是开发由元模型生成的各种配置, 并选取其中的最佳配置。

很多研究人员已经想出了其他更有效的方法。通常, 搜索会以迭代的方式完成。在一次迭代中找出的最佳配置用于更新元模型, 否则就以某种方式对未来搜索进行控制。这样一来, 使用该方法确定潜在的最佳解决方案所需的时间会更少。本章第 5.6、5.8 节和第 6 章第 6.3、6.4 节进一步讨论沿用这一思路的元学习法。

下面介绍如何通过式(5.5)获取预测结果。这个过程中出现的另一个参数是用元特征 $\text{mf}(d_k)$ 表征的目标数据集 d_k, 该参数虽然是固定的, 但它会影响元模型的性能。因而出现了一个问题: 如何利用它来提高性能? 这可以通过调整元级模型 Meta$M$ 来实现, 该模型是基于 $D \equiv (d_i)^m$ 中不同数据集的测试结果构建的。因此, 一个重要的部分是改编过程即考虑目标数据集 d_t 与 D 中各数据集间的相似度。我们用 $\text{Sim}(d_t, d_j)$ 来表示相似度, 第 4 章第 4.10 节已说明如何使用数据集度量计算相似度。

第 2 章第 2.2 节说明如何利用相似度调整排序方法得到具体的排序。Brazdil 等(2003)的研究表明, 这种方法可提升性能。第 5.8.2 小节中描述了与主动测试(AT)

---

① 注意, 上述符号表示配置是以有限列表的形式呈现的, 因此是可以枚举的。不需要每个配置和数据集对都存在性能结果。

法相关的类似适应过程。

5.2.2　性能归一化

上面展示了元数 Meta$D$ 的格式(式(5.1))。可以看出其涉及在不同数据集上获取的性能结果。不过，正如第 3 章中所指出的那样，对于不同的数据集，性能值范围(绝对值)可能大相径庭。90%的准确率可能在某一分类问题上很高，但在另一个问题上可能较低。如果目标是在元学习系统中利用来自不同数据集的元数据，则在一个预处理步骤中对性能值进行归一化处理是很有用的。第 3 章第 3.1 节介绍了可用于实现这一目标的常见方法。

5.2.3　性能模型

性能模型可用扩展形式也可以用增强形式表示(如使用函数)。前者对应于不同案例的枚举，如针对机器学习采用的基于实例的学习(IBL)方法。这种表示法已在很多排序法中使用，其中的案例是按照所选择的性能值重新排序的。

本章旨在探讨增强式模型。原则上，可以使用任一回归算法完成性能预测任务。不过，从预测的质量来判断，其中一些回归算法已被证明比其他算法更有效。

在 Gama 等(1995)早期的一项研究中，他们使用线性回归、回归树、模型树和 IBL 评估很多基础算法的误差。

另一项研究围绕十种分类算法的误差评估问题，对 Cubist[①]与核方法进行了比较(Bensusan 等，2001)。结果显示，该方法略胜一筹。

一些研究人员采用了高斯过程(如 Rasmussen 等，2006)，而另一些则采用了随机森林(RFs)(如 Eggeusperger 等，2018；Hutter 等，2014；Leyton-Brown 等，2009)。由于这两种类型的元模型在第 6 章有更详细的探讨，因此将不在这里赘述。

有些研究者提议在元层次上将几种模型结合起来。Gama 等(1995)介绍过一种早期的元学习法。他们的研究表明，如果单独考虑的话，元模型的线性组合要比这些模型中的任何一个产生的结果更好。

5.2.4　聚类树

聚类树可用于引出几个目标变量的单一模型，从而得到多目标预测(Blockeel 等，1998)。在我们的案例中，多个基础算法的性能是以多目标形式表示的。

聚类树是通过决策树自上而下推导(TDIDT)的常用算法获取的，该算法试图使每个叶片中案例的目标变量的方差最小化(并使不同叶片的方差最大化)。已将聚类树用于几种算法性能评估的问题中(Todorovski 等，2002)。决策节点表示对元

---

① Cubist 将规则与回归树结合在一起，可以看作 M5 模型树的延伸(Quinlan, 1992)。

特征值的测试，叶节点表示性能评估的集合，每种算法都有一个。

用聚类树得到的结果与采用分离模型法得到的结果相似，因其生成的是一个而不是几个模型，所以其优点是可读性更高(Todorovski 等，2002)。

5.2.5　将性能预测转化为排序

按照预期性能对算法进行排序，可以将不同基础算法的性能估值集转化为排序(Sohn，1999；Bensusan 等，2001)如表 5.1 所示。表中，性能值(第 1 行)可用于将相应算法进行重新排序，以生成一种排列(第 2 行)。可依据 top-n 方式沿用这一排序(如第 2 章第 2.2 节所述)。

表 5.1　不同形式推荐示例

	算法					
	a_1	a_2	a_3	a_4	a_5	a_6
性能评估	0.89	0.68	0.90	0.74	0.81	0.75
	排序					
	1	2	3	4	5	6
排序(线性和完全)	a_3	a_1	a_5	a_6	a_4	a_2

可以说，在许多情况下，用户只需找出潜在最佳算法即可，因此关于性能的详细信息只起辅助作用。

此处及第 2 章(第 2.1 节)中所讨论的不同形式推荐的实证比较方面，并未开展太多专门研究工作。Bensusan 等(2001)曾对此做过一项早期研究。然而，开展一项将最新方法和手段纳入其中的新研究是一件有益的事。

5.2.6　针对每个实例的性能预测

有一种用于评估算法性能的方法是建立在用元学习模型预测基础算法在每个单独基础实例上的性能基础之上(Tsuda 等，2001)。例如，在一个分类问题中，元学习模型会预测基础算法是否准确预测每个测试实例的类别。通过聚合用元学习模型获得的一组单独的预测结果来获取算法在数据集上的性能预测。在分类设置中，算法的预测性能可以由预测精度给出。

5.2.7　性能预测的优点和缺点

1. 优点

通过为每个算法提供性能评估，而不是秩，可以得到更多信息。我们在前面已经论证(第 5.2.5 小节)了可以很容易地将性能评估转化为排序。

此外，每个回归问题都可以独立得到解决，为每种基础算法生成一个模型。用这种方法可更容易地改变含基础算法集的组合。移除某个算法也仅仅是排除了相应的元模型，而通过生成相应的元模型就可以插入一个新算法。在这两种情况下，其余算法的元模型均不受影响。

2. 缺点

生成与算法数量一样多的元模型是有缺点的。要了解某种算法何时比另一种算法的性能更优并非易事，反之亦然。以表 5.2 中的规则为例，这些规则是从预测 C4.5 及 CN2 误差的模型中选出来的(Gama 等，1995)。元特征包括：fract1—典型判别矩阵的首个归一化特征值；cost—布尔值，表示误差是否具有不同成本；Ha—属性熵。这些模型未直接描述 C4.5 优于 CN2 的条件，反之亦然。

表 5.2　预测 C4.5 及 CN2 误差的四个样本规则

算法误差	估计值	条件
C4.5	22.5	← 分维数1＞0.2∧成本＞0
C4.5	58.2	← 分维数1＜0.2
CN2	8.5	← Ha＜5.6
CN2	60.4	← Ha＞5.6∧成本＞0

可以预见，预测单个性能值要比区分有限数量的类或预测排序难得多。

另外，独立解决多个回归问题可视为一个缺点。实际上，误差本身并不重要，重要的是是否会影响算法的相对顺序。其他研究人员解决了这一问题，他们为成对算法提供了模型。第 5.4 节将探讨这方面的成果。

该方法的另一个缺点是，它给出了逐点预测。众所周知，在不同的数据集上，一种特定算法的性能通常会有很大差异。第 16 章中提供了这方面相关的实例。因此，区间预测提供了关于性能变化的信息，可以在算法选择和配置中对其加以利用。第 6 章中讨论的方法就是这样的。

5.3　在元层次上使用分类进行适用性预测

Brazdil 等(1994)的一项早期研究的目的就是预测一个特定基础级分类算法是否适用于(误差相对较低)或不适用于(误差相对较高)特定的目标数据集。与第 5.2.1 节中类似，形式为 $\left(\theta_i, d_j, p_{i,j}\right)_{i=1, j=1}^{n,m}$ 的元数据 MetaD 被转换为成适合分类算法的元数据。即将每个 $P_{i,j}$ 离散成两个可能的分类值：适用和不适用。

　　然后在元层次上应用合适的分类算法。每个数据集都采用数据集特征进行描述(详见第 4 章)，并探讨了数据集的相似度，以生成目标数据集的具体推荐。预测是分类值(比如适用/不适用)似乎是一个限制性因素，因为无法确定基础算法的试用顺序。不过，如果我们将 $P_{i,j}$ 作为一个特征，并在元层次上选择一个概率分类器，这个限制就会得到缓解。由概率分类器生成的类值可能伴随着对概率的估计。因此，有可能根据这一概率对基础算法进行排序。所以，效果可能与经典排序法得到的效果相似(第 2 章)。

元层次上使用的分类算法

　　鉴于它们广泛的适用性，许多不同的分类算法已用于元学习中。早期的研究以决策树分类器为重点(Brazdil 等，1994)或 k-NN 分类器(Brazdil 等，2003)。

　　一个极端的例子就是在元层次上也采用同一套基础算法(Pfahringer 等，2000；Bensusan 等，2000)。在这项研究中，所使用的十种分类算法形形色色，其中包括决策树、线性判别和神经网络等。作者在数个元学习问题上对几对元分类器做了比较。其中一项研究中(Bensusan 等，2000)比较的结果并不明确，而另一项研究(Pfahringer 等，2000)的结果表明，决策树和基于规则的模型可导向更好的元学习结果。在另一项研究中(Kalousis，2002；Kalousis 等，2000)，作者在元层次上比较了决策树分类器、IBL 和改进型 C5.0 的四个变体，最佳结果是通过改进型 C5.0 获得的。

5.4　基于成对比较的方法

　　很多作者研究了使用成对模型来预测潜在最佳算法的问题，换种说法，就是预测算法排序的问题。一些早期研究工作主要聚焦于预测两种算法中哪一种可能在新数据集上表现更优(Pfahringer 等，2000；Fürnkranz 等，2001；Soares 等，2001；Leite 等，2004，2005)。

　　接下来的几年里，一些研究人员解决了如何将成对比较方法纳入提供所有算法排序的方法之中，要不就确定第一要素，即潜在的最佳算法(加上所有可能具有同等性能的算法)。

　　有些方法会生成各种成对模型，之后用于获取排序(Leite 等，2010；Sun 等，2012，2013)。

　　其他方法中使用迭代法在方法实施的过程中进行成对测试。该过程结束时，返还潜在最佳算法(Leite 等，2007；van Rijn 等，2015)。关于这些方法的更多细节将在后面讲述。

5.4.1　利用地标的成对检测

Pfahringer 等(2000)提出在成对比较中使用简化和快速算法,即所谓的地标(关于地标的更多细节见第 4 章第 4.2 节)。研究结果表明,地标可用于预测两种算法中哪一种可能在新数据集上表现更好。

另有研究人员提议,除简化算法外,还可以使用简化的数据集。这个概念被称为二级抽样地标(Furnkranz 等,2001;Soares 等,2001)。

此时得到的实验结果看上去并未显示出这种方法的明显优势。不过,此后的研究表明(van Rijn 等,2015;van Rijn,2016),根据数据单一子样本的性能来选取性能最优分类器的方法相当有优势,超越了许多更为复杂的方法。该方法可称作"样本最优"(best-on-sample)法。在其他领域,该方法也称作"恒定预测"或"永恒的大话王"(constant liar)法。这种简单基线催生出复杂的方法,如"连续减半"算法(Jamieson 等,2016)和"Hyperb 和"算法(Li 等,2017)。

前面提到的早期研究成果中一个令人吃惊的结果是,使用更多样本形式的更多信息并不能带来明显的改进。这就促使一些研究人员(Leite 等,2004,2005)调查了其中的原因,这项研究产生了该方法的新变体。下一小节对此进行讨论。

5.4.2　针对局部学习曲线的成对方法

Leite 等(2004,2005)提出了成对方法的一个变体,将一系列样本用作数据特征。所用的一系列样本实际上表示一条"局部学习曲线"。该方法取决于元数据集,其中包括所有算法在历史数据集上的完整学习曲线。在新的目标数据集上获取局部学习曲线是必需的。这一过程通常要比在一个完整的数据集中获取性能值所花费的时间更少。

基于目标数据集上的局部学习曲线及历史数据集上的完整学习曲线,元算法可以确定推荐哪种算法。

图 5.1 显示了一个学习曲线的实例,来自于 van Rijn(2016)的研究成果。X 轴表示数据点的数量,Y 轴表示测量的性能。

我们可以看到学习曲线的一些典型行为:①大多数分类器通常在有可用的较大数据样本时表现更佳;②情况并非总是如此,有时,当可用数据更多时,性能可能会下降;③学习曲线可能出现交叉,因为一些在小样本上表现不佳的分类器在较大数据样本上可以表现出更好的性能。

所述方法可用于解决下列问题:给出两个算法 a_p 和 a_q,其中哪一种最有可能在当前数据集上表现得更优? 该方法包括以下步骤。

(1) 确定如何表示学习曲线。

(2) 在目标数据集上获取 a_p 和 a_q 两种算法的局部学习曲线。

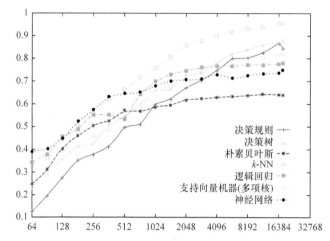

图 5.1　各种 Weka 分类器在"信件"数据集上的学习曲线(见彩图)

(3) 在检验以往实验的元数据库时，找出具有最相似曲线的数据集。

(4) 使用检索到的曲线预测目标数据集上的性能 a_p 和 a_q；预测哪种算法会表现出更高性能。

该方法的主旨是节约时间。成本低廉的估算方法取代了较昂贵的交叉验证测试，正如第 6 章中探讨的使用代理模型时的情况。

由于在后续工作中这一理念被再次启用(如 Leite 等, 2010; van Rijn 等, 2015)，所以下面对该方法稍做详解。

1. 局部学习曲线的表示

每条局部学习曲线均由一系列规模不断增大的样本上特定数据集的特定算法性能值表示。形式上，局部学习曲线 P_{a_p}, d_i 由形式为 p_{a_p}, d_i, k 的元素序列表示，其中，a_p 表示算法，d_i 表示数据集，k 为从 1 到 $k_{\max}$ 不等的样本索引。

按照 Provost 等(1999)先前的研究结果，尺寸遵循几何级数这一规则。Leite 等(2005)将第 k 个样本的大小设定为 $2^{6+0.5 \times k}$ 的舍入值。因此，第一个样本的大小设定为 $2^{6.5}$，四舍五入后取 91，第二个样本的大小被设置为 2^7，即 128，等等。这一方案在后来的各种论文中被重复使用。

2. 在目标数据集上进行测试

测试目的是获取算法 a_p 和 a_q 在目标数据集上的局部学习曲线。

3. 找出最相似的学习曲线

这一步的目的是找出学习曲线与为目标数据集制定的局部学习曲线最为相似

的数据集。一旦找出此类曲线，就可以检索到任一样本量对应的性能并将它用于预测。

两条学习曲线之间的相似度是通过最近邻算法(k-NN)的自适应来判断的。对于特定的一对算法 a_p 和 a_q，数据集 d_i 和 d_j 之间采用的距离度量被界定为两个距离的总和，其中之一是算法 a_p 的距离，另一个是 a_q 的距离：

$$d_{a_p,a_q}\left(d_i, d_j\right) = d_{a_p}\left(d_i, d_j\right) + d_{a_q}\left(d_i, d_j\right) \tag{5.6}$$

其中，右边第一项决定了算法 a_p 两条学习曲线之间的距离，一条在数据集 d_i 上，另一条在数据集 d_j 上。其计算方法如下：

$$d_{a_p}\left(i, j\right) = \sum_{k=1}^{k_{max}} \left(p_{a_p,i,k} - p_{a_p,j,k}\right) \tag{5.7}$$

由于学习曲线上有 k 个点，因此式(5.7)将所有 k 个点的个体距离相加。式(5.6)右边第二项，即 $d_{a_q}(d_i,d_j)$，以类似的方式予以计算。

4. 已检索到曲线的自适应

Leite 等(2005)观察到，尽管检索到的学习曲线通常可能具有相同的形状，但相对目标数据集上的曲线它可能能有所上移(或下移)。他们的结论是，这可能会损害预测的质量。为避免这一缺陷，研究者提出了一个额外的与基于案例推理中出现的自适应概念相关的"自适应步骤"(Kolodner，1993；Leaker，1996)。

这里的自适应程序涉及将检索到的性能曲线 P_r 移动到为目标数据集生成的局部性能曲线 P_t 上，并得到 P_r'。自适应是通过将 P_r 中的每一项乘以比例系数 f 而得到的。因此，与算法 a 有关的曲线中的第 k 项被转换成：$p_{a,r,k}' = f \times p_{a,r,k}$。设计比例系数 f 的目的是对初始线段上两条曲线之间的欧氏距离做最小化处理。研究者根据相应的样本量为曲线中的各项赋予不同权重。f 的计算方法为

$$f = \frac{\sum_{k=1}^{k_{max}} \left(p_{a,t,k} \times p_{a,r,k} \times w_k^2\right)}{\sum_{k=1}^{k_{max}} \left(p_{a,r,k}^2 \times w_k^2\right)} \tag{5.8}$$

图 5.2 解释了自适应的过程，该图转载自早期的研究成果(Leite 等，2005)。

5. 对 k 个最近数据集进行预测

假设采用上述方法为算法 a_p 确定了 k 个最近的数据集，那下一步就是获取 k 个与目标数据集大小对应的样本量 S_t 的预测值。接着，研究人员计算出 k 的平均值，之后将该值用作 a_p 的预测性能值。a_q 的预测性能值是以类似方式计算得到的。对这两个值进行比较，以便从两种算法中选出更好的那个。实验中使用了 $k_{max}=3$ 这一设置，确定局部学习曲线应包含三个数据样本的性能值。

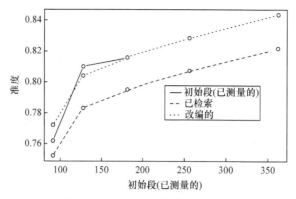

图 5.2　已检索学习曲线的自适应

6. 主要结果

作者研究了一对算法,其中包括 C5(Quinlan, 1998)和带有径向基核的 SVM(R 中 e1071 的实现品(Dimitriadou 等, 2004))。作者将所提方法(A-MDS)的分类精度与采用一组数据集特征(MDC)的经典方法进行了比较。仅采用一个样本(91 例)的 MDS 的性能比通过 MDC 获得的性能更好。

研究结果还表明,如果采用有更多样本的学习曲线,性能会得到提高。对于在过程中未使用自适应的变体来说,情况并非如此。这就说明了为什么 Soares 等 (2001)早先的研究结果多少有点差强人意了。由于未使用自适应,所以在匹配过程中采用更大的样本也未能改善结果。

最近的研究表明,不使用模型,学习曲线也可以用于缩短交叉验证的过程 (Domhan 等, 2015;Mohr 等, 2021)。

5.5　算法集的成对方法

第 5.4 节中介绍的方法被并入其他各种用于处理 N 种算法的方法之中。在本节中,我们将介绍其中一种,即 SAM 法(Leite 等, 2010)。该方法包括以下步骤。

(1) 选择一对分类算法,并使用成对法确定两者中哪一个更好。

(2) 对所有成对算法重复这一步骤,并生成一个偏序(曲线图)。

(3) 对偏序进行处理,找出最佳算法。

下面逐一详细介绍。

1. 选择一对算法并确定哪一个更佳

这一步可以通过交叉验证测试及随后的统计显著性检验来完成。研究者称该方法为 CV_{ST}。该方法可以看作一个函数,如果算法 a_i 表现出的性能明显优于(劣于)a_j，则返回+1(−1)。若不成立，则返回值 0。

2. 对所有成对的算法重复上述步骤，并生成一个偏序

在这一步中，将该方法应用于所有的算法对并构建曲线图。采用 SAM 的输出时，若 a_i 的性能明显优于 a_j，则提取出链路 $a_i \leftarrow a_j$。图 5.3 是用这种方式生成算法的局部排序实例(引自 Leite 等(2010)的研究成果)。在第 2 章中，这一类型的排序被称为准线性排序。注意，该图中可能包含其他各种链路，这些链路可用传递律获得。省略这些链路，以避免过多链路造成图形过载。

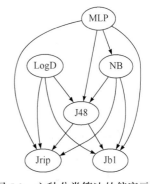

图 5.3　六种分类算法的偏序示例

3. 确定最优算法

这一步对偏序的项集进行分析，以确定最重要的项。作者找出了三种不同的聚合措施，对应三种不同的详细信息汇总策略：①W 表示所有"赢"的总和(向外的箭头)；②L 表示所有"输"的总和(向内的箭头)，每个都是负号；③$W+L$ 表示"赢"和"输"的总和。

我们检验一下，如果我们处理图 5.3 中给出的例子，会得到什么结果。例如，算法 MLP 的性能明显优于其他三种算法，因此，度量标准为 $W=3$。由于它胜过了其他所有算法，因此 $L=0$。因此，$W+L=3$。表 5.3 展示这一算法及我们在实例中使用的其他所有算法的结果。

在这个例子中，三种聚合方法都确认算法 MLP 和 LogD 是最优的两种算法。

表 5.3　针对图 5.3 中的例子应用的三种不同聚合策略

算法	W	L	$W+L$
MLP	3	0	3
LogD	3	0	3
NB	3	−1	2
J48	2	−3	−1
JRip	0	−4	−4
IB1	0	−4	−4

4. 评估

Leite 等(2010)也对上述方法的评估问题进行了探讨。一般而言，该方法可以返回一个或更多算法。我们用 $\hat{A}$ 来指代该集合。在图 5.3 的例子中，该方法返回

了两种算法。这可能与被视为"正确"的集合 A 不一致。因此，问题出现了，我们应该如何制定出适当的成功衡量标准 M_S。

Leite 等(2010)的方法基于如下假设：$\hat{A}$ 中的项(算法)可看作是等效的。因此，只要 A 中包含 $\hat{A}$ 的至少一个项，M_S 就会返回 1。这体现在：

$$M_S = \frac{\left| \hat{A} \cap A \right|}{\left| \hat{A} \right|} \tag{5.9}$$

例如，在 $\hat{A} = \{a_1\}$ 和 $A = \{a_1, a_2\}$ 的情况下，M_S 返回 1。如果 $\hat{A}$ 返回多个项，其中一些是正确的，而另一些是不正确的，则 M_S 会返回一个值，对应于正确项集中正确识别项的比例。因此，比如在 $\hat{A} = \{a_1, a_2\}$ 和 $A = \{a_1\}$ 的情况下，M_S 返回 0.5。也就是说，如果我们从 $\hat{A}$ 中随机选取一个项，猜中的概率是 0.5。

5. 该方法的缺陷

该方法的一个缺陷是，所需成对模型的数量为 $(N \times (N-1))/2$，其中 N 表示算法数量。当 N 为 20 时，模型的总数仍然是可控的，即等于 190。该方法不能很好地向上扩展以适用于较大数值。

通过确定算法子集，即 NP 作为"枢轴算法"的方法，这个问题可以得到缓解。然后，将 N 种算法与枢轴算法 NP 进行比较。未来可以进行一项研究，以确定这种办法能否带来准确度和时间方面的改进。

如稍后在第 5.6 节所示的那样，通过采用一种每一步都能找出确定最佳成对测试的搜索法，这个问题便可以得到缓解。这样一来，许多成对测试实际上就跳过了。

6. 采用不完全排序来实现 top-n 执行

可以采用不完全排序来安排测试，实现第 2 章中讨论的 top-n 执行。从概念上讲，我们可以将它视为一项可分为两个阶段的活动。在第一阶段，用一种可行的度量标准来表征算法，比如前面讨论的 $W+L$，并根据该标准对所有算法进行重新排序；在第二阶段，通过 top-n 执行来跟踪这个重新排序的集合(第 2 章)。

7. 将平均排序法的适用范围扩及不完全排序

第 2 章中讨论的平均排序法利用了一组排列，并建构了平均排序，每个数据集对应一种排序。问题是如何将其扩展到适配一组不完全排序。一种可能是，首先用 $W+L$ 这一度量标准对每个不完全排序中的每一项进行注释，然后计算每项的平均值(算法)。

5.6　用于实施成对测试的迭代方法

在第 5.5 节中，我们介绍了一种利用成对测试来确定某个集合中潜在最佳算法的方法。在该方法中，成对测试是在某个预处理阶段进行的。该方法的一个缺点是，可能并非所有的成对测试都是必要的。

在后续研究中(van Rijn 等，2015；van Rijn，2016)，成对法在两个不同方面得以改进。首先，该方法利用了一种搜索法，目的是确定潜在的最优算法，在方法实施过程中，成对测试是按需开展的。该方法会随时提示迄今为止已经发现的潜在最佳算法。因此，在准备阶段实施无效的成对测试是不会浪费时间的。这方面类似于第 5.8 节将要深入探讨的主动测试法。第二项非常重要的改进是，该方法考虑了测试的运行时间。因此，相对较快的测试可能会带来性能良好的算法，优于较慢的测试。被作者称之为"成对曲线对比"(PCC)的方法包含以下步骤。

(1) 初始化当前的最佳算法，并在目标数据集上阐述局部学习曲线(每个算法都有一条局部学习曲线)。

(2) 搜索最佳候选算法开展测试，实施指定测试并更新当前的最佳算法。

(3) 重复上述操作，直至满足结束条件。

下面详细阐述以上步骤。

1. 初始化当前的最优算法

该方法采用了当前最优算法的概念，即 a_{best}[①]。作者提议采用随机选择算法将它初始化。不过，设想出一种用于选出某种性能良好的候选算法实现 a_{best} 初始化的替代方法并非难事。第 2 章中探讨的基于 A3R 平均排序中的顶端元素就是这样一种性能良好的候选算法。

在选出算法 a_{best} 之后，有必要在目标数据集上精心制作局部学习曲线。这涉及对目标数据集中的不同样本进行测试。注意：到目前为止，还没有在目标数据集上实施过任何测试。

2. 寻找最佳成对测试

这一步骤会逐一探讨所有可能的候选算法。每一个候选算法都代表着一个潜在的 a_{comp}(竞争者)，可以取代当前的最佳算法 a_{best}。为了确定是否应该进行替换，有必要预测它与 a_{best} 相关的性能。

---

① 在一些论文中，这种算法被称为"在职"算法(在职者)。注意：a_{best} 一词并不代表最佳的候选算法，而是指在当前某个时间点上的最佳算法。

该方法采用与 a_{comp} 和 a_{best} 的曲线最相似的 k 个数据集来执行这一操作。为了找出这 k 个最相似的数据集，引入式(5.7)。检索到学习曲线后，要实现曲线自适应，这一点在第 5.4.2 节中已经阐述。

关于算法 a_{comp} 是否应该取代 a_{best}，取决于对 k 个数据集的预测。如果 a_{comp} 的性能在这些数据集上的完全学习曲线上优于 a_{best}，则替换之。

该方法可以输出一个排序，供后期使用。一旦将该算法与其他所有算法进行比较，新选出的 a_{best} 就会被添加到排序之中。同时，应对这些算法实施交叉验证。注意，该 PCC 可能会产生不稳定排序：不同的算法被初始化为 a_{best}，所产生的排序会有所不同。

3. 升级以纳入准确度和时间

正如作者所展示的，可以很容易地更新该方法以将时间纳入其中。可以采用准确度和时间的组合测量标准 A3R′对 a_{comp} 和 a_{best} 之间的性能进行比较。A3R′是第 2 章中所探讨的 A3R 的简化版，表示为

$$A3R'^{d_i}_{a_j} = \frac{P^{d_i}_{a_j}}{\left(T^{d_i}_{a_j}\right)Q} \tag{5.10}$$

其中，P 表性能(如准确度)，T 表示运行时间，Q 为用于控制运行时间重要性的比例因子。

4. 主要研究成果

该研究证实，当目的是获取分类器的排序时，同时将准确度和时间作为性能度量指标的确很有用。这种优先考虑较快较好方法的策略更容易获得成功。结合另外两种类似的方法，即第 2 章中讨论的 AR 和第 5.8 节中进一步讨论的 AT，AT*也得出相似的结论。

PCC 法优于比较研究中采用的其他两种方法。其中一个是平均排序法(AR)，在第 2 章中已做探讨。另一种叫作"best on sample"(BoS)基线法。令人惊讶的是，如果使用描述性能(准确度)如何取决于测试数量的损失曲线进行评估，则 BoS 法就非常有竞争力。使用描述性能是如何取决于运行时间的损失曲线时，PCC 法的优势就很明显。当然，这也是用户感兴趣的地方。他们的目标是尽快找出潜在的最佳算法，对特定任务通常是有指定时间预算的。

5. 与代理模型的关系

第 6 章探讨的自动超参数配置领域引入了各种有用的概念。其中之一是代理模型概念，代表经过简化的算法，可提供针对实际算法预测的估计，但执行起来

要快得多。实证性能模型(EPM)是此类代理模型中的一个实例：无需在数据集上运行某一配置，就可以评估该配置是否具有尝试价值。就运行时间而言，实证性能模型的预测通常要比在数据集上运行实际配置成本更低。

本节讨论的基于一对学习曲线(目标数据集上的局部学习曲线和类似数据集上的完全学习曲线)对特定算法性能进行预测的方法可能与代理模型相关，在这个意义上，这些代理模型代表底层算法的精简性能模型。

在超参数配置领域运用的另一个有用的概念是"采集函数"。该函数选择潜在的最佳参数配置进行测试。注意，本节介绍的方法中包含了一种用于选取下一对算法进行测试的方法，这种方法可能与超参数配置领域中使用的采集函数有关。

5.7　使用 ART 树和森林

Sun 等(2013)提出的方法包括两个阶段。

(1) 构建一组成对模型并生成特征。

(2) 将"近似排序树"(ART)森林与新特征结合起来，以生成预测结果。

下面将探讨每个阶段的更多细节。

1. 构建一组成对模型

在这个阶段，使用基于规则的分类器(RIPPER)(Cohen, 1995)生成一组成对元学习模型。对每个模型进行训练，以预测是否优先于算法 a_j 采用算法 a_i，反之亦然。

这项研究工作有趣的一面是，每个成对模型都可以采用一组特定的基础特征，其中可能包括统计、信息论及地标特征，如与特定树型(REP- Tree.depth2)关联的曲线下面积。

然后，调用二元分类器以生成新的元特征。在该方法的一个变体中，每个与二元模型关联的规则都会生成一个新特征。除统计和信息论方面的一些特征外，这些附加在更加传统的特征之上的新特征中还包括地标。

2. 使用 ART 森林生成预测结果

在这个阶段，使用 ART 森林来生成预测结果。ART 森林可看作是 ART 树(近似排序树)的一个随机森林。ART 树是基于前面讨论的用于排序的预测性聚类树概念之上的(Blockeel 等，1998)(第 5.2.4 小节)。

作者认为，与经典的 k-NN 方法相比，该方法能够获得更好的预测性能结果。他们还证明，添加与二元分类器相关的基于性能的特征可增强性能。

该方法的缺点是，使用该方法需事先构建所有的成对模型，因而算法数量较大时，该方法不容易扩展。解决该问题的一个可能途径是设计一种方法，以确定每一步中实施的最佳成对测试，将在下节探讨。

5.8　主　动　测　试

由于测试的时间表是固定的，因此导致第 2 章中阐述的基于平均排序的算法选择法存在一个缺点。该方法的缺点是，当特定的算法集中包含许多具有类似性能的相似变体时，这些变体在排序时就可能相互靠近。连续对它们进行测试并没有多大意义。尝试使用不同类型的算法似乎很有好处，有助于生成更好的结果。不过，平均排序法只能按照顺序来实施，因此无法跳过非常相似的算法。

该问题极为常见，因为，比如在考虑包含可能被设置为不同值的参数的算法时，类似的变体就会出现。很多时候，多种设置对性能的影响较为有限。即使我们只选择了所有可能的替代参数设置中的一部分，最终也会出现大量的变体。其中很多变体表现出颇为相似的性能。很明显，最好能有一种更智能的方式用于从特定的排序中选择算法。换句话说，最好能制定一份更加智能化的测试时间表。下一节介绍一种叫作主动测试的方法(Leite 等，2012；Abdulrahman 等，2018)可用于解决这个问题。文献中介绍了两种主动测试方法的变体。Leite 等(2012)提出的 AT 版方法将准确度用作性能测量标准。Abdulrahman 等(2018)阐释的 AT*版将准确度和运行时间的组合测量用作性能度量标准。由于 AT 可视为 AT*的一个特例，忽略了运行时间的影响，因此这里的重点是更具有普遍性的 AT。

5.8.1　兼顾准确度和运行时间的主动测试

这种主动测试法涉及两个重要概念，即当前最优算法 a_{best} 和最优竞争算法 a_c。该方法首先将最佳算法 a_{best} 初始化为平均排序 AR*中的最上层算法。该算法可以在目标数据集上运行，不会出现问题。

然后，它以迭代的方式选择新算法，在每一步中搜寻最优竞争算法 a_c。该最优竞争算法是通过计算每个未经测试的算法相对于 a_{best} 的 "预估性能增益" 来确定的。在 Abdulrahman 等(2018)的研究成果中，性能增益ΔP 的估值用 A3R 表示如下：

$$\Delta P\left(a_j, a_{best}, d_i\right) = \max\left(\text{A3R}_{a_{best}, a_j}^{d_i} - 1, 0\right) \tag{5.11}$$

其中，A3R 定义为

$$\text{A3R}_{a_{ref}, a_j}^{d_i} = \frac{P_{a_j}^{d_i} / P_{a_{ref}}^{d_i}}{\left(T_{a_j}^{d_i} / T_{a_{ref}}^{d_i}\right) Q} \tag{5.12}$$

其中，$P_{a_j}^{d_i}$ 表示算法 a_j 在数据集上的性能 d_i(如准确度)，$T_{a_j}^{d_i}$ 表示相应的运行时间，a_{ref} 为一项参考算法，Q 表示用于控制运行时间重要性的比例因子[①]。

Leite 等(2021)在最近的一项研究中发现，下面给出的 ΔP 的定义，比之前给出的式(5.11)更简单，但获得的结果更佳：

$$\Delta P\left(a_j,a_{\text{best}},d_i\right)=\text{A3R}_{a_{\text{best}},a_j}^{d_i} \tag{5.13}$$

图 5.4 中给出了例证，呈现所有数据集上 a_{best} 的竞争算法ΔP 的不同取值(来自 Abdulrahman(2018))。

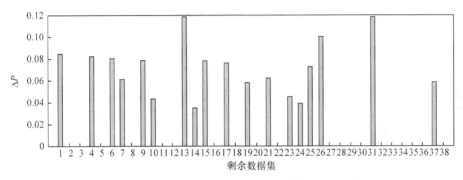

图 5.4　所有数据集上 a_{best} 的潜在竞争算法的ΔP 值

如果另一种算法在某些数据集上的性能表现优于 a_{best}，它就会被视为竞争算法。这里一个重要的事情是选取潜在最优竞争算法。方法是选择能求出性能增益估值最大值的算法，具体如下所示。

要求：目标数据集 d_{new}；AR* a_{best} 中的顶端算法；数据集 D_s；算法集 A；运行时间重要性参数 Q

1：初始化损失曲线 $L_i \leftarrow ()$。

2：通过交叉验证测试获取 a_{best} 在数据集 d_{new} 上的性能：

$$\left(P_{a_c}^{d_{\text{new}}}, T_{a_c}^{d_{\text{new}}}\right) \leftarrow \text{CV}\left(a_{\text{best}}, d_{\text{new}}\right)$$

3：当 $|A| > 0$ do

4：使用性能增益估值，找出 a_{best} 的最优竞争算法 a_c：

$$a_c = \underset{a_k}{\text{argmax}} \sum_{d_i \in D_s} \Delta P\left(a_k, a_{\text{best}}, d_i\right)$$

5：$A \leftarrow A - a_c$(从 A 中删除 a_c)

6：通过交叉验证测试获取数据集 d_{new} 上 a_c 的性能：

---

① Leite 等(2012)早期修订版方法中只使用了准确度，未考虑运行时间。在这项研究工作中，ΔP 被定义为差值而非比率。

$$\left(P^{d_{new}}_{a_c}, T^{d_{new}}_{a_c}\right) \leftarrow CV(a_c, d_{new})$$

$$L_i \leftarrow L_i + (P^{d_{new}}_{a_c}, T^{d_{new}}_{a_c})$$

7：将 a_c 的性能与 a_{best} 进行比较，并进行更新：

8：if $P^{d_{new}}_{a_c} > T^{d_{new}}_{a_c}$ then

9：$a_{best} \leftarrow a_c, P^{d_{new}}_{a_{best}} \leftarrow P^{d_{new}}_{a_c}, T^{d_{new}}_{a_{best}} \leftarrow T^{d_{new}}_{a_c}$

10：end if

11：end while

12：return 损失-时间曲线 L_i 和 a_{best}

算法 5.1　AT-A3R：用 A3R 对数据集 d_{new} 进行主动测试：

$$a_c = \underset{a_k}{argmax} \sum_{d_i \in D} \Delta P(a_k, a_{best}, d_i) \tag{5.14}$$

确定最优竞争算法之后，继续在新数据集上进行测试，以获取最优竞争算法的实际性能，目的是确定最优竞争算法的性能是否优于当前的最优算法 a_{best}。如果该算法的性能更优异，就会成为新的 a_{best}。

算法 5.1 的详细介绍可参考 Abdulrahman(2018)。

为在实践中应用 AT-A3R，有必要确定 A3R 中参数 Q 的有效设置。经过对不同数值的试验，作者推荐 $Q=1/16$ 这一设置。从 $P=1$ 至 $Q=1/64$ 范围内的设置似乎对结果影响不大。

不过，$Q=0$ 这一设置处于该范围之外，它表示只有准确度需要考虑的情况，这一点会有所影响。图 5.5 对此进行了说明(来自上面引用的研究成果)。优化后的 AT 称为 AT*。AT0 版中采用 $P=0$ 这一设置，表示该版中不考虑运行时间。注意，AT0 的性能要比 AT*差得多。类似的损失在更晚些时候，速度得到了大幅提升，约为两个数量级。

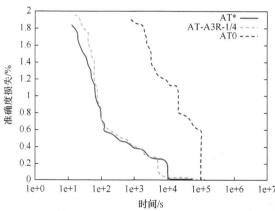

图 5.5　不同 AT-A3R 方法变体的平均损失-时间曲线

在 Leite 等(2012)以往的研究中,对性能增益ΔP的评估称为相对地标 RL。前者似乎比后者更清晰,所以本章采用这一术语。不过,这两个概念之间存在很有趣的关系。第 4 章中已经探讨过所有不同的数据集特征,包括相对地标。

5.8.2 重在相似数据集的主动测试

在 Leite 等(2012)的研究中,性能增益是通过找出最相似的数据集并只计算这些数据集的性能增益来估计。为简单阐释,算法 5.1 采用了所有的数据集,而未关注最相似的数据集。不过,更改方法,只关注相关数据集并非难事。下面我们来探索其中存在的可能性。

一种可能性是在调用 AT 算法(算法 5.1)之前找出相似的数据集。因此,相似数据集的识别可看成对数据集的一种预处理。可以采用第 4 章中阐述的数据集度量标准子集来确定相似度。这必须排除掉基于性能的度量标准。这是因为,如果在目标数据集上实施试验之前完成,就得不到基于性能的数据。所以,该方法存在一个缺陷,它不包括基于性能的度量标准的应用。如果我们要使用基于性能的度量标准,就需将选择机制纳入 AT 算法中。最优替代方法是搜索具有最大性能增益算法(工作流)的同时执行此操作的,表示为

$$a_c = \underset{a_k \in A_s}{\mathrm{argmax}} \sum_{d_i \in D_s} \Delta P(a_k, a_{\text{best}}, d_i) * \mathrm{Sim}(d_{\text{new}}, d_i) \tag{5.15}$$

其中,A_s是特定的算法(工作流)组合,$\mathrm{Sim}(d_{\text{new}}, d_i)$表示对数据集 d_{new} 和数据集 d_i 之间相似度的恰当度量。关于如何确定相似度,有以下几种不同的备选方法。

(1) 基于性能差异极性的相似度。

(2) 基于余弦的性能结果相似度。

(3) 基于相关性的性能结果相似度。

后两项度量标准已在第 4 章(第 4.10 节)中详细介绍过。

下面介绍基于性能差异极性的相似度。

Leite 等(2012)介绍了一种叫作 AT1 的主动测试法变体,其中的相似度是基于性能(准确度)差异。假设在某一阶段,某个具体的算法被确定为当前的最优候选算法 a_{best^-}。假设随后对其他算法进行检验,并确定 a_{best} 为最优算法。即$\Delta P(a_{\text{best}}, a_{\text{best}^-}, d_{\text{new}}) > 0$,其中$\Delta P$表示准确度差异。接着,在随后的迭代中,所有满足相似条件的先验数据集 d_k 都可认为与 d_{new} 相似。因此,相似度可由下式定义:

$$\mathrm{Sim}_{\text{pol}}(d_{\text{new}}, d_k) = \\ \Delta P(a_{\text{best}}, a_{\text{best}^-}, d_{\text{new}}) > 0 \ \& \ \Delta P(a_{\text{best}}, a_{\text{best}^-}, d_k) > 0 \tag{5.16}$$

注意,这种相似度只考虑了两种算法的性能。尽管存在这一缺陷,但与 AT 的基本版本相比,速度提高了 2 倍(Leite 等,2012)。

5.8.3　讨论

1. 确定最佳选择，用采集函数进行测试

根据式(5.11)找出最优候选算法进行测试的过程好比采集函数发挥作用的过程。在贝叶斯优化中，采集函数基于"期望效用"评估超参数配置，并选择效用最高的配置。这个问题将在第 6 章中进行深入探讨。

2. 采用 AT 法进行工作流选择与配置

在许多实际应用中，仅仅聚焦于单一算法的选择是不够的，更确切地说，是要构建一套操作工作流(应用流水技术)。尽管该问题将在第 7 章(第 7.4 节)中探讨，但在本节我们还要简要介绍 Ferreira 等(2018)的研究成果，他们对 AT 法能否扩展到文本分类工作流的推荐中进行了探究。他们的元数据库中包含有近 20000 个工作流程，研究表明主动测试法一定程度上是优于平均排序法的。他们还使用了元分析，目的是确定工作流中不同要素的重要性。

3. AT 与配置空间减少之间的关系

AT 法是在一个特定配置空间中搜索最具竞争力的算法(工作流)。许多无竞争力的算法甚至可能没有机会被试用，这些算法在运行时被淘汰，这是 AT 搜索法的副作用。

另一种方法与此法明显不同，它的目的是通过在某个预处理阶段淘汰无竞争力算法来减少配置空间。也就是说，这类操作可以在调用 AT 法或其他任何旨在为目标数据集确定最佳算法的搜索方法之前执行。这一问题将在第 8 章中处理并做详细讨论。

5.9　非命题方法

到目前为止，我们所讨论的算法都只能用于处理元学习问题的命题表征。也就是说，它们假设每个元实例是由一组固定的元特征描述的，$x = (x_1, x_2, \cdots, x_k)$。然而，这个问题是非命题性的。一方面，对于不同的数据集，数据集特征集的大小是不同的(如随特征数量变化而变化)；另一方面，关于算法的信息对于元学习而言也是有用的(如所生成模型的可解释性)。尽管如此，只有很少一部分方法中用到关系学习法。

FOIL 作为利用非命题数据集描述的方法，是一种众所周知的归纳逻辑编程(ILP)算法(Quinlan 等，1993)。通过 FOIL 可以生成包含存在量限规则的模型，如 CN2 适用于含有超过 2.3%缺失值的离散特征数据集(Todorovski 等，1999)。

　　另一种不同的方法中使用的是基于案例的推理工具，即 CBR-Works Professional(Lindner 等，1999；Hilario 等，2001)。这可以被看作是一种 k-NN 算法，不仅可以对数据集进行非命题性描述，而且可以使用与数据集无关的算法信息。这项研究工作后来通过对非命题表征的不同距离度量标准进行分析的方法得到进一步拓展(Kalousis 等，2003)。其中一些度量标准使得用一对单独特征来定义两个数据集之间的距离成为可能，比如在偏斜度等属性方面最相似的两个特征。

　　在这些论文中，他们通常会将其他方法与命题方法进行比较。但是，我们还不清楚是否有人比较过不同的非命题方法。

参 考 文 献

Abdulrahman, S., Brazdil, P., van Rijn, J. N., and Vanschoren, J. (2018). Speeding up algorithm selection using average ranking and active testing by introducing runtime. *Machine Learning*, 107(1):79-108.

Bensusan, H. and Giraud-Carrier, C. (2000). Discovering task neighbourhoods through landmark learning performances. In Zighed, D. A., Komorowski, J., and Zytkow, J., editors, *Proceedings of the Fourth European Conference on Principles and Practice of Knowledge Discovery in Databases (PKDD 2000)*, pages 325-330. Springer.

Bensusan, H. and Kalousis, A. (2001). Estimating the predictive accuracy of a classifier. In Flach, P. and De Raedt, L., editors, *Proceedings of the 12th European Conference on Machine Learning*, pages 25-36. Springer.

Blockeel, H., De Raedt, L., and Ramon, J. (1998). Top-down induction of clustering trees. In *Proceedings of the 15th International Conference on Machine Learning*, ICML'98, pages 55-63, San Francisco, CA, USA. Morgan Kaufmann Publishers Inc.

Brazdil, P., Gama, J., and Henery, B. (1994). Characterizing the applicability of classification algorithms using meta-level learning. In Bergadano, F. and De Raedt, L., editors, *Proceedings of the European Conference on Machine Learning (ECML94)*, pages 83-102. Springer-Verlag.

Brazdil, P., Soares, C., and da Costa, J. P. (2003). Ranking learning algorithms: Using IBL and meta-learning on accuracy and time results. *Machine Learning*, 50(3):251-277.

Cohen, W. W. (1995). Fast effective rule induction. In Prieditis, A. and Russell, S., editors, *Proceedings of the 12th International Conference on Machine Learning*, ICML'95, pages 115-123. Morgan Kaufmann.

Dimitriadou, E., Hornik, K., Leisch, F., Meyer, D., and Weingessel, A. (2004). e1071: Misc functions of the Department of Statistics (e1071), R package version 1.5-1. Technical report, TU Wien.

Domhan, T., Springenberg, J. T., and Hutter, F. (2015). Speeding up automatic hyperparameter optimization of deep neural networks by extrapolation of learning curves. In *Twenty-Fourth International Joint Conference on Artificial Intelligence*.

Eggensperger, K., Lindauer, M., Hoos, H., Hutter, F., and Leyton-Brown, K. (2018). Efficient benchmarking of algorithm configuration procedures via model-based surrogates. *Special Issue on Metalearning and Algorithm Selection, Machine Learning*, 107(1).

Ferreira, M. and Brazdil, P. (2018). Workflow recommendation for text classification with active testing method. In *Workshop AutoML 2018 @ ICML/IJCAI-ECAI*. Available at site https:// ites.google.com/site/autom l2018icml/accepted-papers.

Feurer, M., Eggensperger, K., Falkner, S., Lindauer, M., and Hutter, F. (2018). Practical automated machine learning for the AutoML challenge 2018. In *International Workshop on Automatic Machine Learning at ICML2018*, pages 1189-1232.

Feurer, M., Springenberg, J. T., and Hutter, F. (2014). Using meta-learning to initialize Bayesian optimization of hyperparameters. In *ECAI Workshop on Metalearning and Algorithm Selection (MetaSel)*, pages 3-10.

Fürnkranz, J. and Petrak, J. (2001). An evaluation of landmarking variants. In Giraud-Carrier, C., Lavrač, N., and Moyle, S., editors, *Working Notes of the ECML/PKDD 2000 Workshop on Integrating Aspects of Data Mining, Decision Support and Meta-Learning*, pages 57-68.

Gama, J. and Brazdil, P. (1995). Characterization of classification algorithms. In PintoFerreira, C. and Mamede, N. J., editors, *Progress in Artificial Intelligence, Proceedings of the Seventh Portuguese Conference on Artificial Intelligence*, pages 189-200. SpringerVerlag.

Hilario, M. and Kalousis, A. (2001). Fusion of meta-knowledge and meta-data for casebased model selection. In Siebes, A. and De Raedt, L., editors, *Proceedings of the Fifth European Conference on Principles and Practice of Knowledge Discovery in Databases (PKDD01)*. Springer.

Hutter, F., Xu, L., Hoos, H., and Leyton-Brown, K. (2014). Algorithm runtime prediction: Methods and evaluation. *Artificial Intelligence*, 206:79-111.

Jamieson, K. and Talwalkar, A. (2016). Non-stochastic best arm identification and hyperparameter optimization. In *Artificial Intelligence and Statistics*, pages 240-248.

Kalousis, A. (2002). *Algorithm Selection via Meta-Learning*. PhD thesis, University of Geneva, Department of Computer Science.

Kalousis, A. and Hilario, M. (2000). Model selection via meta-learning: A comparative study. In *Proceedings of the 12th International IEEE Conference on Tools with AI*. IEEE Press.

Kalousis, A. and Hilario, M. (2003). Representational issues in meta-learning. In *Proceedings of the 20th International Conference on Machine Learning*, ICML'03, pages 313-320.

Kolodner, J. (1993). *Case-Based Reasoning*. Morgan Kaufmann Publishers.

Köpf, C., Taylor, C., and Keller, J. (2000). Meta-analysis: From data characterization for meta-learning to meta-regression. In Brazdil, P. and Jorge, A., editors, *Proceedings of the PKDD 2000 Workshop on Data Mining, Decision Support, Meta-Learning and ILP: Forum for Practical Problem Presentation and Prospective Solutions*, pages 15-26.

Leake, D. B. (1996). *Case-Based Reasoning: Experiences, Lessons & Future Directions*. AAAI Press.

Leite, R. and Brazdil, P. (2004). Improving progressive sampling via meta-learning on learning curves. In Boulicaut, J.-F., Esposito, F., Giannotti, F., and Pedreschi, D., editors, *Proc. of the 15th European Conf. on Machine Learning (ECML2004)*, LNAI 3201, pages 250-261. Springer-Verlag.

Leite, R. and Brazdil, P. (2005). Predicting relative performance of classifiers from samples. In *Proceedings of the 22nd International Conference on Machine Learning*, ICML'05, pages 497-503, NY, USA. ACM Press.

Leite, R. and Brazdil, P. (2007). An iterative process for building learning curves and predicting relative performance of classifiers. In *Proceedings of the 13th Portuguese Conference on Artificial Intelligence (EPIA 2007)*, pages 87-98.

Leite, R. and Brazdil, P. (2010). Active testing strategy to predict the best classification algorithm via sampling and metalearning. In *Proceedings of the 19th European Conference on Artificial Intelligence (ECAI)*, pages 309-314.

Leite, R. and Brazdil, P. (2021). Exploiting performance-based similarity between datasets in metalearning. In Guyon, I., van Rijn, J. N., Treguer, S., and Vanschoren, J., editors, *AAAI Workshop on Meta-Learning and MetaDL Challenge*, volume 140, pages 90-99. PMLR.

Leite, R., Brazdil, P., and Vanschoren, J. (2012). Selecting classification algorithms with active testing. In *Machine Learning and Data Mining in Pattern Recognition*, pages 117-131. Springer.

Leyton-Brown, K., Nudelman, E., and Shoham, Y. (2009). Empirical hardness models: Methodology and a case study on combinatorial auctions. *Journal of the ACM*, 56(4).

Li, L., Jamieson, K., DeSalvo, G., Rostamizadeh, A., and Talwalkar, A. (2017). Hyperband: Bandit-Based Configuration Evaluation for Hyperparameter Optimization. In *Proc. of ICLR 2017*.

Lindner, G. and Studer, R. (1999). AST: Support for algorithm selection with a CBR approach. In Giraud-Carrier, C. and Pfahringer, B., editors, *Recent Advances in MetaLearning and Future Work*, pages 38-47. J. Stefan Institute.

Mohr, F. and van Rijn, J. N. (2021). Towards model selection using learning curve crossvalidation. In *8th ICML Workshop on Automated Machine Learning (AutoML)*.

Pfahringer, B., Bensusan, H., and Giraud-Carrier, C. (2000). Meta-learning by landmarking various learning algorithms. In Langley, P., editor, *Proceedings of the 17th International Conference on Machine Learning*, ICML'00, pages 743-750.

Pfisterer, F., van Rijn, J. N., Probst, P., Müller, A., and Bischl, B. (2018). Learning multiple defaults for machine learning algorithms. *arXiv preprint arXiv:1811.09409*.

Provost, F., Jensen, D., and Oates, T. (1999). Efficient progressive sampling. In Chaudhuri, S. and Madigan, D., editors, *Proceedings of the Fifth ACM SIGKDD International Conference on Knowledge Discovery and Data Mining*. ACM.

Quinlan, J. (1992). Learning with continuous classes. In Adams and Sterling, editors, *AI'92*, pages 343-348. Singapore: World Scientific.

Quinlan, R. (1998). *C5.0: An Informal Tutorial*. RuleQuest. http://www.rulequest.com/see5-unix.html.

Quinlan, R. and Cameron-Jones, R. (1993). FOIL: A midterm report. In Brazdil, P., editor, *Proc. of the Sixth European Conf. on Machine Learning*, volume 667 of *LNAI*, pages 3-20. Springer-Verlag.

Rasmussen, C. and Williams, C. (2006). *Gaussian Processes for Machine Learning*. The MIT Press.

Soares, C., Petrak, J., and Brazdil, P. (2001). Sampling-based relative landmarks: Systematically test-driving algorithms before choosing. In Brazdil, P. and Jorge, A., editors, *Proceedings of the 10th Portuguese Conference on Artificial Intelligence (EPIA2001)*, pages 88-94. Springer.

Sohn, S. Y. (1999). Meta analysis of classification algorithms for pattern recognition. *IEEE Transactions on Pattern Analysis and Machine Intelligence*, 21(11):1137-1144.

Sun, Q. and Pfahringer, B. (2012). Bagging ensemble selection for regression. In *Proceedings of the*

25th Australasian Joint Conference on Artificial Intelligence, pages 695-706.

Sun, Q. and Pfahringer, B. (2013). Pairwise meta-rules for better meta-learning-based algorithm ranking. *Machine Learning*, 93(1):141-161.

Thornton, C., Hutter, F., Hoos, H. H., and Leyton-Brown, K. (2013). Auto-WEKA: Combined selection and hyperparameter optimization of classification algorithms. In *Proceedings of the 19th ACM SIGKDD International Conference on Knowledge Discovery and Data Mining*, pages 847-855. ACM.

Todorovski, L., Blockeel, H., and Dˇzeroski, S. (2002). Ranking with predictive clustering trees. In Elomaa, T., Mannila, H., and Toivonen, H., editors, *Proc. of the 13th European Conf. on Machine Learning*, number 2430 in LNAI, pages 444-455. Springer-Verlag.

Todorovski, L. and Dˇzeroski, S. (1999). Experiments in meta-level learning with ILP. In Rauch, J. and Zytkow, J., editors, *Proceedings of the Third European Conference on Principles and Practice of Knowledge Discovery in Databases (PKDD99)*, pages 98-106. pringer.

Tsuda, K., Rätsch, G., Mika, S., and M¨uller, K. (2001). Learning to predict the leave-one-out error of kernel based classifiers. In *ICANN*, pages 331-338. Springer-Verlag.

van Rijn, J. N. (2016). *Massively collaborative machine learning*. PhD thesis, Leiden University.

van Rijn, J. N., Abdulrahman, S., Brazdil, P., and Vanschoren, J. (2015). Fast algorithm selection using learning curves. In *International Symposium on Intelligent Data Analysis XIV*, pages 298-309

第 6 章　超参数优化的元学习

摘要　本章介绍了超参数优化(HPO)和组合算法选择与超参数优化问题(CASH)的各种方法。首先介绍一些基本的超参数优化方法,其中包括网格搜索、随机搜索、竞赛策略、连续减半和超频道。然后探讨贝叶斯优化,这项技术能够学习之前验证过的超参数设置在当前任务上观测到的性能。用这些知识建立元模型(代理模型),可以用于预测哪些未看见的配置在该任务上可能达到更好的效果。这一部分对基于序列模型的优化(SMBO)进行了介绍。本章还涵盖元学习技术的内容,对之前讨论的具有跨任务知识迁移能力的优化技术进行扩展,其中包括一些技术,如热启动搜索或迁移以前所学的曾在先前(类似)任务上训练过的元模型。这里的一个关键问题是如何确定以前任务与新任务之间的相似度。这可以通过在过去实验基础上开展,但从近期有关目标任务的实验中获得的信息也是可以使用的。本章对近期该领域中提出的一些方法进行概述。

6.1　简　　介

许多机器学习算法中包含的各种超参数都会极大地影响算法的性能表现(Lavesson 等,2006)。这些超参数可能是数值型的,如神经网络中的梯度下降学习率;也可能具备分类属性,如 SVM 之中核的选择。而有些超参数则是以其他超参数的值为条件,如在为 SVM 选择高斯核时,还需要选取核宽(即伽马)。

超参数配置对性能的影响可能非常复杂,并在很大程度上取决于当前数据集的属性。因此,我们要基于先前的实验了解在特定数据集或一组数据集上哪些配置有可能比其他配置表现更佳。算法设计者将这种经验部分地编进算法的"默认超参数设置"之中。

但对于特定的新任务来说,这些几乎都算不上最优。第 17 章中将给出这方面的一些例证。

针对一项具体任务对这些超参数设置进行优化,这一操作被称为"超参数优化"(HPO 或算法配置(AC))。

算法选择(第 5 章讨论过)可以视为超参数优化的一种特殊(离散)形式,只需将算法的选择编码为一个附加超参数即可(Thornton 等,2013)。这也意味着,我们可以同时对算法的选择及超参数进行优化,即所谓的组合算法选择与超参数优化

(CASH)。甚至可以更笼统地说，我们可以定义一个超参数搜索空间，其中包括建立学习模型所涉及的各种可能的设计决策，而模型中又包含神经网络的架构或机器学习应用流水技术的结构(将在下一章探讨)。由于这里的目标是将机器学习模型的设计和训练过程完全自动化，所以称之为"自动机器学习"(AutoML)。

在实践中，将每个设计决策变成一个新的超参数会引起搜索空间的膨胀。搜索空间越大、越复杂，就越难有效优化，为找出理想模型所需的时间可能就越长。

在第 8 章，我们将探讨搜索空间设计过程中需遵循的一般原则，还阐述基于经验重新设计这些空间时可以使用的一些方法。这是在不同任务的经验基础上完成的。

我们在本章探讨元学习如何能让我们从过去的实验中学习，并利用这些先验经验设计算法并更有效地优化超参数。就像机器学习专家通过试错来摸索如何针对新任务进行模型设计和优化一样，目的是跨任务学习，从而就如何设计和调整最佳机器学习模型做出精明的决策。

本章概述

第 6.2 节我们首先介绍了一些基本概念，然后讨论了基本的超参数优化方法，这些方法中未使用元学习，但构成了后续方法的基础。这些方法包括网格搜索、随机搜索、竞赛策略、进化法、最佳优先搜索，以及采用消除策略的搜索，比如在超频道中就采用了这一策略。

接下来，第 6.3 节重点阐述贝叶斯优化，这项技术能够从之前经过验证的超参数设置在当前任务上表现出的观测性能提取信息，以建立一个元模型(代理模型)，用于预测哪些未看见的配置在该任务上可能表现更佳。本节还介绍了被冠以"基于序变模型的优化"(SMBO)法。

第 6.4 节介绍了元学习技术，对之前讨论的具有跨任务知识迁移能力的优化技术进行扩展。这其中涉及一些技术，如通过以往运行良好的配置热启动搜索最佳超参数、基于以往的任务学习最佳超参数配置的概率分布(先验)，或迁移以前所学的曾在以往(类似)任务上训练过的元模型。这里的一个关键问题是如何确定以前任务与新任务之间的相似度，因为从极为相似的任务中获得的元知识可能更为有用。这可以在过去的实验及随附元数据的基础上完成，其中涉及可测量数据特征(第 4 章)。或者，也可以基于从新任务本身的新实验中获取的新知识，并通过观察新任务上使用的超参数配置与以往一些任务在行为上的相似度来完成。最后，第 6.5 节是结语部分。

注：第一版只在第 2.4 节中对这一专题进行了简单介绍，主要侧重于用于确定潜在最佳参数设置的元学习方法的介绍。

6.2　基本超参数优化法

6.2.1　基本概念

我们正式介绍超参数优化任务。设 $M(a, \theta, d_{train})$ 为由参数配置为 θ 的特定算法 a 在目标数据集 d 的训练部分 d_{train} 生成的训练模型 M。设 $A(M(a, \theta, d_{train}), X_{val})$ 表示训练后模型在有效数据 X_{val} 中的应用，返回一组预测结果。$A(\cdot)$ 的输出随 θ 的变化而变化。然后，通过特定损失函数 L 可以确定损失 $\mathcal{L}$：

$$L = \mathcal{L}(ACM(a, \theta, d_{train}), X_{val}), y_{val})\tag{6.1}$$

有时，采用下面损失函数的简短形式较为方便，其中只包含输入参数，即 $\mathcal{L}(a, \theta, d_{train}, d_{val})$。只要算法 a 和数据集 d 及训练集与测试集的划分是确定的，我们就可以只使用 $\mathcal{L}(a)$。算法选择与超参数优化组合的目的是从所有算法 A 及所有可能的配置 Θ 各自集合中确定 a 和 θ 的值，实现损失最小化。表示为

$$(a_*, \theta^*) = \arg\min_{\theta \in \Theta, a \in A} \mathcal{L}(a, \theta, d_{train}, d_{val})\tag{6.2}$$

由于算法的选择可以通过代表算法选择的类别变量表示为超参数的选择，因此式(6.2)中参数对 (a_*, θ^*) 可以用超参数 (θ^*) 来代替。对不同的 θ 值进行评估生成跨超参数设置的损失观察历史 H。具体形式如下：

$$H_{\theta, L} \equiv (\theta_i, L_i)^n\tag{6.3}$$

观测历史 H 可作为第 5 章中讨论的元数据 MetaD 的一部分。可以针对先前及当前的任务将 H 储存起来，并以不同的方式加以利用。更多细节我们在后面讨论。

6.2.2　基本优化方法

1. 网格搜索

找出 θ^* 的一个简单方法是网格搜索，即通过一个特定算法的预设超参数值集进行穷举式搜索。它要求事先确定好备选方案的范围 Θ，并提前将该范围离散化，包括确定应探讨的超参数。有些具有类别值(如 SVM 核的类型)，而有些是实数值。后者需要进行离散化处理，并将产生的值提交给系统。图 6.1(a)解释了这一点。我们注意到，超参数值的选择可能以其他选择为条件。例如，若 SVM 为高斯核，则调整核宽也是有意义的。

界定了不同的超参数配置之后，对每种配置中特定算法的性能进行评估。最后，返回具有最佳性能的配置，即 θ^*。

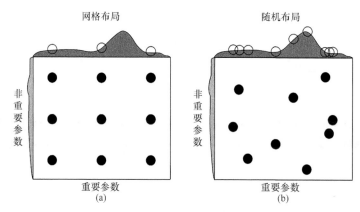

图 6.1　随机搜索与网格搜索在概念上的差别

　　许多机器学习库在内部采用网格搜索(或其他简单的搜索方法)，并返回一个通常比默认配置(即带有默认设置的配置)更优异的配置。网格通常由设计者预定义，其中包含的数值相对较少。这样做是为了限制搜索及在搜索中花费的相应时间。例如，caret 包(Kuhn，2008，2018)通过各种机器学习算法运行预定义的网格搜索。因此，我们可以说，这些系统以自主方式执行基本形式的超参数优化。

2. 随机搜索

　　随机搜索以随机的方式探索配置空间。和前面的情况一样，需要事先确定备选方案的范围 Θ。不过，没有必要将实值超参数离散化，只需提供一个数值取样区间，以及取样过程中沿用的分布类型。

　　Bergstra 等(2012)认为，与网格搜索相比，随机搜索具有几个优点。首先，网格搜索无法有效应对超参数数量的增加，添加一个超参数可能对需要评估的点数产生指数级影响；其次，网格搜索可能会漏掉全局最优，因为离散化会将它从搜索空间中移除；最后，当一些超参数恰好不相关，即它们对性能几乎没有什么影响时，随机搜索经常会汇聚在一个更优的配置上。我们通过图 6.1 来对此做出解释。在这个例子中，我们尝试优化两个超参数：一个是横轴上的重要超参数，另一个是纵轴上的非重要超参数。重要的超参数对算法性能有影响，而不重要的参数则没有影响。在本例中，随机搜索在重要超参数的范围内发掘出了九个不同的数值，而网格搜索只发掘出三个。因此，随机搜索找到更佳配置的概率更大。

3. 通过竞赛法加强搜索

　　随机搜索及更复杂的搜索方法均可以通过使用随机优化技术来加速，如竞赛法(Hutter 等，2011；López-Ibáñez 等，2011，2016)。

　　人们常用交叉验证机制(第 3 章)计算损失 L，对多个训练-测试分区(折)上的各超参数配置进行评估，以便从所有的"折"中找出具有最高平均性能的参数。在对其中数个"折"中的多个配置 θ_i 进行平行评估后，有些配置可能显示出次优性能，因此超越迄今确定的最佳配置的概率较小。因此，可以将这些配置排除出进一步考虑的范畴，不需要对所有折上的配置进行评估。至于大数据集，我们也可以在单一的训练-测试分区使用多种配置竞赛法，让它们在越来越多的训练数据上预测单个测试实例，直至确定它在统计学上不可能成为最优选项。

不止一种算法中使用这种竞赛策略。这种策略最初被用于加快对分类中有效特征子集的搜索(Moore 等，1994；John 等，1994)。后来，它又被融入各种旨在确定最佳算法配置的方法中。ROAR 为随机搜索的扩展形式，它采用一种进取型竞赛策略来淘汰候选项(Hutter 等，2011)。Irace 体现一种更加保守的竞赛策略；它实施统计测试，以确定是否可以淘汰某个特定配置。当测试结果表明这种配置胜过其他性能更优候选项的概率非常低时，就会出现这种情况(López-Ibáñez 等，2011，2016)。

6.2.3　进化法

进化算法和基于群体的方法也经常用于优化超参数，因为它们可以同时优化多个超参数，同时提供比基本随机搜索更多的方向。常用的方法包括遗传算法(Reif 等，2012)、进化策略(Hansen，2006)、禁忌搜索(Gomes 等，2012)和粒子群算法(de Miranda 等，2012)。

最成功的技术之一是进化策略("CMA-ES"，Hansen，2006)，这是一种基于群体的方法，用于评估一组随机取样配置，从中选择最佳配置，然后围绕当前最佳配置对新配置进行迭代取样，直至目标趋同。Loshchilov 等(2016)就是用进化策略来优化神经网络的超参数。

6.2.4　启发式搜索法

启发式搜索法(Russell 等，2016)，如爬山法和最佳优先法，涉及一种启发函数，为一种特定状态赋予启发值。可以用它们优化超参数，方法是将超参数空间视为一个多维空间，其中每个点都关联一个具体的启发得分：该配置的性能。

这些方法通过移动到具有最高得分的"相邻配置"来穿过这个空间。这就出现了如下问题：哪些配置与当前配置相邻？例如，这可能是将一个超参数值变更为不同数值的所有配置。

由于爬山法可能会卡在局部最优点上，因此一些研究人员使用了多样化方法，如重启法和随机步骤法等，以避免卡在局部极小点上。采用类似技术的一些研究案例包括迭代局部搜索(Lourenco 等，2003)和 ParamILS(Hutter 等，2009)。

梯度下降法可用于调整数值超参数。它假设最佳的超参数设置可以通过对照损失函数的梯度来确定。机器学习算法的许多超参数并不符合这一假设，因此这种方法也会卡在局部极小点上。Maclaurin 等(2015)通过链接导数计算涉及所有超参数的交叉验证性能梯度。

6.2.5　超梯度

当学习算法通过随机梯度下降来优化模型参数(权重)时，比如在神经网络中，也有可能通过梯度下降来优化某些数值超参数。事实上，我们可以求出针对某些超参数(如学习率)所使用的损失函数 $\mathcal{L}$ 的导数——这些超参数也在损失函数中出现，这也被称为"超梯度"。因此，我们可以用(超)梯度下降步骤来一点点地优化这些超参数(Maclaurin 等，2015；Baydin 等，2018)。由于验证损失的计算需要一套对模型参数(权重)优化的内循环，因此该方法的成本相当高，但是当采用并行计算资源同时优化许多超参数时，它可能仍然是有用的。

6.2.6　多保真技术

为加速寻找最佳超参数配置，由于在较大的数据集上会产生高昂的成本，可以不在整个数据集上评估每个配置，而是在训练集的小样本上评估多种配置，而且是只在更多训练数据上评估最优配置。由于在小样本上评估的性能只能粗略地表示全部训练集上的性能，因此我们需要一种能够处理噪声概率奖赏的优化方法，如多臂老虎机，将在第 8 章(第 8.9 节)中详细阐述。这些方法旨在解决以下问题：假设存在各种备选方案有待开发，每种方案都对应相关的成本和获得某种奖赏的概率，那么应该开发哪些方案以使奖赏最大化？处理超参数优化时，成本为处理时间，奖赏为度量的性能(如准确度)。

1. 连续减半(SH)

连续减半(SH)(Jamieson 等，2016；Li 等，2017)是一种多臂老虎机(MAB)方法。对于特定初始数量(这一数量通常会很大)的备选配置，这种方法总的来说是可用于执行最佳优先搜索的。该方法与常见的最佳优先法不同，它包含预算因子(如计算时间)，并限制对每个备选方案的探索。

它首先提供了一个相对较大的候选配置池，并分配了低预算。预算用尽后，方法中断，所有节点(配置)按照各自性能(如准确度)排序。表中下半部分的配置被淘汰。然后，只需要在重复预算的条件下继续搜索剩余节点。继续该过程，直到只有一个配置。通过运行预算不断增加的配置，隐然生成学习曲线。算法 6.1(基于 Jamieson 等(2016)的研究成果)中提供了它的细节。尽管许多多臂老虎机方法的工作方式是在探索与利用之间做出取舍，而 SH 完全是一个探索法。

算法 6.1　连续减半

输入: Θ 算法 a 的参数空间。

　　　n_{init} -替代方案的初始数量

　　　b_{init} -初始预算

输出: θ_{best} -最佳性能算法配置

开始

　　$\Theta' \leftarrow$ 样本,一致 $(\Theta, n_{\text{init}})$

　　$b_c \leftarrow b_{\text{init}}$

　　$n_c \leftarrow n_{\text{init}}$

　　当 $n_c \geqslant 2$ do

　　　　运行所有配置 Θ' 带预算

　　　　$b_c \leftarrow b_c \times 2$

　　　　$n_c \leftarrow n_c \div 2$

　　　　$\Theta' \leftarrow$ 选择，最佳 (Θ', n_c)

　　终止

终止

对于预算的性质，人们提出了各种备选方案(Li 等，2017)：除了已经提到的运行时间，我们还可以考虑明显会影响运行时间的步数；也可以考虑一些超参数的不同设置，如 NN 中的迭代次数或随机森林中的树木数量，它们也与运行时间相关。

2. 超频道及连续减半(SH)的扩展部分

SH 的一个缺点是其结果取决于初始预算的选择。另外，如果最优配置只有在对某个预算进行仔细检查后才表现出良好的性能，则它过早被淘汰的情况就可能发生，如给出一定数量的训练样例。

超频道(Li 等，2017)是一种旨在通过多次运行 SH，且每次运行都有较高初始预算、较少初始备案的方法来解决这些问题。连续减半的最终运行实际上是对随机搜索的模拟，也就是在随机搜索中，在单一预算，即最大预算上运行少量的配置(臂)。超频道兼有数种理论保障：人们永远不会比随机搜索多花费一个多对数因子的时间来获得相同的结果。

SH 和超频道都是非常简单却很高效的方法。不过，它们未利用在当前或其他数据集上获得的任何元知识。有些研究人员试图做到这一点。Baker 等(2017)在初始性能数据上训练学习曲线模型，以预测新的备选方案性能是否优于当前方法。如果模型给出了负向预测结果，则淘汰备选方案，从而加快执行速度。

van Rijn 等(2018)提议从其他数据集上更频繁地表现出优异性能的超参数值中取样。Falkner 等(2018)推荐了一种类似的方法，但只使用从当前数据集中获取的配置，该方法被称为带超频道的贝叶斯优化(BOHB)。

6.3　贝叶斯优化

"贝叶斯优化"一词最早由 Mockus 等(1978)提出，是一种优先于函数的黑箱优化法。先验模型体现有关函数行为的某种可信度(Brochu 等，2010)。下面介绍的方法沿用这一基本策略。

6.3.1　基于序变模型的优化

基于模型的搜索在搜索特定算法超参数最佳配置过程中使用函数元模型。与网格法和随机法不同的是，它们将以往评估的结果考虑在内。这种方法叫作"基于序变模型的优化"(SMBO)法。基于 Hutter 等(2011)研究成果的算法 6.2 是对这一方法的概述。

算法 6.2　基于序变模型的优化

输入：a-待优化参数算法
　　　Θ-超参数空间
　　　d-目标数据集
输出：θ_{best}-最佳性能算法配置
开始

$H_{\theta,L} \leftarrow$ 初始随机测试(a,Θ,d)
初始模型　M_L
$(\theta_{best}, L_{best}) \leftarrow \text{SelectBest}(H_{\theta,L})$
当非聚合的以及时间预算未耗尽 do

　　$\theta_{new} \leftarrow \text{GenConfig}(M_L)$
　　$L_{new} \leftarrow \mathcal{L}(a,\theta,d_{train},d_{val})$
　　if $L_{new} < L_{best}$ then
　　　$(\theta_{best}, L_{best}) \leftarrow (\theta_{new}, L_{new})$
　　end
　　$H_{\theta,L} \leftarrow (\theta_{new}, L_{new}) \cup H_{\theta,L}$ (更新历史)
　　$M_L \leftarrow$ 更新$(M_L, H_{\theta,L})$
终止

终止

目的是找出能够使损失最小化的最优配置 θ_{best}, 如式(6.2)中定义的。为基于我们对函数行为的可信度建立先验模型, SMBO 利用 M_L 这一模型体现损失对超参数设置的依赖性。笼统地讲, 该代理模型表示的是概率函数 $p(y|\theta)$(Bergstra 等, 2011), 其中 y 表示配置 θ 的预期性能。因此, 代理模型既需要优良的预测能力, 也需要可靠的不确定性预估能力。有时将此类模型称为"代理模型"。M_L 模型被用于确定有希望的候选配置 θ_{new}, 后者用于实施测试以确定损失。使用 θ_{new} 值与相应的损失模型更新 M_L。这两个步骤是以迭代方式进行的。

1. 采集函数

为了生成下一个超参数配置, 该方法启用了一种采集函数, 即 a_{M_L}。以往提出过几种不同的采集函数(Wistuba, 2018), 包括以下几种。

(1) 概率提升(PI)(Mockus 等, 1978)。

(2) 期望改善(EI)(Kushner, 1964; 琼斯等, 1998)。

(3) 熵搜索(Mackay, 1992)。

(4) 下/上置信界(UCB)(Cox 等, 1997; Srinivas 等, 2010)。

这里, 我们着重阐述在各种系统, 如 SMAC(Hutter 等, 2011)、Auto-WEKA(Thornton 等, 2013)和 Auto-sklearn(Feurer 等, 2015a)中使用的预期改进。目的是找出最有可能具备最低损失的超参数配置 θ。优异的候选组合同时具备高预测值(低损失)和高不确定性。这可以通过以下公式来体现:

$$I_{L_{\min}}(\theta) = \max\{L_{\min} - L(\theta), 0\} \tag{6.4}$$

由于 $L(\theta)$ 的值未知, 因此 Thornton 等(2013)建议计算预期值:

$$E_{L_{\min}}\left[I_{L_{\min}}(\theta)\right] = \int_{-\infty}^{L_{\min}} \max\{L_{\min} - L(\theta), 0\} \cdot P M_L(L|\theta) \mathrm{d}\theta \tag{6.5}$$

采集函数的形式取决于损失函数的潜在模式。最常见的根本模式包括高斯过程(GPs)和随机森林。下面会给出有关这两种类型的更多细节介绍。

2. 高斯过程用作损失代理模型

各研究人员常把高斯过程(Rasmussen 等, 2006)用作损失函数的代理模型(如 Mockus 等, 1978; Bergstra 等, 2011; Hutter 等, 2011; Snock 等, 2012; Wistuba, 2018)。

鉴于观察历史 H, 式(6.5)中的模型 M_L 模式化为后验高斯过程 GP。假设分布 $p(L|\theta)$ 为多变量高斯分布:

$$N\left(L|m(\theta), k(\theta, \theta)\right) \tag{6.6}$$

其中, $m(\theta)$ 表示其平均值函数, $K = k(\theta, \theta)$ 是用于捕捉协方差的核矩阵。为简化问题，通常将平均值 $m(\theta)$ 设置为 0。

高斯过程假设表明 L 和 L^* 为联合高斯。换句话说，高斯过程在抽样过程中是封闭的(Bergstra 等，2011)。预测性后验分布 $p(L^*|\theta, L, \theta^*)$ 可以从联合分布中得出。

贝叶斯优化要求经常对高斯过程进行更新。如果每次都从头开始对它进行更新，计算成本将会很高，并且还会受到核矩阵求逆的影响。这一操作的复杂度与训练实例的数量成三次方关系，即 $|H|$。Wistuba(2018)的研究表明，可以将更新复杂度降低至二次方水平。

3. 随机森林用作损失代理模型

由于在离散和高维数据处理方面表现优异(Thornton 等，2013)，有些研究人员更青睐"随机森林"(RF)模型(Breiman，2001)。这类模型给出相当准确的预测结果，而且训练起来也很快。它们已在各种系统之中使用，如 SMAC(Thornton 等，2013)及一些原有系统(Hutter 等，2011)。

这些系统采用随机森林，根据 $p(L|\theta)$ 的频率论估值计算预测平均值 μ_θ 和方差 σ_θ。因此，可以将 $p_{ML}(L|\theta)$ 高斯模型化 $\mathcal{N}(\mu_\theta, \sigma_\theta)$。作者表示，可以采用解析表达式来计算期望值：

$$E_{L_{\min}}\left[I_{L_{\min}}(\theta)\right] = \sigma\theta * \left[u * \Phi(u) + \phi(u)\right] \tag{6.7}$$

其中，$u = \dfrac{(L_{\min} - \mu_\theta)}{\sigma\theta}$，$\phi$ 表示概率密度函数，Φ 表示正态分布的累积密度函数。

4. 对以往方法的说明

以往的 SMBO 方法(Bartz-Beielstein；Hutter 等，2009)应用随机抽样来搜寻新配置。不过，这种方法效率不高，尤其在高维配置空间中。这促使 Hutter 等(2011)采用了另一种方法，该方法被称为多起点局部搜索算法。将某些局部最大配置聚集起来，应用于局部搜索，其中有一个参数的值是变化的。

6.3.2　树形结构 Parzen 估计量(TPE)

不使用概率回归模型作为代理模型，我们也可以用核密度估计法来生成树形结构 Parzen 估计量(Bergstra 等，2011)。树形结构 Parzen 估计量在超参数空间中界定两组概率分布：

$$p(\theta|y) = \begin{cases} \ell(\theta), & y < y* \\ g(\theta), & y \geqslant y* \end{cases} \tag{6.8}$$

其中，$\ell(\theta)$ 定义了损失低于阈值 $y*$ 的所有点上的密度函数("较优"配置的分布)，

$g(\theta)$定义了损失高于给定阈值("较差"配置)的所有点上的密度函数。假设想要最小化一个特定测量值,我们会凭直觉从分布$\ell(\theta)$中取样。不过,我们有更好的选择。

作者建议对能够使$\ell(\theta)$和 $g(\theta)$比值最大化的配置进行评估。实际上,我们希望从极有可能产生低损失和不太可能产生高损失的配置中取样。满足这一点的配置无法通过分析来确定。因此,通常通过对大量配置进行取样,并为每个配置创建$\ell(\theta/g(\theta)$值来完成。此外,Bergstra 等(2011)指出,按照这一标准进行取样与使用采集函数预期改进方法类似。

Thornton 等(2013)认为,配置空间的树形结构要求使得树形结构 Parzen 估计值成为解决 Weka 扩展算法集上"算法选择与超参数优化组合"问题的适当的候选方法。此外,它易于并行执行,而大多数贝叶斯优化技术本质上都是顺序进行。

6.4 超参数优化的元学习

本节介绍元学习技术,对前面所讨论的能够充分利用以往任务中知识的优化技术进行扩展。这样就能够更快地找到优良配置,因此通常会显著加快任意时间的性能。

6.4.1 热启动:在初始化过程中利用元知识

很多优化技术是从随机选择的点开始搜索的。这一点可以通过用元知识推荐最合适的点集进行初始化搜索来加以改进。

1. 重新利用最佳配置

贝叶斯方法存在冷启动问题。也就是说,当可用的测试结果相对较少时,代理模型可能无法提供有用的建议。因此,有些研究人员提出重新利用在其他数据集上获得的元知识。该技术代表一种从历史数据集迁移到当前数据集的过程。

Reif 等(2012)结合基于遗传算法的搜索法完成了这项工作。这些方法通常很快就能产生良好的成果,但这些方法的性能可能比不上简单网格搜索。作者证实,通过重新利用在类似数据集上认定的最佳配置,可以大大加快这一过程。数据集的相似度是借助元特征确立的(第 4 章)。Gomes 等采用了类似的方法(2012)。

Feurer 等(2014、2015b)就贝叶斯优化提出了类似的方法。重新利用了过去问题中认定的最佳配置,对目标数据集进行初始化搜索。例如,与随机初始化相比,该方法再次发挥显著的改进作用。尤其表现在 Feurer 等(2015b)提出的估计两个数据集之间距离的两个距离函数。其中一个距离函数建立在这些数据集元特征之间"p 范数"的基础上。另一个距离函数则基于已经在数据集上实现运行的不同配置的"性能值相关度"。假设在与当前数据集相似的数据集上表现良好的配置(即两个数据集之间的距离较小)也将在当前数据集上表现良好[①]。作者表示，采用此类配置初始化贝叶斯优化可获得更强性能。

当然，这些初始化过程仅限于过去已被检验过的配置，现有元数据体现了这一点。

2. 搜索全局最优配置

Hutter 等提出的算法(2011)确定了几种配置，目的是同时为几个数据集变体(称作实例)确定最佳配置。该算法包含一个"增强"步骤，选出看起来是该特定数据集变体集中最好的一个子集。

一个类似的方法(Wistuba 等，2015；Wistuba，2018)中使用一种初始化方法对在不同数据集上找到的信息进行归纳。通过这种方式，系统能够找出可用于初始化的全新配置。

该方法利用"元损失"概念，有效地表现不同数据集间的元损失。目的是找出使每个数据集的全局最小值与最佳配置之间的差异最小化的配置 θ。

由于这种损失是不可微的，因此作者建议采用一个可微的 softmin 函数 σ 逼近最小函数。于是，可微元损耗可表示为

$$\mathcal{L}(\Theta_I, D) = \frac{1}{|\mathcal{D}|} \sum_{D \in \mathcal{D}} \sum_{i=1}^{I} \sigma_{D,i} \hat{L}_D(\theta_i) \tag{6.9}$$

其中，$\sigma_{D,i}$ 表示 softmin 函数；$\hat{L}_D(\theta_i)$ 表示数据集 D 上配置 θ_i 的损失估计值。

然后，作者推导出梯度的解析形式，并将它应用于梯度下降算法之中。该过程从每个数据集 $\theta_1, \cdots, \theta_I$ 的最佳配置集开始，实现进程的初始化。在每次循环中，通过一次选取一个配置来迭代改进该解决方案。有一种增强方法中还利用数据集的相似度，体现相似数据集中配置的影响。

Wistuba(2018)的实验结果表明，与第 6.4.1 小节中基于 Reif 等(2012)和 Feurer 等(2014)的研究成果提出的方法相比，该初始化法产生的归一化损失更低。

3. 排序配置

注意，6.2.2 小节中探讨的网格搜索并未真正指明备选方案的测试顺序。不过，大家都知道，有些配置可能比其他配置要更好。来自其他数据集的元知识的搜索方法也利用了这一点。需要做的就是事先定义配置空间，即所有可能的利益配置。这就产生一组可用的有限备案。然后，需要将测试结果迁移至这个空间，获得元

① 第 4 章给出有关在数据集之间建立相似度的各种方法的更多细节。

知识 MetaD。第 2 章中讨论的排序方法可用于为搜索中可用的预定义备选方案构建排序。

Soares 等(2004)开启了这一领域的早期研究工作。作者的目的是在目标数据集上推荐一个支持向量机 SVM 参数值，即高斯核宽(σ)。作者表示，该方法可用于选择误差相对较小的有效配置。尽管这一方法可以利用在先验数据集上获得的元知识，但它却未利用在当前数据集上获得的元知识。这一缺陷在 AT*系统中得到纠正(Abdulrahman 等，2018)，第 5 章(第 5.8 节)对此进行探讨。在目标数据集上实施的每种新测试的结果都会影后续测试的选择。

第 7 章(第 7.4 节)介绍采用这种方法开展的一些实验。其中一个实验由 Cachada(2017)实施，指定的组合中包含具有不同超参数配置的各种工作流。该方法能够识别出有竞争力的工作流，并且，该方法的性能不输 Auto-WEKA。

6.4.2　元知识在贝叶斯优化中的应用

近期工作尝试再次使用在搜索最佳算法配置的过去实验中获得的元知识。这个过程可看成一种从过去数据集到目标数据集的迁移过程。本节旨在介绍已经采用的一些方法。

1. 代理协同调优(SCoT/MKL)

Bardenet 等(2013)首次提出，应从对不同数据集的观察中学习代理模型。因此，该方法执行了多核学习。其中使用了排序模型，而不是回归模型。做出这一选择的原因是，指定的算法应用于不同的数据集时，往往会产生不同的损失。关系模型避免了这个问题。采用具有 RBF 核的 SVMRank 来学习每个数据集的超参数配置排序。由于排序模型不提供所需的不确定性估计，因此作者将高斯过程拟合到排序模型的输出端。

2. 伴随多核学习的高斯过程(MKL-GP)

Yogatama 等(2014)还提出了一种自动超参数调整算法，可通用于不同的数据集。他们的方法是基于序变模型的优化(SMBO)的一个实例，通过为所有数据集构建共用响应曲面传输信息，这种方法与 Bardenet 等(2013)的方法类似。他们没有像 Bardenet 等(2013)那样采用排序模型，而是通过对数据进行归一化处理，克服了损失的大小差异过于明显这一问题。此后，他们可能只使用回归模型。作者采用了以下两个核的线性组合。

(1) 在针对属于目标数据集的点采用的自动相关性确定平方幂指数核(KSE-ARD)、针对数据集相似度建模采用的近邻核(kNN)。

(2) 每次 SMBO 迭代中重建响应曲面的时间复杂度在试验次数中是线性的，

使得该方法可以拓展到更多数据集中。

3. 多任务多保真贝叶斯优化

Swersky 等(2013)采用多任务高斯过程(Bonilla 等，2008)作为代理模型。在该模型中，不仅模拟了算法在不同配置下的性能，还模拟了各种配置在其他辅助任务上的性能。希望在于，如果存在辅助任务，且其中的相似配置在性能方面似乎与任务 t 相似，它们可以用来加速学习过程。当辅助任务实验比任务 t 上执行的实验执行更快时，这一配置会特别有用。例如，若辅助任务更简单，也就是说，如果辅助任务中包含更少的观察结果或属性，这种情况就会发生。这样，其作用就类似于第 4 章中讨论的"地标"。作者采用采集函数每秒预期增量来突出快速实验的必要性。

Klein 等(2017)将这一想法向前推进了一步，并基于多保真度的概念提出了一种多任务贝叶斯优化方法。他们认为，在特定数据集的子集上，配置的性能较为相似，并采用 GP 来模拟各种配置及不同数据集规模上的算法性能。

4. 个体代理模型(SGPT)集

正如我们前面所指出的，SMBO 的研究目的也是利用有关不同超参数配置对不同数据集影响的元数据来搜索目标数据集上的最佳配置。但是，高斯过程不会随着元数据的增多而有效地扩展(Wistuba 等，2018)。这是因为，该方法涉及核矩阵的求逆，这算是一个瓶颈问题。

为了克服这一困难，Wistuba 等(2016)、Wistuba(2018)和 Wistuba 等(2018)提出在一组不同的数据集上学习个体代理模型，且目标数据集包含在该集合中。然后，采用集成技术将不同的代理模型组合成联合模型。

最终的代理模型表示为单个代理模型的加权和。在 Wistuba 等(2018)的文章中，作者称这种方法为可扩展 GP 迁移代理框架(SGPT)[①]。他们界定了 SttPT 与相应的 TST 的三种不同变体。变体 SGTP-R 利用成对超参数性能描述符获得了最佳实验结果。

5. 传递采集函数(TAF)

上一节讨论的方案存在一些缺陷。一个主要的原因是，不同组件的权重不会随测试的进行而改变。这是一种反直觉模型，随着测试在目标数据集上的进行，该数据集上的元数据信息量会更大。

这些观察结果促使作者(Wistuba 等，2016；Wistuba，2018；Wistuba 等，2018)

---

① 在 Wistuba(2018)的文章(第 7 章)中，这种类型的解决方案称为"两阶段传递代理模型"(TST)。

提出了利用传递采集函数(TAF)代理框架的另一种变体[①]。

传递采集函数被定义为两个组件的加权平均值。第一个组件表示新目标数据集的预期改进。在早期试验中，它往往极为不可靠。第二个组件反映了先前实验中使用的所有其他数据集的预期改善。元数据提供的第二个组件在早期试验中得到了应用，这有利于超参数配置在不同数据集上表现出优良的性能。

随着时间的推移及更多有关新目标数据集信息的收集，由第一个组件获得的预测结果变得更加可靠，因此，元数据开始扮演一个次要角色。

类似地，与 SGPT 一样，作者定义了三种不同的变体。同样，变体 TAF-R 利用成对描述符获得比另外两个变体更为优异的实验结果。

作者将他们对两个问题提出的系统与其他系统进行了比较。其中一个系统涉及在 59 个带有 21871 个超参数配置的数据集上运行 19 个不同的 Weka 分类器。与其他方法相比，TAF-R 得到了有竞争力的结果。

6. 通过 QRF 聚焦高性能区域

Eggensperger 等(2018)没有使用高斯过程，而是采用回归算法作为代理模型。所用回归算法是基于分位数回归(Koenker，2005；Takeuchi 等，2006)的“分位数回归森林”(QRF)(Meinshausen，2006)算法。

某些数据集被用作训练数据以生成模型，其中涉及训练数据集上获得的各种超参数配置的结果。因此，该方法允许以某种程度上类似 irace 的方式聚焦配置空间的高性能区域(Lopez-Ibañez 等，2011)。

6.4.3　自适应数据集相似度

第 5 章(第 5.8 节)介绍主动测试(AT*)的各种变体，其中相似度是通过将新旧数据集上收集到的信息组合起来动态地确定。对于算法选择与超参数优化组合(CASH)问题，一些增强的变体已经实现了性能的显著提高。可以预见，该方法可与本节讨论的其他各种方法相媲美。

6.5　结　束　语

1. 关于实验设计、探索及开发

本章讨论的主题基于其他多个领域的研究成果，其中包括“实验设计”领域(Robbins，1952)。另一个领域是“强化学习”，其中引入了探索和利用这两个概念。探索阶段等同于实施涉及特定算法与数据集的测试过程，即采集元数据的过程。如

---

① 另一份出版物(Wistuba, 2018)(第 8 章)中探讨了一个类似的系统，即所谓的“自适应迁移超参数学习”(AHT)。

第 2 章、第 5 章和第 6 章所示，所采集的元数据随后被用于构建元模型。因此，利用阶段就好比将特定元模型用于目标数据集以识别最佳算法(或工作流)的过程。

多臂老虎机(MAB)领域的研究在许多方面与本章讨论的问题有关。收集测试结果的过程类似在多臂老虎机问题中收集关于不同"臂"的知识的过程。目的是在探索(即检验不同的臂)和利用(使用目标问题的最佳臂)之间找到良好的折中方案。

2. 总结

本章简要回顾了成功解决超参数优化(HPO)问题及算法选择与超参数优化组合(CASH)问题的各种自动机器学习方法。我们从简单的盲目搜索法(网格搜索和随机搜索)开始，然后采用更智能的方法，如爬山、最佳优先法、连续减半、超频道和贝叶斯优化进行阐述。

一般而言，简单方法不使用跨任务元数据，而是利用在搜索过程中获取的知识。

有资料表明，这些技术可以通过元学习来改进。第 6.4 节介绍一些技术的概况，这些技术使从以往任务中获得的元知识得以整合，而这种整合通常会极大地加快对新任务最佳模型的搜索。

3. 讨论

由于存在各种元方法，一个明显的问题是，我们是否未采用元算法选择问题取代特定数据集算法选择的原始问题。本章讨论了其中的几个问题。

不过，我们注意到，大多数超参数搜索和优化技术准许用户自动探索多种算法与超参数配置。即使这些配置是次优的，它们也能帮助数据科学家做出更明智的决策，以确定采用哪种配置解决问题。

可以预见，未来新的研究会带来更深刻的见解，使我们能够选择出更少的普遍适用性方法，以及在某些特定情况下使用的其他方法。

第 7 章继续讨论本章的问题。重点是如何构建包含各种算法的解决方案，并且每种算法都要有自身的超参数，即通常所说的工作流或应用流水技术。

参 考 文 献

Abdulrahman, S., Brazdil, P., van Rijn, J. N., and Vanschoren, J. (2018). Speeding up algorithm selection using average ranking and active testing by introducing runtime. *Machine Learning*, 107(1):79-108.

Baker, B., Gupta, O., Raskar, R., and Naik, N. (2017). Accelerating neural architecture search using performance prediction. In *Proc. of ICLR 2017*.

Bardenet, R., Brendel, M., Kégl, B., and Sebag, M. (2013). Collaborative hyperparameter tuning. In *Proceedings of the 30th International Conference on Machine Learning*, ICML'13, pages 199-207. JMLR.org.

Bartz-Beielstein, T., Lasarczyk, C., and Preuss, M. (2005). Sequential parameter optimization. In *Proceedings of CEC-05*, page 773-780. IEEE Press.

Baydin, A. G., Cornish, R., Rubio, D. M., Schmidt, M., and Wood, F. (2018). Online learning rate adaptation with hypergradient descent. In *Sixth International Conference on Learning Representations (ICLR), Vancouver, Canada, April 30 - May 3, 2018*.

Bergstra, J. and Bengio, Y. (2012). Random search for hyper-parameter optimization. *Journal of Machine Learning Research*, 13(Feb):281-305.

Bergstra, J. S., Bardenet, R., Bengio, Y., and K´egl, B. (2011). Algorithms for hyperparameter optimization. In *Advances in Neural Information Processing Systems 24*, NIPS'11, pages 2546-2554.

Bonilla, E. V., Chai, K. M., and Williams, C. (2008). Multi-task Gaussian process prediction. In *Advances in Neural Information Processing Systems 21*, NIPS'08, pages 153- 160.

Breiman, L. (2001). Random forests. *Machine learning*, 45(1):5-32.

Brochu, E., Cora, V. M., and De Freitas, N. (2010). A tutorial on bayesian optimization of expensive cost functions, with application to active user modeling and hierarchical reinforcement learning. arXiv preprint arXiv:1012.2599.

Cachada, M. (2017). Ranking classification algorithms on past performance. Master's thesis, Faculty of Economics, University of Porto.

Cox, D. and John, S. (1997). SDO: A statistical method for global optimization. In *Multidisciplinary Design Optimization: State-of-the-Art*, page 315-329.

de Miranda, P. B., Prudêncio, R. B., de Carvalho, A. C. P., and Soares, C. (2012). Combining a multi-objective optimization approach with meta-learning for SVM parameter selection. *Systems, Man, and Cybernetics (SMC)*, page 2909-2914.

Eggensperger, K., Lindauer, M., Hoos, H., Hutter, F., and Leyton-Brown, K. (2018). Efficient benchmarking of algorithm configuration procedures via model-based surrogates. *Special Issue on Metalearning and Algorithm Selection, Machine Learning*, 107(1).

Falkner, S., Klein, A., and Hutter, F. (2018). BOHB: Robust and efficient hyperparameter optimization at scale. In Dy, J. and Krause, A., editors, *Proceedings of the 35th International Conference on Machine Learning*, volume 80 of *ICML'18*, pages 1437-1446. JMLR.org.

Feurer, M., Klein, A., Eggensperger, K., Springenberg, J., Blum, M., and Hutter, F. (2015a). Efficient and robust automated machine learning. In Cortes, C., Lawrence, N., Lee, D., Sugiyama, M., and Garnett, R., editors, *Advances in Neural Information Processing Systems 28*, NIPS'15, pages 2962-2970. Curran Associates, Inc.

Feurer, M., Springenberg, J., and Hutter, F. (2015b). Initializing Bayesian hyperparameter optimization via meta-learning. In *Proceedings of the Twenty-Ninth AAAI Conference on Artificial Intelligence*, pages 1128-1135.

Feurer, M., Springenberg, J. T., and Hutter, F. (2014). Using meta-learning to initialize Bayesian optimization of hyperparameters. In *ECAI Workshop on Metalearning and Algorithm Selection (MetaSel)*, pages 3-10.

Gomes, T. A., Prudˆencio, R. B., Soares, C., Rossi, A. L., and Carvalho, A. (2012). Meta-learning for evolutionary parameter optimization of classifiers. *Neurocomputing*, 75(1):3-13.

Hansen, N. (2006). The CMA evolution strategy: a comparing review. In *Towards a New Evolutionary Computation*, pages 75-102. Springer.

Hutter, F., Hoos, H., Leyton-Brown, K., and Stutzle, T. (2009). ParamILS: an automatic algorithm configuration framework. *JAIR*, 36:267-306.

Hutter, F., Hoos, H. H., and Leyton-Brown, K. (2011). Sequential model-based optimization for general algorithm configuration. *LION*, 5:507-523.

Jamieson, K. and Talwalkar, A. (2016). Non-stochastic best arm identification and hyperparameter optimization. In *Artificial Intelligence and Statistics*, pages 240-248.

John, G., Kohavi, R., and Pfleger, K. (1994). Irrelevant feature and the subset selection problem. In Cohen, W. and Hirsch, H., editors, *Machine Learning Proceedings 1994: Proceedings of the Eighth International Conference*, pages 121-129. Morgan Kaufmann.

Jones, D., Schonlau, M., and Welch, W. (1998). Efficient global optimization of expensive black box functions. *Journal of Global Optimization*, 13:455-492.

Klein, A., Falkner, S., Bartels, S., Hennig, P., and Hutter, F. (2017). Fast Bayesian optimization of machine learning hyperparameters on large datasets. In *Proc. of AISTATS 2017*.

Koenker, R. (2005). *Quantile regression*. Cambridge University Press.

Kuhn, M. (2008). Building predictive models in R using the caret package. *J. of Statistical Software*, 28(5).

Kuhn, M. (2018). Package caret: Classification and regression training.

Kushner, H. J. (1964). A new method of locating the maximum point of an arbitrary multipeak curve in the presence of noise. *Journal of Basic Engineering*, 86(1):97-106.

Lavesson, N. and Davidsson, P. (2006). Quantifying the impact of learning algorithm parameter tuning. In *AAAI*, volume 6, pages 395-400.

Li, L., Jamieson, K., DeSalvo, G., Rostamizadeh, A., and Talwalkar, A. (2017). Hyperband: Bandit-Based Configuration Evaluation for Hyperparameter Optimization. In *Proc. of ICLR 2017*.

López-Ibáñez, M., Dubois-Lacoste, J., Cáceres, L. P., Birattari, M., and Stützle, T. (2016). The irace package: Iterated racing for automatic algorithm configuration. *Operations Research Perspectives*, 3:43-58.

López-Ibáñez, M., Dubois-Lacoste, J., Stüzle, T., and Birattari, M. (2011). The irace pack- ¨ age, iterated race for automatic algorithm configuration. Technical report, IRIDIA, Universit´e libre de Bruxelles.

Loshchilov, I. and Hutter, F. (2016). CMA-ES for hyperparameter optimization of deep neural networks. In *Proc. of ICLR 2016 Workshop*.

Lourenc¸o, H., Martin, O., and Stützle, T. (2003). Iterated local search. In Glover, F. and Kochenberger, G., editors, *Handbook of Metaheuristics*, pages 321-353. Kluwer Academic Publishers.

MacKay, D. (1992). Information-based objective functions for active data selection. *Neural Computation*, 4(4):590-604.

Maclaurin, D., Duvenaud, D., and Adams, R. P. (2015). Gradient-based hyperparameter optimization through reversible learning. In *Proceedings of the 32nd International Conference on Machine Learning*, volume 37 of *ICML'15*, pages 2113-2122.

Meinshausen, N. (2006). Quantile regression forests. *Journal of Machine Learning Research*, 7:983-999.

Mockus, J., Tieˇsis, V., and Zilinskas, A. (1978). The application of Bayesian methods for seeking the extremum. *Towards Global Optimization*, 2:117-129.

Moore, A. W. and Lee, M. S. (1994). Efficient algorithms for minimizing cross-validation error. In Cohen, W. and Hirsch, H., editors, *Machine Learning Proceedings 1994: Proceedings of the Eighth International Conference*, pages 190-198. Morgan Kaufmann.

Rasmussen, C. and Williams, C. (2006). *Gaussian Processes for Machine Learning*. The MIT Press.

Reif, M., Shafait, F., and Dengel, A. (2012). Meta-learning for evolutionary parameter optimization of classifiers. *Machine learning*, 87(3):357-380.

Robbins, H. (1952). Some aspects of the sequential design of experiments. *Bulletin of the American Mathematical Society*, 55:527-535.

Russell, S. J. and Norvig, P. (2016). *Artificial Intelligence: A Modern Approach*. Prentice Hall, 3rd edition.

Snoek, J., Larochelle, H., and Adams, R. P. (2012). Practical Bayesian optimization of machine learning algorithms. In *Advances in Neural Information Processing Systems 25*, NIPS'12, page 2951-2959.

Soares, C., Brazdil, P., and Kuba, P. (2004). A meta-learning method to select the kernel width in support vector regression. *Machine Learning*, 54:195-209.

Srinivas, N., Krause, A., Seeger, M., and Kakade, S. M. (2010). Gaussian process optimization in the bandit setting: No regret and experimental design. In *Proceedings of the 27th International Conference on Machine Learning*, ICML'10, page 1015-1022.Omnipress.

Swersky, K., Snoek, J., and Adams, R. P. (2013). Multi-task Bayesian optimization. In Burges, C. J. C., Bottou, L., Welling, M., Ghahramani, Z., and Weinberger, K. Q., editors, *Advances in Neural Information Processing Systems 26*, NIPS'13, pages 2004- 2012. Curran Associates, Inc.

Takeuchi, I., Le, Q., Sears, T., and Smola, A. (2006). Nonparametric quantile estimation. *Journal of Machine Learning Research*, 7:1231-1264.

Thornton, C., Hutter, F., Hoos, H. H., and Leyton-Brown, K. (2013). Auto-WEKA: Combined selection and hyperparameter optimization of classification algorithms. In *Proceedings of the 19th ACM SIGKDD International Conference on Knowledge Discovery and Data Mining*, pages 847-855. ACM.

van Rijn, J. N. and Hutter, F. (2018). Hyperparameter importance across datasets. In *KDD '18: The 24th ACM SIGKDD International Conference on Knowledge Discovery & Data Mining*. ACM.

Wistuba, M. (2018). *Automated Machine Learning: Bayesian Optimization, Meta-Learning & Applications*. PhD thesis, University of Hildesheim, Germany.

Wistuba, M., N. Schilling, L., and Schmidt-Thieme (2018). Scalable Gaussian processsbased transfer surrogates for hyperparameter optimization. *Machine Learning*, 107(1):43-78.

Wistuba, M., Schilling, N., and Schmidt-Thieme, L. (2015). Learning hyperparameter optimization initializations. In *2015 IEEE International Conference on Data Science and Advanced Analytics, DSAA 2015*, pages 1-10.

Wistuba, M., Schilling, N., and Schmidt-Thieme, L. (2016). Two-stage transfer surrogate model for automatic hyperparameter optimization. In *Machine Learning and Knowledge Discovery in Databases - European Conference, ECML-PKDD 2016, Proceedings*, pages 199-214.

Yogatama, D. and Mann, G. (2014). Efficient transfer learning method for automatic hyperparameter tuning. In *Proceedings of the International Conference on Artificial Intelligence and Statistics*.

第7章 自动化工作流/应用流水线设计

摘要 本章探讨工作流(或应用流水技术)的设计,其中工作流(或应用流水技术)代表涉及多种算法的解决方案。这是因为,很多任务都需要这种解决方案。这个问题非同一般,因为存在的工作流(及配置)的数量可能相当大。本章探讨可用于限制设计选项从而减小配置空间尺寸的各种方法,其中包括本体和上下文无关的文法。每一种形式体系都有其自身的优缺点。许多平台都依靠使用运算符的规划系统。这些均可以按照符合特定的本体或文法进行设计。由于搜索空间可能相当大,因此充分利用先前经验相当重要。这一话题将在探讨过去已证明是有用的计划排序的章节中解决。可以检索过去已证明是成功的工作流/应用流水技术,并将这些技术作为未来任务计划来使用。因此,有可能同时用到计划与元学习。

7.1 简 介

第 5 章和第 6 章探讨选择算法及配置的各种方法,本章对这两章内容进行拓展。在多种实际情境中,目标不仅仅是选择一种算法及配置,而是一系列算法(或运算符)。这一序列的实例可以是从数据中移除野值、归因于所有缺失值及在数据集上构建决策树分类器。这种序列通常以一种或几个数据转换开始,并以机器学习算法(如分类器)结束。有时,还会对后处理运算符做出界定。一个典型的例子就是"数据中探索知识"KDD 任务,这种任务只能通过应用这一序列来解决。(KDD)这一术语 1989 年由第一家 KDD 研究室提出(Piatetsky-Shapiro,1991),该术语强调"知识"。

1. 本章的结构安排

创建整个机器学习/KDD 工作流(应用流水技术)时,配置选项的数量会迎来急剧增长。因此,在进行搜索时,从搜索空间中排除或规避无用的分支是很重要的。第 7.2 节专门讨论这个问题。

本节探讨如何利用本体和文法(如 CFG)来实现这一目标,可以采用按照本体

注:本章的主题已经在第一版中做过探讨,也就是第 4 章(将元学习扩展至数据挖掘和 KDD(第 61-72 页))。本章由 Christophe Giraud-Carrier 编写,我们在此深表谢意。对其中一部分内容进行了重复利用、修改和重构。此外,还添加了几节新内容。

或文法原则精心设计的抽象和具体运算符。第 7.3 节围绕这一论题展开讨论。同样在这一节，我们还要探讨基于分层规划的有效方法，可用于在特定搜索空间中进行有效搜索。

由于搜索空间可能相当大，因此充分利用先前经验相当重要。第 7.4 节解决这一话题，同时讨论过去已被证实有效的计划排序。第 2 章中讨论的许多技术也适用于工作流的排序，其中重点是算法的排序。我们将从 KDD 过程的检验开始，围绕我们在本章中涉及的工作流类型提供更精准的观点。

2. KDD 过程

如果我们对 KDD 过程稍作详细检验(图 7.1)，那么很明显，并非其中所有阶段都会自然地提供自动建议。因严重依赖业务知识，早期阶段(如问题公式化、领域理解)和后期阶段(如解释、评估)通常都需要大量的人力投入。

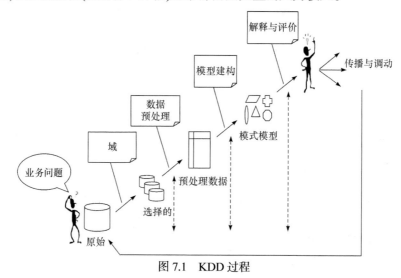

图 7.1　KDD 过程

另一方面，更多的算法阶段(即预处理和建模)是充分利用元知识实现自动化的理想阶段。一些决策系统专门关注其中一个阶段，而另一些则采用整体方法，兼顾 KDD 过程中的所有阶段(即作为一系列步骤或工作流)。

本章介绍不同数据挖掘/系统中遵循的一些基本概念，这些原型/系统利用元知识为用户提供决策支持。

7.2　自动工作流设计中的搜索约束

数据挖掘系统的设计者需要处理以下两个阶段。

(1) 定义备选工作流的空间(配置空间)。

(2) 搜遍备选工作流的空间并为目标数据集选择最合适的一个(多个)工作流。接下来的小节对此逐一详细介绍。

7.2.1　定义备选方案的空间(描述性偏差)

备选工作流空间通常在所有其他阶段之前做出界定。这一阶段重视用户目标,并确定应该收集哪些元数据以提出实用的系统。备选工作流空间的定义与一些 ML 研究人员所称的"描述性偏差"有关。它详细说明假设空间的表现,也会影响搜索空间的大小(Mitchell,1982;Gordon 等,1995 年)。在工作流背景下,备选工作流空间的定义涉及以下两个问题。

(1) 工作流基本成分(运算符)的定义。

(2) 方法的定义,这些组分(运算符)可以结合起来生成工作流。

有些研究人员引入"算法组合"的概念表示各种不同的算法/工作流集合/列表(Gomes 等,2001;Leyton-Brown 等,2003),这些可视为上面提到的基本成分。该方法的缺陷是,我们不能将相似算法分配到密切相关的群组中。这个问题可以通过使用本体来解决,我们接下来就探讨这一问题。

1. 本体的作用

借助本体(Chandrasekaran 等,1999),我们可以对一组工作流组分进行描述,这些工作流组分通常称为运算符。它们已在以下各种机器学习和数据挖掘系统中得到应用。

(1) 数据挖掘本体应用于 IDA(Bernstein 等,2001)。

(2) 基于 OWL-DL 的本体用于 RDF 系统(Patel-Schneider 等,2004)。

(3) DMWF 和数据挖掘工作流本体应用于 eIDA 系统(Kietz 等,2009)。

(4) KDDONTO(Diamantini 等,2012)。

(5) DMOP(Hilario,2009)。

(6) KD 本体(Žáková 等,2011)。

(7) Exposé 本体(Vanschoren 等,2012)。

(8) Auto-Weka 参数空间(Thornton 等,2013)。

有关这些本体的更多细节见 Serban 等的概述性论文(2013)。我们将进一步考察其中两个本体。

(1) 应用于 IDA 中的本体。该本体是 Bernstein 等(2001)提出的 IDA 系统中使用的简化本体,如图 7.2 所示。底层表示具体的运算符,如 rs、fbd 等;上层符号称为"抽象运算符",其中包括预处理建模和后处理操作。

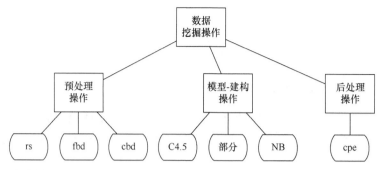

rs=随机抽样(10%)，fbd=固定仓离散化(10仓)，cbd=基于类的离散化，cpe=CPE-阈值后处理程序

图 7.2　示例 IDA 本体

　　由该本体生成的工作流示例如"fbd；nb；cpe"，意思是首先对数据进行离散化处理，然后再应用朴素贝叶斯分类器，最后采用 CPE 阈值预测。

　　(2) 应用于 Auto-WEKA 的本体。图 7.3 显示了 Auto-WEKA 中所使用的一部分本体(Thornton 等，2013)。上半部分涉及分类方法的选择，可以是基分类器(左)或集成方法(右)。内部带有"基础"(基分类器)字样的三角形表示数值参数(指数)，该参数决定应选择 27 个基分类器中的哪一个。一些组件表示需要设置的相关超参数。例如，组件"AdaBoostM1"设置三个超参数，即迭代、百分比和真重采样。图的底部涉及特征选择/评估方法。

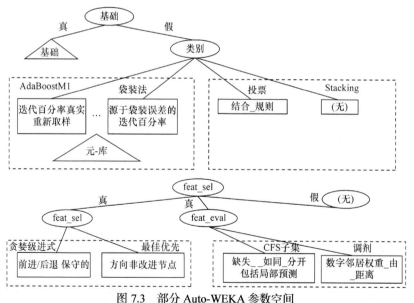

图 7.3　部分 Auto-WEKA 参数空间

2. 哪些本体通常未表达

注意，本体通常不会表明应用操作的顺序。我们可能倾向于假设元素是按从

左到右的顺序搜索的，但此处可能并非如此。此外，本体不会具体说明我们是否应该使用属于某个分支的所有运算符或仅使用其中的一部分[①]。

注意，本体可用于生成工作流。不过，很多组件中包含多个需要设置的超参数。因而，这一过程中需要使用搜索和优化方法(见第 6 章)。

尽管本体有助于我们构建全部的有效工作流如"fbd；nb；cpe"，它也允许获取其他各种可能被认为无效的工作流如"c4.5；nb"。

因此，我们要用其他方法来确定需搜索空间的搜索顺序。除描述性偏差外，我们还需要确定部分研究人员所称的"程序偏差"(米切尔，1997)。下一小节探讨这一问题。

7.2.2　采用程序偏差的不同方式

可以采用不同的机制来控制搜索特定空间，具体可使用以下方法来完成。

(1) 启发式排序器。

(2) 上下文无关文法。

(3) 有前置条件和后置条件的运算符(效果)。

运用启发式排序器的案例

第一个可能结果是在 IDA 中探索到的(Bernstein 等，2001)。它运用启发式排序器，通过启发式函数对有效操作(过程)进行排序，其中的函数整合了用户对速度、准确度和模型可理解性的参数选择。这些特征在所有运算符本体中做了详细说明。该方法存在一个问题，即这些特征是通过个案经验获得的。

7.2.3　上下文无关文法(CFG)

上下文无关文法(CFGs)的形式化不仅能界定备选模型空间，还能对搜索过程加以限制。

上下文无关文法是一个 4 元组$(S，V，\Sigma，R)$。其中 S 为起始符；V 表示一组非终结符；Σ 表示一组非终结符；R 表示一组产生规则，用于说明符号的替代者(Hopcroft 等，1979)。

这两种符号的区别在于，非终结符可以用其他符号代替，而终结符则不能。以产生规则的形式表示有效替代，这些规则的左侧包含非终结符，而右侧可能包含终结符或非终结符与终结符的组合。

1. 示例

我们看看如何通过上下文无关文法来表示图 7.2 中所示的简单本体。设 S 为

[①] 虽然用于描述本体的语言在原则上可被提炼以体现这些方面，但遇到的本体并非如此。

起始符。这里所有的非终结符都用大写字母开头的字符串表示。例如，"Pre.Proc"表示对应于图 7.2 中预处理操作的单个非终结符，那么，集合 V 将包含这个符号，以及其他符号。

所有终结符都用小写字符串表示。例如，"c4.5"和"part"是终结符，表示具体分类器。集合∑将包含这些及其他终结符。

用运算符 ";" 表示一系列符号，符号 "|" 表示替换项(逻辑或)，空操作由 null 表示。下面呈现的是一个可能的文法规则集：

1. S ← DM.Oper

2. DM.Oper ← Pre.Proc ; Model.Build

3. Pre.Proc ← Sampling ; Discret

4. Sampling ← rs | null

5. Discret ← fbd | cbd | null

6. Model.Build ← Cat.Classif | Prob.Classif.波斯特

7. Cat.Classif ← c4.5 | part

8. Prob.Classif.波斯特 ← nb ; cpe

下面对以上的一些规则进行解释。第 1 行规定，工作流应该从第 2 行中定义的"DM.Oper"开始。不过，这是一个非终结符，因此需要用其他符号替换。注意，这个非终端与图 7.2 本体中所示的抽象运算符一致。第 2 行规定，"DM.Oper"可用第 3 行和第 6 行中定义的"Pre.Proc"与"Model.Build"序列替代。

反过来，操作"Pre.Proc"(第 3 行)包含"采样"和"离散"序列，二者将在下面定义。第 4 行定义了"采样"，并引入终结符："rs"(表示随机采样)或"null"(空操作)。这些可能与图 7.2 本体中显示为"叶节点"的具体运算符相关。

上面的文法能够生成表 7.1 中所示的工作流，这些工作流与 IDA 生成的数据挖掘流程样本一致。注意，通常不会显示"null"(空)的出现率。

表 7.1　IDA 生成的数据挖掘流程(工作流)样本

Nº	工作流
1	c4.5
2	part
3	nb；cpe
4	rs；c4.5
5	rs；part
6	rs；nb；cpe
7	fbd；c4.5
8	fbd；part

续表

Nº	工作流
9	fbd；nb；cpe
10	cbd；c4.5
11	cbd；part
12	cbd；nb；cpe
13	rs；fbd；c4.5
14	rs；fbd；part
15	rs；fbd；nb；cpe
16	rs；cbd；c4.5
17	rs；cbd；part
18	rs；cbd；nb；cpe

　　注意，这些规则只允许我们将操作"cpe"与输出概率的概率分类器"nb"结合起来使用。而且，也不可能得到无效的运算符序列，比如"c4.5；nb"[①]。换言之，上下文无关文法可以反映程序偏差的某些方面。

　　另一种采用程序偏差的方法可使用上下文相关文法(CSG)的形式体系来实现(Martin，2010；Linz，2011)。

　　2. 从工作流示例中归纳上下文无关文法

　　一些用户可能会发现，提供有效/无效的工作流清单比提供可执行正式程序或文法要容易些。各种论文给出了文法归纳问题的答案(如 Duda 等，2001)。主旨是找到频繁模式，如表 7.1 工作流示例中所示的序列"nb；cpe"。然后，可以用新符号替换找出的频繁模式，用户可以将新符号重命名为，比如"Prob.Classif.波斯特"。此外，我们还需添加一个新规则来说明如何解释新符号。在我们的情形中，可以得到

Prob.Classif.波斯特 ← nb; cpe。

　　第 15 章探讨用于构建新概念的各种操作。这些转换可以用来引入新的更高层次的概念，对应于上下文无关文法中的新非终结符及后面要探讨的抽象运算符(第 7.3.4 小节)。

　　该方法存在的一个问题是，通常存在多种与特定工作流集合相一致的备选文

---

　　① 为实现这一目标，我们将建模操作分割成绝对分类器和概率分类器两种，前者包括"c4.5, part"，后者只包含"nb"。当然，可重新设计本体以体现这一方面。

法。另一个问题是，引入的新符号可能与用户设定的概念不相关。另外，我们需要一个不仅能推导出一套文法规则，而且能在添加新工作流示例时对其做出修正的系统。

3. 上下文无关文法的局限性

上下文无关文法具有各种局限性。首先，可能出现的情况是，在某些语境下可将特定操作 OP_i 转换成序列 OP_j，或在其他语境下将其转换成序列 OP_k。该问题可通过将每种特定转换发生的条件规格化的方式来解决。这个难题可以限制在利用运算符的形式体系中。接下来的两节探讨这种形式体系。

7.3　工作流设计中采用的策略

用不同的方式构建工作流。可以从头开始就手动完成，也可以通过修改现有工作流来完成，或借助规划自动完成。下面的小节中探讨前两个选项。后面单独一节探讨规划方法的应用。

7.3.1　运算符

20 世纪 70 年代，运算符已用于人工智能的一个分支领域自动规划(智能规划)(Russel 等，2016；Fikes 等，1971)。目标是设计可由某个系统执行的策略或动作序列。在经典规划中，系统可以是智能体或机器人。这里，规划系统的目的是设计工作流。

运算符的选择是在前置和后置条件(有时称作效应)指导下进行的，前提条件是操作得以适用必须满足的条件。后置条件(效应)是操作应用之后的真实条件，即操作如何改变状态。

7.3.2　人工选择运算符

当前，人工构造通常借助包含所有可能的运算符的调色板完成的。然后，用户把从控制板选出的运算符连接在一起构建工作流。系统可以查验前置条件，可以对可能需要的操作提出建议，并且从根本上维护工作流的完整性。例如，该方法曾用于 CITRUS(Engels 等，1997；Wirth 等，1997)。

7.3.3　手动修改现有工作流

若采用该备用方案，用户须给出手头任务的高层次描述。作为一种基于实例的推理系统，该系统在过去的实验中用于搜索和识别最接近匹配。这些可能是以往执行过的真实任务，也可能是专家设计的基本模板。将最接近匹配呈现给用户，用户反过来可以对它加以改造以适应新的目标任务。

比如前面讨论过的 CITRUS，以及 MiningMart 中都用过该方法。后者是一项大型欧洲研究项目，重点研究预处理的算法选择，而非建模(Euler 等，2003；Euler 等，2004；Morik 等，2004；Euler，2005)。

预处理通常由重要的操作或数据转换值组成，被普遍认为是 KDD 过程中最耗时的部分，在总工作量中的占比达 80%。因此，这一领域的自动导引确实对用户大有裨益。

MiningMart 的目标是通过基于案例的推理使跨程序重新利用成功的预处理阶段成为可能。用一个名为"M4"的元数据模型通过人性化计算机界面采集有关数据和运算符链的信息。M4 预处理阶段的完整描述构成一个案例，可将该案例添加到 MiningMart 的案例库之中(MiningMartCB，2003；Morik 等，2004)，为案例设计者提供一份有效的运算符及总体类别清单，如特征构造、聚类或抽样，是M4 概念案例模型的一部分。其中的理念就是提供一组固定的强大预处理运算符，以便一方面提供一种舒适的案例设置方式，另一方面确保案例的复用性。

给定一个新的挖掘任务，用户可以搜索 MiningMart 案例库，找出看起来最适合手头任务的案例。M4 支持一种业务级别，能够在此级别上建立案例与业务目标之间的联系。有关它的更加非正式的介绍是用于帮助决策者找到专门为特定领域及问题设计的案例。

有人提议尝试通过预处理来辅助用户，重点关注数据转换与特征构建(Phillips 等，2001)。该系统在属性集及域层面上运行，同时使用本体进行跨任务迁移，在基于先验任务结果的新任务之中推荐新属性。

7.3.4　规划在工作流设计中的应用

规划问题的经典定义为：针对世界可能的初始状态、期望目标及一组可能的操作的描述(用运算符表示)，规划系统的目标是合成一个计划，该计划能够生成一种包含期望目标的形态。

注意，该定义并非完全适用于我们的问题，需要适当调整。例如，当为分类任务搜索合适的工作流时，目标是获得尽可能最高的准确度，但我们并不知道事先应设定的目标值。

经典规划最常用的语言是 STRIPS(Fikes 等，1971)和 PDDL(McDermott 等，1998)。这些表征受到维数灾难的困扰，因而一些研究人员需借助稍后将要探讨的分层规划。不过，在此之前，我们需弄清抽象和具体运算符的概念。

1. 抽象运算符与基本运算符

分层规划能够将复杂的任务分解成不太复杂的任务。复杂任务由抽象运算符完成，原始任务由基本运算符完成，在我们的例子中采用了基本算法。这些概念在早期的机器人规划系统中已经出现。抽象运算符被称为"中级行为"(ILA)，具体运算符被称为"低级行为"(LLA)(Russell 等，2016)。

典型的步骤包括将高层级任务映射到高层级(抽象)运算符上，表示较低层级的运算符组。在前置和后置条件(有时称作效应)引导下对运算符做出选择。

前提条件是使操作适用必须满足的条件(如离散化操作期望实现连续输入、朴素贝叶斯分类器仅对标称输入有效①)。后置条件(效应)是操作应用之后的真实条件，即操作如何改变数据的状态(例如，在离散化操作之后，所有输入都是标称的，由决策树学习算法生成决策树)。一个显而易见的办法是手动定义运算符。然而，这是一项相当费力的任务，尤其当所需的运算符集较大，并且还存在许多交互项时。由于运算符需与特定本体相一致，因此某些方法利用运算符的本体描述来获取规划中使用的描述。

由于设计一组运算符可能需要耗费大量的时间，因此拥有一种能生成全部有效工作流而不会产生无效工作流的运算符集成为可能的支持系统是有用的。

2. 规划的运行原理

很多系统采用规划器设计工作流。其中包括 CITRUS(Engels 等，1997 年；Wirth 等，1997)、IDA(Bernstein，2001)、eIDA 系统(Kietz 等，2012)、Auto-WEKA(Thornton 等，2013；Kotthoff 等，2016)和 Auto-sklearn(Feurer 等，2015)等。典型的流程分为以下步骤。

计划生成器将数据集、用户定义的目标(如构建分类器)及用户提供的数据信息(不可能自动获得的信息)作为输入。以空进程开始，它系统地搜索一种满足其前提条件且具体指标与由用户定义的首选项相一致的操作。一旦找到该操作，就将它添加到当前进程中，同时其后置条件成为系统的新条件，搜索从该条件重新开始。一旦达到目标状态，或者明显没有令人满意的目标状态时，搜索就会结束。

在 IDA 中，规划器进行穷举搜索，返还全部有效工作流。此时，这种办法是可行的，因为所研究的问题不包括大型搜索空间。不过，即使是相对简单的问题也可能涉及含有数百或数千个节点的较大搜索空间，因而该方法实际并不可行。因此，我们需要使用有助于解决这些问题的策略。这些将在下一小节中探讨。

3. 利用分层规划

分层规划可追溯至 20 世纪 70 年代(Sacerdoti，1974)，可看成规划的一个子领域(Ghallab 等，2004)。由于它利用分层任务网络(HTN)(Kietz 等，2009、2012)，

---

① 一些实施方案中并入离散化步骤，本质上允许朴素贝叶斯分类器作用于任何类型的输入。

因此有时称之为 HTN 规划(Georgievski 等，2015)。在一些系统中，通过查询本体将推理引擎直接整合入规划器中(Kietz 等，2009；Žáková 等，2011)。Serban 等探讨了各种其他方法(2013)。

ML-Plan 系统(Mohr 等，2018；Wever 等，2018)是一套基于分层规划的 AutoML系统。作者证实，与 Auto-WEKA、Auto-sklearn 和 TPOT 等一些最先进的系统相比，它具有很强的竞争力。Gil 等探讨了另一套规划系统(2018)。

4. 树型结构应用流水技术优化工具(TPOT)

这是一项使用进化搜索来解决"算法选择与超参数优化组合"问题的技术(Olson 等，2016)。其工作原理是将几个小型机器学习工作流演化成较大的工作流。它首先对大量小型应用流水技术进行抽样，通常由一个数据预处理运算符和一个分类器组成。"交叉函数"是通过合并来自两种应用流水技术的已加工元素来界定的。图 7.4(基于 Olson 等(2016)的研究成果)通过组合特征运算符说明了这一点。仅有其中一个分类器得以继续使用。这一过程重复几代，应用流水技术会变得更大、更复杂。还有各种"变异运算符"，可通过添加更多运算符或删除一些运算符来改造应用流水技术。

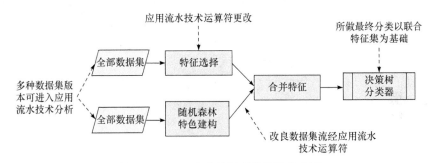

图 7.4　TPOT 生成的树形结构管道示例

Olson 等(2016)专注于找到一种具有良好预处理操作的适合的应用流水技术。实验中使用的分类器集仅限于决策树与随机森林。

5. 通用自动机器学习助手(GAMA)

类似于 TPOT，通用自动机器学习助手(GAMA)也利用了多目标遗传编程技术(Gijsbers 等，2019)。不过，尽管 TPOT 采用同步策略在选择最佳应用流水技术之前对每一代中所有候选管道进行评估，但 GAMA 不会因集群中慢速应用流水技术(掉队者)而减速，因此采用通常更快的异步方法。它也更加模块化，允许用户切换到其他优化技术，例如，异步连续减半算法(ASHA)在较大的数据集上通常会运行得更快，并允许后期处理，比如，类似于 Auto-sklearn，使用搜索期间评估的应用流水技术构建一个整体。它还能够记录并实现搜索过程的可视化，以帮助研究人员了解其运行内容。

6. 减小搜索空间的方法

在不影响最终结果的前提下，减小规划器搜索空间的主要策略是删除搜索空间的某些部分。这可以通过各种方式实现。例如，以往的策略包括对规则进行优先排序，并给规则添加约束(条件)以限制其适用性(Brazdil，1984；Clark 等，1989)。可以在运算符的设计中重新使用这些技术。

Kietz 等(2012)指出，大多数预处理方法都是递归的，一次处理一个属性。考虑属性处理的不同顺序是没有意义的。如果数据集只包含两个属性，我们可以通过以下公式来体现：

$$O_p(\mathrm{At}_1); O_p(\mathrm{At}_2) \| O_p(\mathrm{At}_2); O_p(\mathrm{At}_1) \tag{7.1}$$

其中，$O_p(\mathrm{At}_j)$表示特定预处理运算符针对属性 At_j 的应用。公式 $O_p(\mathrm{At}_1)$；$O_p(\mathrm{At}_2)$ 限制搜索空间，可以采用，但不完全表示所有顺序都会产生相同的效果。式(7.1)更好，因为它反映出操作是可交换的。应由解释器选取所需的顺序。

假如我们采用有前提条件和效应的运算符来修订，就必须确保其与式(7.1)相等。在更一般的情况下，即包含一组属性的情况，如式(7.1)所示单纯地列举所有选项，这是不切实际的，因为，对于 N 个项，就有 $N!$ 个顺序。为应对这一情况，我们需要更高层级的设计，以便能够从集合中选取一个可能的排序。

Kietz 等(2012)讨论的系统在该研究方向上取得了一些进展。将运算符"CleanMissingValues"应用于所有属性，但该形式体系并未反映这一实际，其中一种排序是从集合中选取的。

此外，Kietz 等(2012)的 HTN 规划方法可以防止无意义的运算符组合。例如，先将数据归一化，然后离散化，这是无意义的，因为与仅采用离散化相比，其结果并无区别。将标量数据转换为标称数据，然后再转换回来也是无益的。从搜索空间里消除这种可能性将加快规划的进程。

7. 确定搜索的优先级

由于规划器原则上可以生成大量正确的候选工作流，因而须应用其他技术来控制搜索，具体有以下几种。

(1) 每次调用工作流时，均要求规划器返回不同的工作流子集(有限数量)。

(2) 利用元学习来识别潜在的最佳工作流排序并将其排序。本书第 2 章、第 5 章提供了有关该流程的更多细节。

(3) 利用基于序变模型的优化(SMBO)方法来推荐待测试的潜在最佳工作流。

第 6 章更详尽地探讨这一问题。

　　读者可以参考相应的章节内容获取有关这些技术的更多信息。

8. 元知识在规划中的应用

Nguyen 等(2014)开发出元挖掘模型,用于在工作流规划期间对规划器做出指引。使用相似性学习法学习元挖掘模型。这些模型通过广义关系模式挖掘工作流提取工作流描述符。这种机制促使我们将搜索重点放在元学习器推荐的组件上。

9. 修订工作流的方法(应用流水技术)

AlphaD3M(Drori 等,2018)是一套 AutoML 系统,它在由自我对决(self-play)生成的序列模型上使用元强化学习。当前状态用当前的应用流水技术表示,可能的操作包括添加、删除或替换的应用流水技术组件。"蒙特卡洛树搜索法"(MCTS)(Silver 等,2017;Anthony 等,2017)生成应用流水技术,并对应用流水技术进行评估以训练能够预测应用流水技术性能的递归神经网络(LSTM),进而为下一轮的"蒙特卡洛树搜索"提供操作可能性。状态描述还包括当前任务的元特征,促使神经网络跨任务学习。将 AlphaD3M 与 OpenML 数据集上的 Auto-sklearn、Autostacker 及 TPOT 等最先进的 AutoML 系统进行了比较,指出该系统不仅速度快一个数量级,且性能极具竞争力。

　　此外,朴素 AutoML 是应用流水技术搜索的基准,其中,对每个组件的搜索都是基于独立性假设进行的(Mohr 等,2021)。每个组件都独立于其他组件进行优化,从而压缩了搜索空间。

7.4　利用成功计划(工作流)的排序

　　本章对第 2 章中探讨的算法排序进行拓展。本节我们探讨的工作流而不仅仅是单个算法的排序。其基本理念中包含储存过去确定的所有潜在有效工作流以备将来使用。通常,工作流是根据其以往有效性的特定估值进行排序的,如不同数据集间的平均秩。本节中我们假定排序有助于识别新数据集上潜在的最佳工作流。

　　Serban 等(2013)称这些方法为"案例推理"(CBR)法。储存已分级案例的理念并不新鲜。早在 20 世纪 90 年代,Statlog 和 Metal 项目及随后的"数据挖掘顾问"(DMA)(Brazdil 等,1994;Giraud-Carrier,2005)和 AST(Lindner 等,1999)的设计中都对这一理念做了探索。这些系统储存的是算法,而不是工作流。其他系统,如 CITRUS(Engels 等,1997;Wirth 等,1997)或 MiningMart(Euler 等,2003;Euler 等,2004;Morik 等,2004;Euler,2005)储存的是工作流。

把在未来任务中具有潜在益处的更复杂构图储存起来这一理念以往已经以不同形式出现过。早期规划系统 STRIPS 引入了以广义宏观运算符形式储存规划结果可能性的概念(Russell 等，2016；Fikes 等，1971)。

制表，也称为造表或备忘录制作，早在 20 世纪 60 年代末就提出来了(Michie，1968)。这一方法包括为子目标储存中间结果，以便日后同一个子目标再次出现时可以重新使用这些结果。在逻辑编程领域，制表是自动缓存或记忆先前计算结果的一种形式。储存这些结算能避免不必要的重复计算。

1. 该方法的有效性

研究表明，工作流的排序案例库能够获得比 Auto-WEKA 更好的结果。Cachada 等(2017)在比较中采用了 AR*元学习方法。当特定的时间预算很小时，排序案例库的优势尤为明显。接下来是有关这项研究的更多细节。

在其中一项实验中，工作流组合包括 184 个元素，对应于 62 个具有默认配置的算法、30 个具有不同超参数配置(3 个 MLP 版本、7 个 SVM 版本、7 个 RFs 版本、8 个 J48 版本和 5 个 k-NN 版本)，以及相同数量(62+30)通过纳入特征选择而创建的变体(CFS 法)(Hall，1999)。在评估中，以留一法模式使用了 OpenML 基准测试套件(Vanschoren 等，2014)中的 100 个数据集。运行 Auto-WEKA，且只有第一个推荐用于每个数据集。将搜索时间与推荐模型的运行时间相加，算出 Auto-WEKA 总运行时间。该运行时间用于检索 AR*系统的实际性能。表 7.2 表示四种不同时间预算(以分钟为单位)的结果。

表 7.2　AR*与工作流及 Auto-WEKA 之间的比较

预算	赢	输	平局
5	35	1	1
15	31	5	1
30	29	7	1
60	7	11	1

2. 成功工作流组合

可将“工作流组合”的概念视为对算法组合概念的概括，这出现一个问题：应保留哪些工作流以备将来使用？感兴趣的读者可以通读本章内容，找到问题的答案。第 8 章解决了如何创建配置空间和组合的问题。

参 考 文 献

Anthony, T., Tian, Z., and Barber, D. (2017). Thinking fast and slow with deep learning and tree search.

In *Conference on Neural Information Processing Systems*.

Bernstein, A. and Provost, F. (2001). An intelligent assistant for the knowledge discovery process. In Hsu, W., Kargupta, H., Liu, H., and Street, N., editors, *Proceedings of the IJCAI-01 Workshop on Wrappers for Performance Enhancement in KDD*.

Brazdil, P. (1984). Use of derivation trees in discrimination. In O'Shea, T., editor, *ECAI 1984 - Proceedings of 6th European Conference on Artificial Intelligence*, pages 239-244. North-Holland.

Brazdil, P. and Henery, R. J. (1994). Analysis of results. In Michie, D., Spiegelhalter, D. J., and Taylor, C. C., editors, *Machine Learning, Neural and Statistical Classification*, chapter 10, pages 175-212. Ellis Horwood.

Cachada, M., Abdulrahman, S., and Brazdil, P. (2017). Combining feature and algorithm hyperparameter selection using some metalearning methods. In *Proc. of Workshop AutoML 2017, CEUR Proceedings Vol-1998*, pages 75-87.

Chandrasekaran, B. and Jopheson, J. (1999). What are ontologies, and why do we need them? *IEEE Intelligent Systems*, 14(1):20-26.

Clark, P. and Niblett, T. (1989). The CN2 induction algorithm. *Machine Learning*, 3(4):261-283.

Diamantini, C., Potena, D., and Storti, E. (2012). KDDONTO: An ontology for discovery and composition of KDD algorithms. In *Proceedings of the ECML-PKDD'09 Workshop on Service-oriented Knowledge Discovery*, pages 13-24.

Drori, I., Krishnamurthy, Y., Rampin, R., de Paula Lourenco, R., Ono, J. P., Cho, K., Silva, C., and Freire, J. (2018). AlphaD3M: Machine learning pipeline synthesis. In *Workshop AutoML 2018 @ ICML/IJCAI-ECAI*. Available at site https://sites.google.com/site/automl2018icml/accepted-papers.

Duda, R. O., Hart, P. E., and Stork, D. G. (2001). *Pattern Classification (2 ed.)*. John Wiley & Sons, New York.

Engels, R., Lindner, G., and Studer, R. (1997). A guided tour through the data mining jungle. In *Proceedings of the Third International Conference on Knowledge Discovery and Data Mining*, pages 163-166. AAAI.

Euler, T. (2005). Publishing operational models of data mining case studies. In *Proceedings of the ICDM Workshop on Data Mining Case Studies*, pages 99-106.

Euler, T., Morik, K., and Scholz, M. (2003). MiningMart: Sharing successful KDD processes. In *LLWA 2003 - Tagungsband der GI-Workshop-Woche Lehren-Lernen-Wissen-Adaptivitat*, pages 121-122.

Euler, T. and Scholz, M. (2004). Using ontologies in a KDD workbench. In *Proceedings of the ECML/PKDD Workshop on Knowledge Discovery and Ontologies*, pages 103-108.

Feurer, M., Klein, A., Eggensperger, K., Springenberg, J., Blum, M., and Hutter, F. (2015). Efficient and robust automated machine learning. In Cortes, C., Lawrence, N., Lee, D., Sugiyama, M., and Garnett, R., editors, *Advances in Neural Information Processing Systems 28*, NIPS'15, pages 2962-2970. Curran Associates, Inc.

Fikes, R. E. and Nilsson, N. J. (1971). STRIPS: A new approach to the application of theorem proving to problem solving. *Artificial Intelligence*, 2(3-4):189-208.

Georgievski, I. and Aiello, M. (2015). HTN planning: Overview, comparison, and beyond. *Artificial Intelligence*, 222:124-156.

Ghallab, M., Nau, D. S., and Traverso, P. (2004). *Automated planning - theory and practice*. Elsevier.

Gijsbers, P. and Vanschoren, J. (2019). GAMA: Genetic automated machine learning assistant. *Journal of Open Source Software*, 4(33):1132.

Gil, Y., Yao, K.-T., Ratnakar, V., Garijo, D., Steeg, G. V., Szekely, P., Brekelmans, R., Kejriwal, M., Luo, F., and Huang, I.-H. (2018). P4ML: A phased performance-based pipeline planner for automated machine learning. In Workshop AutoML 2018 @ ICML/IJCAI-ECAI. Available at site https://sites.google.com/site/automl2018icml/accepted-papers.

Giraud-Carrier, C. (2005). The Data Mining Advisor: Meta-learning at the Service of Practitioners. In *Proceedings of the International Conference on Machine Learning and Applications (ICMLA)*, page 113-119.

Gomes, C. P. and Selmany, B. (2001). Algorithm portfolios. *Artificial Intelligence*, 126(1-2):43-62.

Gordon, D. and desJardins, M. (1995). Evaluation and selection of biases in machine learning. *Machine Learning*, 20(1/2):5-22.

Hall, M. (1999). *Correlation-based feature selection for machine learning*. PhD thesis, University of Waikato.

Hilario, M., Kalousis, A., Nguyen, P., and Woznica, A. (2009). A data mining ontology for algorithm selection and meta-mining. In *Proceedings of the ECML-PKDD'09 Workshop on Service-Oriented Knowledge Discovery*, page 76-87.

Hopcroft, J. E. and Ullman, J. D. (1979). *Introduction to Automata Theory, Languages, and Computation*. Addison-Wesley.

Kietz, J., Serban, F., Bernstein, A., and Fisher, S. (2009). Towards cooperative planning of data mining workflows. In *Proceedings of ECML-PKDD'09 Workshop on Service Oriented Knowledge Discovery*, pages 1-12.

Kietz, J.-U., Serban, F., Bernstein, A., and Fischer, S. (2012). Designing KDD-Workflows via HTN-Planning for Intelligent Discovery Assistance. In Vanschoren, J., Brazdil, P., and Kietz, J.-U., editors, *PlanLearn-2012, 5th Planning to Learn Workshop WS28 at ECAI-2012, Montpellier, France*.

Kotthoff, L., Thornton, C., Hoos, H. H., Hutter, F., and Leyton-Brown, K. (2016). AutoWEKA 2.0: Automatic model selection and hyperparameter optimization in WEKA. *Journal of Machine Learning Research*, 17:1-5.

Leyton-Brown, K., Nudelman, E., Andrew, G., McFadden, J., and Shoham, Y. (2003). A portfolio approach to algorithm selection. In *International Joint Conferences on Artificial Intelligence (IJCAI)*, pages 1542-1543.

Lindner, G. and Studer, R. (1999). AST: Support for algorithm selection with a CBR approach. In Giraud-Carrier, C. and Pfahringer, B., editors, *Recent Advances in MetaLearning and Future Work*, pages 38-47. J. Stefan Institute.

Linz, P. (2011). *An Introduction to Formal Languages and Automata*. Jones & Bartlett Publishers.

Martin, J. C. (2010). *Introduction to Languages and the Theory of Computation (4th ed.)*. McGraw-Hill.

McDermott, D., Ghallab, M., Howe, A., Knoblock, C., Ram, A., Veloso, M., Weld, D., and Wilkins, D. (1998). PDDL—the planning domain definition language. Technical report, New Haven, CT: Yale

Center for Computational Vision and Control.

Michie, D. (1968). Memo functions and machine learning. *Nature*, 2018:19-22.

MiningMartCB (2003). MiningMart Internet case base. http://mmart.cs.unidortmund.de/end-user/caseBase.html.

Mitchell, T. (1982). Generalization as Search. *Artificial Intelligence*, 18(2):203-226.

Mitchell, T. M. (1997). *Machine Learning*. McGraw-Hill.

Mohr, F. and Wever, M. (2021). Naive automated machine learning-a late baseline for automl. *arXiv preprint arXiv:2103.10496*.

Mohr, F., Wever, M., and Hullermeier, E. (2018). ML-plan: Automated machine learning ¨ via hierarchical planning. *Machine Learning*, 107(8-10):1495-1515.

Morik, K. and Scholz, M. (2004). The MiningMart approach to knowledge discovery in databases. In Zhong, N. and Liu, J., editors, *Intelligent Technologies for Information Analysis*, chapter 3, pages 47-65. Springer. Available from http://www-ai.cs.uni-dortmund.de/MMWEB.

Nguyen, P., Hilario, M., and Kalousis, A. (2014). Using meta-mining to support data mining workflow planning and optimization. *Journal of Artificial Intelligence Research*, 51:605-644.

Olson, R. S., Bartley, N., Urbanowicz, R. J., and Moore, J. H. (2016). Evaluation of a tree-based pipeline optimization tool for automating data science. In *Proceedings of the Genetic and Evolutionary Computation Conference 2016*, pages 485-492.

Patel-Schneider, P., Hayes, P., and Horrocks, I. e. a. (2004). OWL web ontology language semantics and abstract syntax. W3C recommendation 10.

Phillips, J. and Buchanan, B. G. (2001). Ontology-guided knowledge discovery in databases. In *Proceedings of the First International Conference on Knowledge Capture*, pages 123-130.

Piatetsky-Shapiro, G. (1991). Knowledge discovery in real databases. *AI Magazine*.

Russell, S. J. and Norvig, P. (2016). *Artificial Intelligence: A Modern Approach*. Prentice Hall, 3rd edition.

Sacerdoti, E. (1974). Planning in a hierarchy of abstraction spaces. *Artificial Intelligence*, 5(2):115-135.

Serban, F., Vanschoren, J., Kietz, J., and Bernstein, A. (2013). A survey of intelligent assistants for data analysis. *ACM Comput. Surv.*, 45(3): 1-35.

Silver, D., Hubert, T., Schrittwieser, J., Antonoglou, I., Lai, M., Guez, A., Lanctot, M., Sifre, L., Kumaran, D., and et al., T. G. (2017). Mastering chess and shogi by self-play with a general reinforcement learning algorithm. In *Conference on Neural Information Processing Systems*.

Thornton, C., Hutter, F., Hoos, H. H., and Leyton-Brown, K. (2013). Auto-WEKA: Combined selection and hyperparameter optimization of classification algorithms. In *Proceedings of the 19th ACM SIGKDD International Conference on Knowledge Discovery and Data Mining*, pages 847-855. ACM.

Vanschoren, J., Blockeel, H., Pfahringer, B., and Holmes, G. (2012). Experiment databases: a new way to share, organize and learn from experiments. *Machine Learning*, 87(2): 127-158.

Vanschoren, J., van Rijn, J. N., Bischl, B., and Torgo, L. (2014). OpenML: networked science in machine learning. *ACM SIGKDD Explorations Newsletter*, 15(2): 49-60.

Wever, M., Mohr, F., and Hullermeier, E. (2018). ML-plan for unlimited-length machine ¨ learning pipelines. In *AutoML Workshop at ICML-2018*.

Wirth, R., Shearer, C., Grimmer, U., Reinartz, T. P., Schlosser, J., Breitner, C., Engels, R., and Lindner, G. (1997). Towards process-oriented tool support for knowledge discovery in databases. In *Proceedings of the First European Conference on Principles and Practice of Knowledge Discovery in Databases*, pages 243-253.

Žáková, M., Křemen, P., Železný, F., and Lavrač, N. (2011). Automating knowledge discovery workflow composition through ontology-based planning. *IEEE Transactions on Automation Science and Engineering*, 8: 253-264.

第二部分
先进技术和方法

第 8 章　设置构形空间与实验

　　摘要　本章探讨关于启动解决方案搜索前需设置的配置空间问题。首先介绍一些基本概念，如离散和连续子空间。然后探讨某些有助于我们判断既定配置空间对于当前任务是否足够的特定标准。本章处理的一个重要话题是"超参数重要度"，这一话题有助于我们确定对性能影响较大而应予以优化的超参数。本章同时探讨一些用于缩减配置空间的方法。其重要性在于，这些有助于更快地为新任务找到潜在最佳工作流。当前，系统面临的一个问题是，既定配置空间中的备选项数量可能非常庞大，以致几乎不可能收集到完整的元数据。本章探讨的另一个问题是，即便元数据不完整，系统是否仍然圆满地运行。本章最后一部分探讨一些可用于收集源自多臂老虎机领域元数据的策略，如 SoftMax、置信区间上界(UCB)和定价策略等。

8.1　简　　介

　　配置空间包括所有潜在的工作流(应用流水技术)，它们通过将特定基础算法集与算法超参数的所有允许配置结合起来的方法进行构建。

　　搜索空间对超参数优化算法的结果有很大影响(Yu 等，2020；Yang 等，2020)。该配置空间设计得太小可能存在弊端，因为搜索程序可能不会针对某些数据集生成良好的工作流。另一方面，这个配置空间设计得太大也会有问题，因为搜索过程可能需要较长的时间才能够汇集到一个好结果。本章旨在解决如何建立适当的配置空间这一问题。

　　本章的结构安排如下。

　　第 8.2 节阐明一些在探讨配置空间时有用的基本概念。首先探讨离散子空间与连续子空间之间的区别。然后探讨连续子空间的采样问题。最后，解决如何描述配置空间这一问题。

　　第 8.3 节探讨某些能让我们确定既定配置空间对于当前任务来说是否足够标准。

　　第 8.4 节探讨"超参数重要度"概念。这一概念有助于我们确定对性能有较大影响且应予以优化的超参数。对性能影响相对较小的超参数可以忽略，否则，给它们的资源分配会更少。

第 8.5 节探讨用于缩减配置空间的方法。这有助于更快地为新任务找到潜在最佳工作流,因为系统不需要考虑没有影响的替代方案。进行简单的配置还有其他优点。很多用户可能想知道既定推荐系统紧随可解释人工智能趋势提出特解的原因(Došilović 等,2018)。很明显,如果系统更简单则给出的解释也更简单。

特定推荐系统的成功还取决于元数据生成过程中使用的数据集。第 8.7 节探讨需要哪些数据集的问题。当前系统面临的一个问题是,既定配置空间中的备选项数量可能非常庞大,以致几乎无法收集到完整的元数据。

本章探讨的另一个问题是,即便元数据不完整,系统是否仍能圆满地运行。

最后一节(第 8.9 节)探讨可用于收集源自多臂老虎机领域的元数据的策略,如 SoftMax、置信区间上界(UCB)和定价策略等。

8.2　配置空间的类型

本节使用"配置空间"一词指代与具体元学习任务相关联的搜索空间。在这种情况下,我们可以区分以下元学习任务。

(1) 算法选择。

(2) 超参数优化以及超参数优化与算法选择相结合(CASH)的问题。

(3) 工作流设计。

这些任务中的每一项都涉及某个特定配置空间。接下来将介绍每一项任务的详细信息。

8.2.1　与算法选择相关联的配置空间

与基础算法选择相关联的配置空间由一组通常称为"算法组合"的基础算法组成。组合中的项数量决定空间大小。在实际应用中,可能性的数量有限。就其本身而言,这是一个离散搜索空间。通常,只有有限数量的数值可以从一种情况转移至另一种情况。

第 2 章和第 5 章介绍搜索空间的不同方法。第 8.5 节介绍一种从现有组合中删除某些算法来缩减空间的方法。

8.2.2　与超参数优化及超参数优化与算法选择结合相关联的配置空间

基础算法通常涉及超参数。每种算法都有对应的超参数。

1. 超参数的类型

一些超参数是无条件的,因而具有离散性。这一类型超参数的实例有:支持向量机核的类型、随机森林的采样方法或 k-NN 分类器中的距离函数。

其他超参数是连续的。连续超参数的实例有：支持向量机的核宽、神经网络的学习速率或随机森林中的树数。

有些算法既包括分类/离散又包括连续超参数。在许多系统中，分类与连续超参数混合在一起，比如在 Auto-sklearn 的配置空间中(Feurer 等，2015、2019)。

2. 连续空间与离散空间

超参数的类型决定相关任务中涉及的配置空间类型。

离散空间由固定数量的配置组成，而连续空间则可能由无限数量的配置组成。可以将连续空间离散化。这样做的优势是，以往实验中的配置数量有限，因此收集其中的元知相对容易些。选择执行离散化(或不执行离散化)通常由配置空间的设计者决定。因此，通常我们可以说超参数优化涉及离散和连续空间。

3. 条件超参数与空间

有时，一组超参数依赖另一个超参数的比值，这些超参数被称为“条件超参数”。例如，对核形成控制的支持向量机中许多超参数只有在选择了某种核的情况下才有意义。另一个例子更复杂，需要考虑 Auto-Sklearn 搜索空间(Feurer 等，2015、2019)，其中的超参数集是所有涉及算法的并集加上额外的超参数，它们决定应选择哪些算法及预处理运算符。所有超参数均以后者的值为条件。

4. 连续子空间采样

我们来解决几个处理数值超参数时遇到的问题。

(1) 采样类型(均匀、对数标度或其他)。

(2) 细节层次。

连续空间通常根据选取的概率分布进行采样。一些超参数可以均匀采样，而另一些超参数则以对数标度采样，对数标度看上去更适合其他超参数。举例而言，我们考虑为梯度推进分类器选择树的数量这一任务。注意，树的数量从 10 增至 20，可能会对性能产生显著影响，而从 1000 增至 1010，则几乎不会产生显著影响。因此，这就证明对该参数采用对数标度采样是合理的，这也构成了设置的一部分。Snoek 等(2014)提出了一种为每个超参数确定最佳采样率的方法，将用户从这项任务中解放出来。

关于细节层次，数值超参数通常由最小值与最大值间的间隔来指定。假设我们在这个范围内选择均匀采样，那么问题是，我们应该接纳这个范围内所有可能的值，还是只接纳其中的一部分。一方面，我们希望有足够高的分辨率，以便能够观察到所有的性能影响。另一方面，采用太高的分辨率会使搜寻最佳设置的过程变得复杂化。

由于采样是根据既定的概率分布进行的，因此采样法可以一直运行直到耗尽给定的时间预算。本章(第 8.9 节)讨论的基于多臂老虎机的方法提供了其他替代方案。

8.2.3　与工作流设计相关联的配置空间

工作流(应用流水技术)通常被定义为串联在一起的步骤集合(如预处理步骤、基础算法)的集合。重要的是保持这一配置空间大小可控。一般而言，某些形式结构，包括本体、文法或带有运算符的规划系统，可以用于此目的(第 7 章)。这些形式结构中的每一个都定义了一个配置空间。我们注意到，Auto-Sklearn(Feurer等，2015、2019)采用了特定的本体，并规定了工作流(管道)中操作符的顺序和适用性。

目的是设计一个空间，使其包含全部所需备选方案(这里为备选工作流)。它不应"太大"，否则会使潜在最佳解决方案(工作流)的搜索将变得更加困难。下一节探讨关于既定配置空间是否适合特定任务集的问题。

8.3　特定任务配置空间的充分性

令 T_C 表示可以由有权进入配置空间 C 的系统适当解决的任务。同样地，令 T_R 表示期望在不久的将来遇到的各种任务。我们假设：为适当解决上述任务，我们需要配置空间 R。

注意，R 是一个假设的概念，用于阐明目的。因为不知道将来会遇到什么样的任务，所以我们永远无法知道 R 的确切内容。但是，我们可能知道 R 的一些实例，也就是到目前为止我们遇到的任务。了解一些实例有助于我们猜测任务的基本分布。该方法还可以用于处理平稳性假设下的未来任务，即未来分布不会改变。可能会出现以下情况。

(1) $R \equiv C$。

(2) $R \subset C$。

(3) $C \subset R$。

(4) ExCond$\wedge\ C \cap R \neq \varnothing$ 。

其中，ExCond 确保不含上述三种情况。该条件可被定义为 ExCond$=(R \neq C)\ \wedge$ $(R \not\subset C) \wedge (C \not\subset R)$。

下面我们来逐一分析每种情况。

(1) 案例 $R \equiv C$。这种情况下，我们已经为 T_R 做好了充分的准备。什么都不需要做。

(2) 案例 $R \subset C$。这种情况下，乍一看似乎一切顺利，因为原则上我们可以执行所有规定的任务。然而，由于并非 C 语言中所有元素都需要，因此在寻找正确的算法时可能会浪费时间。例如，若规定的任务仅仅是区分两个类，且配置空间包含适用任意数量类的方法，我们就可以预先选择合适的子集。

然而，我们的配置空间也可能含有性能低于标准的算法(非竞争性算法)，或者性能良好却多余的算法。因此，这里的目标是确定一个缩减的配置空间 C'，它仍然可以执行所有规定任务，即 $(R \equiv C') \wedge (C \subset C')$。因为缩短了搜索潜在最佳解决方案所需的时间，所以缩减配置空间通常是有益的。不过，这一过程会带来一定的风险。如果缩减得太多，就可能会错过最佳方法(如分类器)。第 8.5 节详细讨论了缩减方法。

(3) 案例 $C \subset R$。这种情况下，问题更严重，因为我们无法借助当前配置空间中的算法来执行全部规定任务。例如，若配置空间只包括针对分类任务的方法，而规定的任务涉及分类和回归，我们就有必要通过纳入适当的方法来扩展当前的算法组合。

(4) 案例 $\text{ExCond} \wedge C \cap R \neq \varnothing$。我们称这个交集为 C'。这意味着，只有 R 中的一些问题可以通过 C' 来解决(比如在 $C \subset R$ 的情况下)。此外，C' 还包括一些对 R 而言并非真正需要的算法(比如在 $R \subset C$ 的情况下)。

配置空间结构的一般原则

可以定义一组在离散配置空间结构中应遵循的一般原则。连续配置情况稍有不同，是由范围而非配置集定义的。

我们考虑一个包含备选方案集 $C = c_1, \cdots, c_m$ 的配置空间。其中，每个元素 c_i 表示具备某些特定超参数设置的工作流。包含元素 c_i 的一般原则如下。

(1) 最小相关度。对于大多数数据集而言，应该存在一个 c_i，其所获性能优于标准基线。基线是一种简单的方法，它为最低限度可接受的结果确立了参照物。例如，监督式学习问题中就包含了对最常见类别的预测。

(2) 积极边际贡献/个体相关度。每一项 c_i 都应为不具备 C_i $(C - c_i)$ 的集合 C 提供边际贡献。这实际上意味着 c_i 应该是至少一项任务的最佳选择。

(3) 无法提高边际贡献。对于某种预选集合 C，通过添加额外的元素 c_j 无法进一步实现对结果的显著改进。

(4) 无法提高个体相关度。对于每一个 c_i，不应该存在一个 c_j，因此对于所有探究的任务而言，c_i 的性能永远不会明显优于 c_j。

注意，这些原则定向于可用数据集与任务。换句话说，由于我们不知道会遇到什么样的任务，因此这通常是为先前看到的任务中的元数据确立的。如果我们希望为未来数据集做充分的准备，稍微放宽最后两个原则也是可以的。一些竞争算法可能在未来任务中有用，即使它们未包含在任何过去数据集的最优等价组之中。

其中一些问题将在随后的小节中再次进行探讨，届时我们将讨论构建算法组合(工作流)的具体方法。

8.4　超参数重要度与边际贡献

本节探讨特定配置空间中某些元素的边际贡献。第 8.4.1 小节探讨算法(工作流)的边际贡献，第 8.4.2 小节则定位特定数据集的超参数重要性，第 8.4.3 小节归纳跨数据集超参数重要性的概念。

8.4.1　算法的边际贡献(工作流)

有些研究人员对算法互补性的评价问题进行了研究。例如，Xu 等(2012)针对性能边际贡献的概念做出界定，即向现有算法组合添加新算法，其性能会提升多少。该方法的缺点是，必须依赖固定的算法组合。算法贡献的更广泛视角扩充了边际贡献分析，涉及所谓的"沙普利值"(Fréchette 等，2016)。该数值确定了算法对于算法组合任一子集的边际贡献。

沙普利值来源于合作博弈理论领域。该设置包含一个博弈者联盟，他们相互合作并从合作中获取一定数量的总增益。由于其中一些博弈者联盟的贡献可能比其他博弈者更大，或者可能拥有不同的议价能力(如威胁要摧毁全部超净资产)，所以就会出现一个问题，即每个博弈者对全面合作有多重要及有什么回报。针对这一问题，沙普利值给出一个可能的答案。

本节中介绍的技术适用于连续配置空间。

8.4.2　确定特定数据集上的超参数重要性

近年来，如何自动优化算法的超参数问题引起了广泛关注。读者可以参考第 6 章中探讨的一些更重要的方法。这些技术中，大多数均要求给出每个算法的相关超参数，并随附可予以探讨的潜在系统设置。这个问题可以通过指定数值区间或简单枚举所有可能的设置来解决。

对于特定数据集和算法，我们能用各种现有技术识别出最重要的超参数。其中包括以下几种。

(1) 使用"前进法"(Hutter 等，2013)。

(2) "功能方差分析"(Sobol，1993；Hutter 等，2014)。

(3) "消融分析"(Biedenkapp 等，2017；Fawcett 等，2016)的方法。

下面进一步介绍这三种技术，它们有助于我们确定超参数对特定数据集的重要性。所有这些都离不开与特定数据集上的配置及与相应性能值有关的元数据。

注意，这些技术可以在连续配置空间运行。

1. 前进法

前进法(Hutter 等，2013)对代理模型进行训练，从而将超参数值映射到性能值上。该方法假设，纳入重要的超参数作为代理模型的输入端对性能有明显的积极影响。这种设置类似于 Breiman(2001)关于特征重要性的实验。

该方法从空集开始，大幅添加对代理模型预测性能影响最大的超参数。该过程以迭代的方式进行，直至无法做出进一步改进为止。以超参数对于代理模型的重要性为序生成超参数排序。

2. 消融分析

消融分析(Fawcett 等，2016)用于计算"消融轨迹"。该方法首先对数据集执行默认配置，并确定其性能。然后，通过优化程序确定最佳超参数设置，如第 6 章(第 6.8 节)中探讨的基于序列模型的优化(SMBO)方法。其目标是，当数值从默认设置更改为最佳设置时，确定对性能影响最大的超参数。该方法从最优配置开始，探讨把一个超参数值切换到默认值时，可从最优配置中获得的所有配置；继续以这种方式探索，直到所有超参数都被切换并获得默认配置，最终实现超参数按照重要性从高到低的排序，这就是所谓的"消融轨迹"。注意，该方法需要在确定最佳超参数后，沿消融轨迹训练多种模型，这样做使该过程非常耗时。Biedenkapp 等(2017)解释了如何使用代理模型规避这一情况并更快地执行消融分析。

3. 功能方差分析

Hutter 等(2014)应用功能方差分析(Sobol，1993)确立了超参数的重要性。功能方差分析确定每个超参数(及每个超参数组合)性能方差的贡献程度，该方法对超参数边际的概念有影响。在机器学习语境中，边际反映了超参数值与相应算法性能之间的关系。具体来说，对于该超参数的每个值，在取得其他超参数及其设置的所有可能组合的平均值后，边际体现出算法的性能表现。由于存在海量的组合，因此这样做似乎是行不通的。不过，Hutter 等(2014)解释了如何使用在数据集配置性能数据上训练过的树形结构代理模型来有效计算它的值。在边际之间具备较大方差的超参数视为重要参数。反之亦然，具有低方差的超参数视为非重要参数。注意，功能方差分析在全局范围内确定了超参数的重要性，得出了不依赖其他超参数具体数值的结论。

8.4.3　跨数据集确立超参数重要性

上述三种技术均为事后技术。也就是说，面对新的数据集时，对该特定数据集开展实验之前，它们不会显示哪些超参数是重要的。本小节介绍为确立跨数据集的超参数重要性所做的努力。

为进一步了解哪些超参数通常较为重要，van Rijn 等(2018)及 Probst 等(2019)采用了以下程序。

(1) 确定一组合适的数据集。

(2) 在这些数据集上采集大量配置及其性能。

(3) 在这些数据集上应用超参数重要性框架。

(4) 以人类可以理解的模式汇总结果。

为确定一组合适的数据集，需要考虑多种因素。一方面，探讨一组广义的数据集会很有趣。例如，OpenML-CC18(Bischl 等，2021)的选择似乎较为合适。不过，在一些具体研究中，只考虑数据集的子集是行得通的。例如，Probst 等(2019)对二元分类特别感兴趣，因而采用了带有二元目标的"OpenML-100"的子集。类似地，Sharma 等(2019)对图像分类感兴趣，所以他们定义了一组含 10 个图像的数据集。

由于大多数用于确立超参数重要性的方法都依赖代理模型的应用，因此我们需要在特定数据集上收集大量数据。数据由成对的项组成，即配置与对应的性能度量。随着替代模型在更大数量的配置与性能对上训练而变得越加准确，我们就需要足够数量的这种配对。对于确立超参数重要性的方法，上述技术均可使用(前进法、消融分析和功能方差分析)。不过，所有这些方法都基于一定的假设，因此，根据所做的选择，结果可能会有所不同。尽管如此，对结果的快速查验表明，前面讨论的基于可调性和功能方差分析的方法似乎在最重要的超参数上达成了一致(van Rijn 等，2018；Probst 等，2019)。第 17 章着眼更为详尽的探讨。

对于结果的聚合，我们可以单纯地将每个超参数及每个数据集的结果聚集在一个箱形图内。功能方差分析返回一个清晰且可解释的分数，表示对整体方差的贡献。对于消融分析和前向选择，结果依照重要度以超参数排序的形式呈现。然后，可以使用基于排序的聚合，生成如 Demšar(2006)所推荐的"临界距离"平面图。

8.5　缩减配置空间

8.5.1　缩减算法/配置的组合

Brazdil 等(2001)和 Abdulrahman 等(2019)从特定组合中识别和消除某些算法(配置、工作流)，并评估算法的效果。该方法包含两个步骤。第一步目标是找出竞争算法，这一步实际上未采用非竞争算法；第二步旨在为每个数据集寻找几名专家，这一步消除了许多潜在冗余算法。

有关这两步的更多细节将在下面小节中探讨。这两种方法都被界定为离散配置空间定义。

1. 识别竞争算法

这里采用的假设是,非竞争算法在新目标数据集上几乎不可能获得竞争优势。这是用算法 8.1 来完成的,其中调用了算法 8.2。

算法 8.1　识别所有数据集的竞争算法

输入:数据集 D_s
　　　　算法 A_{in} 的组合
输出:竞争算法组合 A_c
1:　　将 A_c 初始化到空列表
2:　　对于所有 $d_i \in D_s$
3:　　$A_{c_i} \leftarrow$ 识别竞争算法(A_{in}, d_i)
4:　　$A_c \leftarrow A_c + A_{c_i}$
5:　　结束

算法 8.1 需要输入数据集 D_s 和一组算法 A_{in},并输出算法 A_c 的子集。支持回路(第 2～5 行)包括对算法 8.2(第 3 行)的调用。针对数据集 d_i,该算法返回表征其最优竞争算法的列表 A_{c_i}。任何性能度量都可用于识别这样的算法。例如,它可能是准确度,或者是像 Abdulrahman 等(2019)所解释的准确度与运行时间的组合度量。列表里包含平均排序中的最上层算法和所有具有同等性能的算法。最后,将列表 A_{c_i} 添加到 A_c 中(使用运算符+),表示一系列列表。

算法 8.2 的运行原理如下。首先,将 A_{c_i} 初始化为空列表。然后,根据 A_{in} 算法在数据集 d_i 上的测试结果,构造排序 R_{d_i}。因为测试结果完全可以从元数据库中检索出来,所以无须进行测试。下一个目标是将 a_{best} 初始化为排序 R_{d_i} 中的最上端算法。

算法 8.2　识别具体数据集竞争算法

输入:算法 A_{in},数据集 d_i
输出:竞争算法 A_{c_i}
1:将 A_{c_i} 初始化为空列表
2:在 d_i 上构造算法 A_{in} 的排序 R_{d_i}
3:识别 R_{d_i} 中的最上端算法 a_{best}
4:通过统计测试识别 a_{eq} 中具有等效性能的算法
5:$A_{c_i} \leftarrow a_{best} + a_{eq}$

该方法旨在识别出具有与 a_{best} 等效性能(如准确度与运行时间的组合度量)的所有算法(a_{eq})。这是通过处理所有算法(配置)$a_j \in A_{in}$ 并进行统计测试来完成(如置信度为 95%的威尔克森符号等级测试(Demšar, 2006))的竞争算法,用以确定 a_j 的性能是否等同于 a_{best}。该测试是基于元数据库中可用交叉验证程序的 fold 信息来完成的,性能与 a_{best} 相当的所有算法都包含在候选集 A_{c_i} 中。处理完所有算法对以后,返回列表 A_{c_i}。

2. 示例

为了解释如何从排序中移除非竞争算法,如算法 8.1 中的详细阐述,我们给出一个实例。为简单起见,示例中只包括六个算法(a_1, a_2, …, a_6)和六个数据集(D_1, D_2, …, D_6)(表 8.1)。表中深灰色格中的算法表示为每个数据集找出的最上端算法(a_{best})。

然后,将每个数据集的最上端算法与排序中的其他算法进行比较。例如,当处理 R_{D_1} 时,算法 a_2 被识别为 a_{best}。通过威尔克森符号等级测试将其与 a_6、a_4、a_3、a_5 和 a_1 进行比较。与最上端算法具有相似性能的任何算法都保留在排序中,同时舍弃其他所有算法。表 8.1 中以灰色表格显示保留的算法。

表 8.1 通过统计测试确定的竞争算法(灰色)

排序	R_{D_1}	R_{D_2}	R_{D_3}	R_{D_4}	R_{D_5}	R_{D_6}
1	a_2	a_5	a_4	a_6	a_4	a_1
2	a_6	a_1	a_2	a_5	a_2	a_2
3	a_4	a_3	a_1	a_1	a_3	a_4
4	a_3	a_6	a_5	a_2	a_5	a_5
5	a_5	a_4	a_3	a_3	a_6	a_3
6	a_1	a_2	a_6	a_4	a_1	a_6

对实验中使用的所有数据集重复这一过程,并识别出每个数据集的竞争算法。示例中,竞争算法集包括:

$$A_c = \{(a_2)(a_5,a_1)(a_4, a_2, a_1)(a_6, a_5, a_1)(a_4, a_2)(a_1)\} \tag{8.1}$$

如果我们消除了重复项,则可以得到

$$A_c = \{a_2, a_5, a_1, a_4, a_5\} \tag{8.2}$$

这样就出现一个问题,即是否所有这些算法都是必要的,或者我们是否可以去掉一些。这一问题将在下一节中探讨。

3. 用覆盖算法选择"非冗余"算法

如果算法组合是通过添加各种算法来构建的，其中就有可能包含性能非常相似的同一算法的各种版本。将它们纳入算法组合中可能并不可取。

两种算法(配置)是否具有相似性能的问题可以在宏观或微观层面上予以确定。宏观层面的比较涉及测量整个数据集(如 ROC 曲线下的准确度或面积)，它们代表不同示例的聚合测量。下一小节探讨一种利用相似度概念的方法。

或者，可以在微观层面上，通过利用相似度概念，考虑单个示例上的性能。这一方法在下面进一步探讨。

两种方法都试图通过至少一种算法来"覆盖"每个数据集。这里使用"算法覆盖数据集"这一术语表示该算法出现在性能最佳算法的子集中。丢弃了所有被识别为"相似"的算法。

另外，这两种方法都优先考虑更好地覆盖许多数据集的算法。这基于如下假设：将一组适用于许多过去数据集的算法聚合起来，很可能其中一个便是针对新数据集的理想选择。

4. 使用具有宏观相似度的覆盖算法

Abdulrahman 等(2019)的方法采用了覆盖法和爬山策略。第一步，选择能够覆盖最多数据集的算法。该方法假设每个数据集只需要使用一种算法进行覆盖即可。而其他具有类似宏观性能的算法则被有效地排除在进一步考虑之外。覆盖的所有数据集均被排除在进一步考虑之外。该过程以迭代方式重复，直至覆盖所有数据集。作者证实，与利用完整(未减少)算法组合的类似学习系统相比，一套具体的元学习系统 AR*(见第 2 章)能够通过更小规模的组合更快地识别出高性能算法。

注意，该方法可能会淘汰在宏观层面上看来相似却在微观层面上截然不同的算法。在微观层面实施相似度检测可以避免这一缺陷。

5. 使用具有微观相似度的覆盖算法

一种有效检验微观相似度的方法是用分类器输出差(COD)(Peterson 等，2005)确定两种分类器在预测结果中存在差异的案例占比。具体定义如下：

$$COD(i,j,d) = \frac{\left| x \in d \text{ s.t.} \hat{f}_i(x) \neq \hat{f}_i(x) \right|}{|d|} \tag{8.3}$$

式中，d 表示当前数据集，x 表示源于 d 的一个实例(示例)。所比较的两种分类器用 i 和 j 表示，它们对特定实例 x 的预测分别用 $\hat{f}_i(x)$ 和 $\hat{f}_j(x)$ 表示。因此，如果该度量值为 0(或非常接近该值)，则表明两种分类器在特定数据集上生成几乎相同的预测结果。Lee 等(2011)使用该方法来确定一组不同的分类器，在组合中相互补充。

8.5.2　面向度量组合的归约法

上述归约方法可用于精确度和时间的组合度量。不过，我们注意到，准确度和运行时间的相对重要性是不变的，这是通过设置参数 Q 的值来实现的(见第 2 章式(2.3))。因为在"帕累托前沿"上只有某一点区域才被认为是重要的，所以，这样做是有局限性的。

帕累托前沿(或边界)的概念来源于多目标优化领域(Miettinen，1999)。如果所有目标函数都不能在不降低其他目标值的情况下得到改善，那么其中一个解就叫作"非支配解"或"帕累托最优"。一组帕累托最优解就构成帕累托前沿。

这样的话，一个问题是，如何扩展上一小节中讨论的方法，以覆盖帕累托前沿(或其附近)的算法。下面的小节中将介绍两种扩展方法。

基于包络曲线的方法试图识别包络曲线上或其附近的点(算法)。每个点(算法)都有两个坐标：运行时间和准确度。有各种方法可以识别包络曲线上的点。Brazdil 等(2018)使用了一种相对简单的方法，获得了相当令人满意的结果。该方法首先按运行时间对所有点(算法)进行排序。然后，逐次检查每个点，如果后继点的准确度高于前面所有的点，则假设该算法为一个竞争算法。只返回竞争算法。图 8.1 是一个数据集的未约化算法集(点)和相应约化算法集(三角形)的示例。可以认为该方法是高度复杂问题的一个简单解。尽管它能够识别帕累托前沿上的点，却未采用该前沿下的不确定带的任一概念。

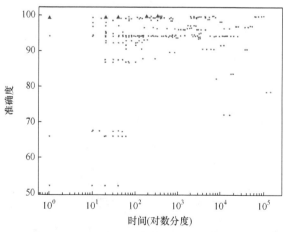

图 8.1　数据集未约化算法集(点)和相应的约化算法集(三角形)示例

8.6 符号学习中的配置空间

1. 变型空间

Mitchell 在概念学习语境中定义了变型空间(Mitchell, 1980、1982、1990、1997)。变型空间中包含与特定正反面例子一致的所有可能假设, 所有这些假设都可以安排在一个格架中[①]。这样一来, 就可以按照从更具体到更一般的链接进行安排(反之亦然)。此外, 如同前面所解释的, 可以定义一般边界 G 和特殊边界 S。利用变型空间的概念学习可以在分析每个新示例的同时缩减变型空间而得以进行下去。

各位研究者对特定概念学习系统所需的条件进行了探讨, 以使该系统生成目标假设。在这种情况下, 人们常使用"偏差"一词(Mitchell, 1990; Russell 等, 1990b, a; Gordon 等, 1995)。依据是否需要做出弱假设或强假设以生成足以对示例进行精确分类的模型, Mitchell(1990)对弱偏差与强偏差做出区分。

2. 控制特定领域的语言偏差

不同的研究者提出了不同控制语言偏差的方法, 其中包括测定(Davies 等, 1987)、关联陈腐套语(Silverstein 等, 1991)、从句图解(Kramer 等, 2001), 以及定义"元事实"与域层次规则之间转换的元谓词(Morik 等, 1993)和表示抽象规则图的拓扑结构(Morik 等, 1993)。其他研究者提出了各种基于文法的方法, 包括 Cohen(1994)的方案。有些基于文法的方法对可以引入的概念做了限定(如 Jorge 等 1996); 其他方法也对变量施加限制, 如 DLAB 形式体系(De Raedt 等, 1997)。第 7 章探讨基于文法的形式体系。

虽然过去已有很多提案, 但据我们所知, 研究人员还没有开展大规模的比较研究以确定哪一种表征是最优的。AutoML 和元学习领域开启了新的可能性, 因此可以想象, 新的比较研究将在未来展开。

3. 扩展特定领域的语言偏差

在概念学习中, 当变型空间萎缩, 且生成的变型空间为空时, 可将其视为必须做出改变的暗示。Mitchell(1990)建议, 应该改变表征语言, 以使析取概念从析取命题中分离出来。正如前面所指出的, 这种分析只适用于无噪声数据。不过, 通过假设数据可能包含一定比例的噪声示例, 这种分析也可将扩展至噪声设置, 例如, 像 Mitchell(1977)和 Hirsh(1994)所提及的。

[①] 格点由一组偏序点构成, 其中每两个元素有一个唯一的上确界(也称为最小上界)和一个唯一的下确界(也称为最大下界)。

这儿我们关心的是如何丰富描述语言的问题。错误太多可能暗示我们应该对案例描述符进行扩展，因此，有可能得出所需的目标概念。对此，Russell 等 (1990b)已给出建议：必须注意，需要对演绎过程进行更高层次的控制，以便在观察结果与最初的概念语言偏差不一致时应对变型空间的崩溃情况。在这种情况下，有必要放松对概念定义形式的限制，或扩充已有的谓词词汇，从而削弱概念语言偏见。

8.7 需要的数据集

在第 8.3 节，我们探讨了可以利用配置空间 C 的特定系统解决的任务 TC 与我们预计未来会遇到的任务 TR 之间的关系。这里的主要问题是，给定的一组算法是否足以执行 T_R。从根本上说，我们希望实现 $T_R \subset T_C$。

注意，元学习法不仅需要一组算法，还需要元知识，且元知识应包含与特定任务相关联的不同数据集上的性能信息。如前面的一些章节(第 2 章、第 5 章)中所阐释的那样，元知识用于为新数据集提供推荐。若新数据集和过去遇到的某个数据集处理相同的任务，例如，含有不平衡类分布的分类，这种方法会很好用。而且，这两个数据集应足够相似。因此，对于将来可能遇到的每种任务类型，我们都需要足够数量的数据集。

该领域的研究人员和从业人员使用了各种策略来解决这一问题，过去探讨过的策略有以下几种。

(1) 依赖现有的数据集储存库。

(2) 生人工数据集。

(3) 生成现有数据集的变体。

(4) 分割大型数据集或数据流。

(5) 搜寻具有判别能力的数据集。

接下来的小节将更详尽地讨论上述所有备选方案。

8.7.1 依赖现有的数据集储存库

当前，存在各种数据集储存库，从中可以检索到不同的数据集。一些大家都知道的储存库包括以下几种。

(1) 加州大学欧文分校(UCI)机器学习库(Asuncion 等，2007)。

(2) OpenML(Vanschoren 等，2014)。

(3) UCI 数据库知识发现档案(Hettich 等，1999)。

(4) 加州大学河滨分校(UCR)时间序列数据挖掘档案。

(5) UCR 时间序列数据挖掘档案 (Keogh 等，2002)。

其中，UCI 库中有数百个数据集。尽管这些在很多情况下已经够用，但对元学习而言仍显不足。我们不能指望使用有限数量的数据集来获取算法推荐等一类复杂问题的通用模型。此外，我们也无法保证这些数据集能成为将来可能遇到的每个任务的代表性样本。

第 16 章将对数据集储存库进行更详尽的探讨。

8.7.2　生成人工数据集

人工数据集的生成可视为扩展元学习所需数据集数量的一种自然方式。Vanschoren 等(2006)认为，通过改变一组用于描述数据中待表征概念的特征来生成新的数据集。这些特征包括概念模型及模型大小。生成的数据集应该具备与自然(即真实世界)数据相似的属性。

Vanschoren 等(2006)建议使用现有的实验设计技术来促进元学习研究所需数据集的生成。不过，他们意识到，建造这样一个生成器极具挑战性。已经提出了部分解决方案，其中通过在特征空间上实现递归分区来揭示特征与概念之间的相关度(Scott 等，1999)。

考虑到很难确保生成的数据集与自然数据集相似，因此该方法更适用于对算法行为的理解，而不是用于算法推荐的目的。

8.7.3　生成现有数据集的变体

获取更多元数据的另一种方法是通过操作现有数据集生成新数据集。这种方法可以通过改变可能影响其分布的具体特征值，或者通过改变数据的结构(如添加不相干或有噪声的特征)来实现(Aha，1992；Hilario 等，2000)。通常是通过添加噪声，对独立特征和从属特征(即目标特征)分别做出更改。而且一般变化集中在特定算法行为的某个方面，如添加冗余特征可用于研究一些算法对冗余的弹性。

Soares(2009)提出了一种通过现有数据集的简易转换获取大量数据集的方法。生成的新数据集称为"数据集对象标识符"。作者对运用元学习预测决策树修剪时间的方法进行了测试。结果显示，当使用数据集对象标识符时，效果有明显改善。

然而，由于必须估计算法在这些数据集上的性能，因此，增加数据集数量会带来问题。在所有的新数据集上运行所有候选算法，相关计算成本较高。Prudêncio 等(2011)提出运用主动学习法，在这种情况下，主动学习代表主动元学习。作者证实，运用这一方法可以显著降低计算成本，不仅不会降低元学习的准确度，而且还带来了潜在增益。

8.7.4　分割大型数据集或数据流

可以通过分割大型数据集或数据流生成新的数据集。在极端数据挖掘领域

(Fogelman-Soulié，2006)，大型数据库被分割成多个子集(如按用户或产品分割)，并为每个子集生成不同的模型。

在海量数据流中，大量数据是连续可用的。有些数据流包含概念转换，其中数据的某些方面发生变化。这种数据流可用于生成与部分数据略有不同的对应数据集。

第 11 章将介绍有关数据流算法推荐的更多细节。

8.7.5　搜寻具有判别能力的数据集

本小节探讨两种不同的方法。第一种方法通过数据集特征与算法性能来获取二维足迹。作者认为，很多算法具有重叠的足迹。第二种方法使用成对排序来表征数据集与算法的多样性。

1. 使用数据集特征与二维足迹

为保证依赖特定组合的元学习系统的良好性能，我们需要足够多样化的数据集，以便很好地区分不同的备选方案，从而为每个案例提供最佳推荐。Muñoz 等 (2018)解决了这一问题。

他们的研究总共包括 235 个数据集，其中大部分来自加州大学尔湾分校。[①]他们提出的方法离不开所有数据集的有效表征，因此作者针对该任务考虑了大量特征(509)。他们的目标是选择一个很小的子集来表征分类任务的难度，并在相关论文中描述了选择过程的细节。通过这种方式，确定了 10 个特征，这将在 4.7 节中予以讨论。

在接下来的步骤中，十维空间被投射到二维空间上，从而将分类数据集显示为二维空间中的点。这种方法展示出二维空间中某个区域内称为"足迹"的一些难易数据集，其中，特定算法有望有良好表现。例如，采集足迹面积的数量标准为算法在给定数据集上的相对优势提供客观的计量标准。

给出的结果表明，由于大多数算法具有相似的足迹，因此特定的测试数据集缺乏多样性。这可能出于以下三个原因：①算法在本质上都非常相似；②数据集没有像预期的那样揭示每个算法的优缺点；③所采用特征的区分度可能不高。基于此作者提出一种生成新测试数据集的方法，旨在丰富数据集的多样性。所提出的方法采用可调整高斯混合模型(GMM)。来自高斯混合模型的样本，其特征为 fS。该方法需要定义特征的目标向量，用于驱动调整过程。正如作者所示，该过程有助于数据集很好地覆盖二维空间。未来的工作也表明，元数据多多益善，也确实有利于为新数据集选择算法的过程。

---

① 作者称这些数据集为实例。

2. 利用排序相关度表征多样性

Abdulrahman 等(2018)提议用以下方式表征特定的元学习问题。他们观察到，如果两个数据集非常相似，算法排序也会很相似，因此，成对相关系数的值将接近 1。另一方面，若两个数据集差异较大，则相关度就会很低。在极端情况下，如果一种排序与另一种排序相反，其值将接近 1。因此，成对相关系数的分布可用于估计给定算法组合的元学习任务的难度。

图 8.2 是转载自 Abdulrahman 等(2018)的相关值直方图。直方图可通过中值及合适的百分位数值(如 25%、75%)来表征。若中值较高，且百分位数值之间的范围很小，则可以认为元学习任务较容易执行。原因是如果我们选择任一数据集，并认为它与目标数据集相似，则其他很多数据集也与之相似。因此，我们可以重用在这些数据集上获得的元知识。然而，我们注意到，只有当新的目标数据集与分析的数据集(即用于构建分布的数据集)为同一类型时，才能使用该方法。

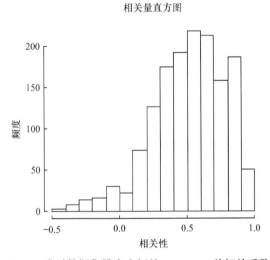

图 8.2　成对数据集排序之间的 Spearman 秩相关系数

8.8　完备元数据与不完备元数据

在第 1、2 和第 5 章中，我们提出了基本的元学习方案，包括以下步骤：生成元数据、生成元模型、将元模型应用于目标数据集。第一步是在一些可用数据集上运行算法(或工作流)实验。如果我们在所有可用的数据集上运行所有算法(或工作流)，就会得到完整的结果，从而获得完备的元数据。

对于一对(或多对)数据集及算法(或工作流)，如果性能结果不可用，则会得到不完整的结果。本节旨在回答以下问题。

(1) 有可能获得完备的元数据吗?

(2) 有必要拥有完备的元数据吗?

(3) 测试顺序重要吗?

(4) 如何根据多臂老虎机的理念来安排测试?

(5) 我们是否应该委托社区收集测试结果?

上述问题将在随后的几个章节中探讨。其中最后一个问题将单独在第 16 章中讨论。

8.8.1　有无可能获得完备的元数据

只有在涉及有限数量的算法和数据集的情况下，我们才能够获得一套完整的结果。针对能否获得完备元数据问题，我们的答案是否定的，下面具体解释各种原因。

1. 可能需要做非常多的实验

实验数量取决于搜索空间的大小。当处理连续配置空间时，存在无数个配置。这样就没有办法列举或储存所有可能的配置，除非以某种方式离散配置空间。即便在离散搜索空间领域，要处理适当数量的 100 个算法，每个算法具有 100 个不同的超参数设置,并在 100 个数据集上进行测试,我们也得进行 100^3(即 10^6)次测试。

若考虑不同的预处理操作，这一数字会进一步增长。若出于实际原因，我们决定执行这些测试的子集，则元数据可能是不完备的。

2. 一些实验可能会失败

一些实验会失败，或未在给定的时间预算内终止。在执行基础算法时，有时确实会出现失败。在某些情况下,有可能从失败中恢复(如内存不足),但有时也无法获得算法在数据集上的性能表现(如软件错误)。如果算法无法在数据集上运行,尽管并未丢失,但其性能是不可量化的。处理该问题的一个方法是以某种方式惩罚这种算法。最简单的方法可能是使用合适的默认策略，即基于简单数据统计的策略。在分类中，这表现为预测最常见的类别，在回归中，则表现为预测平均目标值。这种默认策略的评估性能可以替代失败算法的性能。

3. 引入了新数据集

可以预计，采用新数据集与相应的元数据扩展，我们的设置可以在一定程度上提高系统为新问题提供良好推荐的能力。因此，每当有新的数据集可用时，执行这种扩展都是很重要的。然而，每当有新数据集引入我们的设置中时，元数据就变得不完备。这就要求我们在新数据集上运行所有可用的算法。尤其是当数据集较大，并且要测试的备选方案数量也很大(算法或工作流及其变体的数量)时，计算成本可能非常高。

当新的基础算法可用时，我们就需要更新元知识，以便系统在提供推荐时能考虑这些元知识。为此，我们必须使用涉及新算法的信息对描述算法在已知数据集(即元示例)上的性能的元数据加以扩展。因此，有必要在这些数据集上运行元数据，但这可能需要大量的计算工作。一种方法是在线下开展所有实验，在结果可用后才更新元数据。

4. 使用估计值而非实际值

获得测试结果过程中的计算成本较高，然而实际上有不同的策略来缓解这一问题。可以通过两种方式完成这项操作。首先，它可用于生成性能的估计值，并使用这些估计值替代真实性能，直至真实性能可用为止。本书第一版中提到过这种理念，在超参数优化领域也沿用了类似理念，其中估计值由代理模型提供(第 6 章)。

8.8.2　有无必要拥有完备的元数据

为圆满解决该问题，我们有必要考虑不同的系统，并确定当元数据不完备时，该系统究竟能(不能)做些什么。这项研究使用的系统并不多，因此在这里很难给该问题提供一个包罗万象的答案。

我们将把这一论述限制在 Abdulrahman 等(2018)开展的一项研究中，其中包括第 2 章中探讨的平均排序法 AR。作者认为，即使遗漏 50%的元数据，该方法的性能也不会受到影响。然而，正如前面所述，我们有必要修改聚合方法，使其满足不完全排序。

8.8.3　测试顺序重不重要

在第 6 章中，我们讨论了各种方法，不仅包括随机搜索，还包括各种"更明智"的方法，如基于序列模型的优化(SMBO)。各位作者均认为，一般地，与不明智的方法(如随机搜索)相比，"更明智"的方法能够获得更好的结果。这是通过基于从以往测试中收集到的信息对测试进行重新排序来实现的。下一节将探讨有关这一问题的更多细节。

8.9　利用多臂老虎机的策略安排实验

本节处理如何在早期数据集上获得算法性能结果的问题。如前所述，这样的可能性会很多, 而"明智"的规划可以提高元数据质量。收集测试结果的过程可以看作是在多臂老虎机(MAB)问题中收集有关不同"臂"的知识的过程。多臂老虎机问题涉及一个赌徒, 其目标是在一系列试验中选定老虎机的一臂, 以获取最高总报酬(Katehakis 等, 1987; Vermorel 等, 2005)。其目的是在探索(即检验不同的臂)和利用(使用目标问题的最佳臂)之间找到良好的折中方案。

许多现实的学习及优化问题可以采用这种范式建模, 算法选择/配置就是其中之一。不同的工作流(应用流水技术)配置可以比作不同的臂。因此, 多臂老虎机问题的解决方案可以激发算法选择/配置问题的新型有效解。

多臂老虎机的一些概念和策略

该领域的一个重要概念是在拉动一个手臂后获得的"报酬"。与最佳结果之间的差异被称为"遗憾"或"损失"。通常, 其目标是将累积报酬最大化, 相当于将拉动不同手臂时累积的损失最小化。表 8.2 表示一些用于 MAB 及算法选择/配置和元学习领域术语的对应项。接下来的小节探讨一些常见 MAB 策略。

表 8.2　MBA 和本书中的对应性

N 杠杆	N 算法
拉动杠杆	算法(配置、工作流)奖赏评估 性能(如, 准确性)
遗憾	损失
损失曲线下累积遗憾区	时间预算
情景 MAB	利用特征的元学习问题

1. ϵ-贪婪策略

这种策略选择频率为 ϵ 的随机杠杆, 其中 $\epsilon \in (0, 1)$ 由用户设定。对余下的 $(1-\epsilon)$ 案例部分, 选择最佳的部分。

2. ϵ-首先策略

这种策略可视为 ϵ-greedy 的变体。该策略一开始就开展所有探索。对规定数量的轮次 $\epsilon T \in N$, 在 T 首轮随意拖动杠杆。这一纯探索阶段之后是利用阶段。也就是说, 在剩下的 $(1-\epsilon)T$ 几轮, 选择有最高平均估值的杠杆。

3. ϵ-渐减

该变体与 ϵ-greedy 贪婪类似, 只不过 ϵ 值随实验减小, 导致最初的轮次偏于探究, 后面则偏于利用。这一点可通过 $\epsilon_t = \min(1, \epsilon/t)$ 体现出来, 其中, t 是当前轮的指数。

1. 概率匹配法(SoftMax)

柔性最大值传输函数策略已由 Luce(1959)阐述，该方法的很多变体稍后进行介绍。该策略利用 Gibbs 分布中的随机选择，杠杆 k 随概率一起选择，即

$$p_k = e^{\hat{\mu}_k/\tau} / \sum_{i=1}^{n} e^{\hat{\mu}_i/\tau} \qquad (8.4)$$

其中，$\hat{\mu}_k$ 表示牵拉杠杆 k 获得奖赏的平均估值，而 τ 是一个由用户设定的叫"温度"的参数。

这一方法属于概率匹配方法，依据概率分布做出选择，表明最佳选择的可能性。柔性最大值传输函数有时也称为波尔兹曼探索。其变体之一也称为递减柔性最大值传输函数。这一变体中，温度随比赛轮递减。

2. 区间估计与上置信界限(UCB)法

区间估计法在某个置信区间内赋予每个杠杆一个乐观奖赏估值，然后选出具有最高乐观平均值的杠杆(Kaelbling，1993)。未观察到的或者很少观察到的杠杆具有高估奖赏平均值，激发下一步探索。杠杆拉动频率越高，乐观奖赏的估值就越接近真实奖赏均值。Kaelbling 最初的方法(1993)用于布尔奖赏。Vermorel 等(2005)将其应用于实值并假定奖赏正态分布。上限评估即基于上述假设。假定观察到 n 次杠杆，$\hat{\mu}$ 是经验均值，$\hat{\sigma}$ 是经验标准偏差，则上限界定为以下正态分布函数：

$$u_\alpha = \hat{\mu} + \frac{\hat{\sigma}}{\sqrt{n}} c^{-1}(1-\alpha) \qquad (8.5)$$

上层置信界限算法(Agrawal，1995；Auer 等，2002；Lai 等，1985)以类似方式运行。具体地，在每次试验中，这些算法不仅对每一支臂 a 的平均报酬 $|\hat{\mu}_t, a|$，而且对对应置信区间 $c_{t,a}$ 做出预估，以便 $|\hat{\mu}_{t,a} - \mu_a| < c_{t,a}$ 拥有高概率。然后，它们选出获得最高置信界限(UCB)的分支，即 $a_t = \text{argmax}_a(\hat{\mu}_{t,a} + c_{t,a})$。

3. 定价策略(纸牌戏)

定价策略为每条杠杆确立了一个价位。Vermorel 等(2005)的方法称作"知识定价与评估奖赏(波克)"，包括三层主要意思：不确定性定价、体现信息值和杠杆分布与层级。

定价不确定性背后的理念是，给获取的知识分配一个值，同时拉动一个特定的杠杆。信息值或探索红利的理念在不同的领域及强盗文学中得到研究(Meuleau 等，1999)，目的是用于奖赏相同单位的量化不确定性。

第二个理念是未被注意的杠杆特性可能在一定程度上从已被注意到的杠杆中得到估值。在杠杆臂轮次多的时候，这一点尤其有用。

第三个观察是，策略中必须清晰考虑层级 H，即等待比赛的轮次。显然，探索量取决于 H。假如比赛到达层位，再做更多探索就失去意义，而且该策略将依赖纯剥削，也就是选择具有最高评估奖赏的杠杆。因此，层位值影响对可能获得的知识值的评估。

4. 老虎机语境问题

有些研究人员引入所谓的"语境强盗问题"，用特征表征不同分支。这些机臂以特征向量(语境矢量)的形式表示。

代理人采用这些语境矢量及过去比赛中机臂的奖赏选出在当前迭代中比赛用机臂。随着时间的推移，学习器的目标成为收集语境向量及彼此关联的奖赏方面的信息，以便学习器能通过观察特征向量预测下一支比赛用最佳机臂(Langford 等，2007)。

这一方法已经在人性化新闻报道中应用。Li 等(2010)学习算法基于用户和文章信息为用户循序选择文章，同时基于用户点击反馈改变选择策略。

语境方法可比作利用元数据集特征和测试的元学习法。

8.10 探　　讨

本章处理 Rice(1976)架构中的两个组件，也就是问题空间和算法空间。这一算法空间俗称构形空间。在传统元学习体系中，构形空间常常表现为算法或工作流离散集，而在自动机器学习系统，则通常表现为一个连续集合。尽管这些呈现形式在某种程度上相近，但是还需要不同的方式并调用不同的偏差。研究人员对这两种表征都已做了广泛研究。

对于离散空间，Abdurahman 等(2019)的研究目的是消减构形空间，以使对最佳算法或工作流的搜索更快趋同。对于连续空间，各作者已设法确定通常很重要的超参数。

近期，神经结构搜索领域开始处理搜索空间构建的问题(Yu 等，2020；Yang 等，2020)。为使本章重点集中于元学习方法，我们在此不做详细讲解，有兴趣的读者可能已发现参考文献是一个很好的学习起点。

最后，本章着眼问题空间等各个方面，尤其是元数据中应包含哪些数据集，应以何种方式开展多少实验，最后以对多臂老虎机法的探讨结束本章内容，为最后一个问题提供答案。

参 考 文 献

Abdulrahman, S., Brazdil, P., van Rijn, J. N., and Vanschoren, J. (2018). Speeding up algorithm selection using average ranking and active testing by introducing runtime. *Machine Learning*, 107(1): 79-108.

Abdulrahman, S., Brazdil, P., Zainon, W., and Alhassan, A. (2019). Simplifying the algorithm selection using reduction of rankings of classification algorithms. In *ICSCA '19, Proceedings of the 2019 8th Int. Conf. on Software and Computer Applications, Malaysia*, pages 140-148. ACM, New York.

Agrawal, R. (1995). Sample mean based index policies with O(log n) regret for the multi-armed bandit problem. *Advances in Applied Probability*, 27(4):1054-1078.

Aha, D. W. (1992). Generalizing from case studies: A case study. In Sleeman, D. and Edwards, P., editors, *Proceedings of the Ninth International Workshop on Machine Learning (ML92)*, pages 1-10. Morgan Kaufmann.

Asuncion, A. and Newman, D. (2007). UCI machine learning repository.

Auer, P., Cesa-Bianchi, N., and Fischer, P. (2002). Finite-time analysis of the multiarmed bandit problem. *Machine Learning*, 47(2-3):235-256.

Biedenkapp, A., Lindauer, M., Eggensperger, K., Fawcett, C., Hoos, H., and Hutter, F. (2017). Efficient parameter importance analysis via ablation with surrogates. In *Thirty-First AAAI Conference on Artificial Intelligence*, pages 773-779.

Bischl, B., Casalicchio, G., Feurer, M., Gijsbers, P., Hutter, F., Lang, M., Mantovani, R. G., van Rijn, J. N., and Vanschoren, J. (2021). OpenML benchmarking suites. In *Proceedings of the Neural Information Processing Systems Track on Datasets and Benchmarks*, NIPS'21.

Brazdil, P. and Cachada, M. (2018). Simplifying the algorithm portfolios with a method based on envelopment curves (working notes).

Brazdil, P., Soares, C., and Pereira, R. (2001). Reducing rankings of classifiers by eliminating redundant cases. In Brazdil, P. and Jorge, A., editors, *Proceedings of the 10th Portuguese Conference on Artificial Intelligence (EPIA2001)*. Springer.

Breiman, L. (2001). Random forests. *Machine learning*, 45(1):5-32.

Cohen, W. W. (1994). Grammatically biased learning: Learning logic programs using an explicit antecedent description language. *Artificial Intelligence*, 68(2):303-366.

Davies, T. R. and Russell, S. J. (1987). A logical approach to reasoning by analogy. In McDermott, J. P., editor, *Proceedings of the 10th International Joint Conference on Artificial Intelligence, IJCAI 1987*, pages 264-270, Freiburg, Germany. Morgan Kaufmann.

De Raedt, L. and Dehaspe, L. (1997). Clausal discovery. *Machine Learning*, 26:99-146.

Demšar, J. (2006). Statistical comparisons of classifiers over multiple data sets. *The Journal of Machine Learning Research*, 7:1-30.

Došilović, F., Brčič, M., and Hlupič, N. (2018). Explainable artificial intelligence: A survey. In *Proc. of the 41st Int. Convention on Information and Communication Technology, Electronics and Microelectronics MIPRO*.

Fawcett, C. and Hoos, H. (2016). Analysing differences between algorithm configurations through ablation. *Journal of Heuristics*, 22(4):431-458.

Feurer, M., Klein, A., Eggensperger, K., Springenberg, J., Blum, M., and Hutter, F. (2015).Efficient and robust automated machine learning. In Cortes, C., Lawrence, N., Lee, D., Sugiyama, M., and Garnett,

R., editors, *Advances in Neural Information Processing Systems 28*, NIPS'15, pages 2962-2970. Curran Associates, Inc.

Feurer, M., Klein, A., Eggensperger, K., Springenberg, J. T., Blum, M., and Hutter, F.(2019). Auto-sklearn: Efficient and robust automated machine learning. In Hutter,F., Kotthoff, L., and Vanschoren, J., editors, *Automated Machine Learning: Methods,Systems, Challenges*, pages 113-134. Springer.

Fogelman-Soulié, F. (2006). Data mining in the real world: What do we need and whatdo we have? In Ghani, R. and Soares, C., editors, *Proceedings of the Workshop on DataMining for Business Applications*, pages 44-48.

Fréchette, A., Kotthoff, L., Rahwan, T., Hoos, H., Leyton-Brown, K., and Michalak, T.(2016). Using the Shapley value to analyze algorithm portfolios. In *30th AAAI Conference on Artificial Intelligence*.

Gordon, D. and desJardins, M. (1995). Evaluation and selection of biases in machine learning. *Machine Learning*, 20(1/2):5-22.

Hettich, S. and Bay, S. (1999). The UCI KDD archive. http://kdd.ics.uci.edu.

Hilario, M. and Kalousis, A. (2000). Quantifying the resilience of inductive classification algorithms. In Zighed, D. A., Komorowski, J., and Zytkow, J., editors, *Proceedings of the Fourth European Conference on Principles of Data Mining and Knowledge Discovery*, pages 106-115. Springer-Verlag.

Hirsh, H. (1994). Generalizing version spaces. *Machine Learning*, 17(1):5-46.

Hutter, F., Hoos, H., and Leyton-Brown, K. (2013). Identifying key algorithm parameters and instance features using forward selection. In *Proc. of International Conference on Learning and Intelligent Optimization*, pages 364-381.

Hutter, F., Hoos, H., and Leyton-Brown, K. (2014). An efficient approach for assessing hyperparameter importance. In *Proceedings of the 31st International Conference on Machine Learning*, ICML'14, pages 754-762.

Jorge, A. M. and Brazdil, P. (1996). Architecture for iterative learning of recursive definitions. In De Raedt, L., editor, *Advances in Inductive Logic Programming*, volume 32 of *Frontiers in Artificial Intelligence and applications*. IOS Press.

Kaelbling, L. P. (1993). *Learning in Embedded Systems*. MIT Press.

Katehakis, M. N. and Veinott, A. F. (1987). The multi-armed bandit problem: Decomposition and computation. *Mathematics of Operations Research*, 12(2):262-268.

Keogh, E. and Folias, T. (2002). The UCR time series data mining archive. http://www.cs.ucs.edu/~eam onn/TSDMA/index.html. Riverside CA. University of California - Computer Science & Engineering Department.

Kramer, S. and Widmer, G. (2001). Inducing classification and regression trees in first order logic. In Džeroski, S. and Lavrač, N., editors, *Relational Data Mining*, pages 140-159. Springer.

Lai, T. L. and Robbins, H. (1985). Asymptotically efficient adaptive allocation rules. *Advances in Applied Mathematics*, 6(1):4-22.

Langford, J. and Zhang, T. (2007). The epoch-greedy algorithm for contextual multiarmed bandits. In *Advances in Neural Information Processing Systems 20*, NIPS'07, page 817-824. Curran Associates, Inc.

Lee, J. W. and Giraud-Carrier, C. (2011). A metric for unsupervised metalearning. *Intelligent Data Analysis*, 15(6):827-841.

Li, L., Chu, W., and Schapire, R. E. (2010). A contextual-bandit approach to personalized news article recommendation. In *Proceedings of the International Conference on World Wide Web (WWW)*.

Luce, D. (1959). *Individual Choice Behavior*. Wiley.

Meuleau, N. and Bourgine, P. (1999). Exploration of multi-state environments: Local measures and back-propagation of uncertainty. *Machine Learning*, 35(2):117-154.

Miettinen, K. (1999). *Nonlinear Multiobjective Optimization*. Springer.

Mitchell, T. (1977). *Version spaces: A candidate elimination approach to rule learning*. PhD thesis, Electrical Engineering Department, Stanford University.

Mitchell, T. (1980). The need for biases in learning generalizations. Technical Report CBM-TR-117, Rutgers Computer Science Department.

Mitchell, T. (1982). Generalization as Search. *Artificial Intelligence*, 18(2):203-226.

Mitchell, T. (1990). The need for biases in learning generalizations. In Shavlik, J. and Dietterich, T., editors, *Readings in Machine Learning*. Morgan Kaufmann.

Mitchell, T. M. (1997). *Machine Learning*. McGraw-Hill.

Morik, K., Wrobel, S., Kietz, J., and Emde, W. (1993). *Knowledge Acquisition and Machine Learning: Theory, Methods and Applications*. Academic Press.

Munoz, M., Villanova, L., Baatar, D., and Smith-Miles, K. (2018). Instance Spaces for Machine Learning Classification. *Machine Learning*, 107(1).

Peterson, A. H. and Martinez, T. (2005). Estimating the potential for combining learning models. In *Proc. of the ICML Workshop on Meta-Learning*, pages 68-75.

Probst, P., Boulesteix, A.-L., and Bischl, B. (2019). Tunability: Importance of hyperparameters of machine learning algorithms. *Journal of Machine Learning Research*, 20(53):1-32.

Prudêncio, R. B. C., Soares, C., and Ludermir, T. B. (2011). Combining meta-learning and active selection of datasetoids for algorithm selection. In Corchado, E., Kurzyński, M., and Woźniak, M., editors, *Hybrid Artificial Intelligent Systems. HAIS 2011.*, volume 6678 of *LNCS*, pages 164-171. Springer.

Rice, J. R. (1976). The algorithm selection problem. *Advances in Computers*, 15:65-118.

Russell, S. and Grosof, B. (1990a). Declarative bias: An overview. In Benjamin, P., editor, *Change of Representation and Inductive Bias*. Kluwer Academic Publishers.

Russell, S. and Grosof, B. (1990b). A sketch of autonomous learning using declarative bias. In Brazdil, P. and Konolige, K., editors, *Machine Learning, Meta-Reasoning and Logics*. Kluwer Academic Publishers.

Scott, P. D. and Wilkins, E. (1999). Evaluating data mining procedures: techniques for generating artificial data sets. *Information & Software Technology*, 41(9):579-587.

Sharma, A., van Rijn, J. N., Hutter, F., and Müller, A. (2019). Hyperparameter importance for image classification by residual neural networks. In Kralj Novak, P., Šmuc T., and Džeroski, S., editors, *Discovery Science*, pages 112-126. Springer International Publishing.

Silverstein, G. and Pazzani, M. J. (1991). Relational clichés: Constraining induction during relational learning. In Birnbaum, L. and Collins, G., editors, *Proceedings of the Eighth International Workshop on Machine Learning (ML'91)*, pages 203-207, San Francisco, CA, USA. Morgan Kaufmann.

Snoek, J., Swersky, K., Zemel, R., and Adams, R. (2014). Input warping for Bayesian optimization of non-stationary functions. In Xing, E. P. and Jebara, T., editors, *Proceedings of the 31st International Conference on Machine Learning*, volume 32 of *ICML'14*, pages 1674-1682, Bejing, China. JMLR.org.

Soares, C. (2009). UCI++: Improved support for algorithm selection using datasetoids. In *Proceedings of Pacific-Asia Conference on Knowledge Discovery and Data Mining*.

Sobol, I. M. (1993). Sensitivity estimates for nonlinear mathematical models. *Mathematical Modelling and Computational Experiments*, 1(4):407-414.

van Rijn, J. N. and Hutter, F. (2018). Hyperparameter importance across datasets. In *KDD '18: The 24th ACM SIGKDD International Conference on Knowledge Discovery & Data Mining*. ACM.

Vanschoren, J. and Blockeel, H. (2006). Towards understanding learning behavior. In *Proceedings of the Fifteenth Annual Machine Learning Conference of Belgium and the Netherlands*.

Vanschoren, J., van Rijn, J. N., Bischl, B., and Torgo, L. (2014). OpenML: networked science in machine learning. *ACM SIGKDD Explorations Newsletter*, 15(2):49-60.

Vermorel, J. and Mohri, M. (2005). Multi-armed bandit algorithms and empirical evaluation. In *Machine Learning: ECML-94, European Conference on Machine Learning, LNAI 3720)*. Springer.

Xu, L., Hutter, F., Hoos, H., and Leyton-Brown, K. (2012). Evaluating component solver contributions to portfolio-based algorithm selectors. In Cimatti, A. and Sebastiani, R., editors, *Theory and Applications of Satisfiability Testing - SAT 2012*, pages 228-241. Springer Berlin Heidelberg.

Yang, A., Esperanc,a, P. M., and Carlucci, F. M. (2020). NAS evaluation is frustratingly hard. In *International Conference on Learning Representation*, ICLR 2020.

Yu, K., Sciuto, C., Jaggi, M., Musat, C., and Salzmann, M. (2020). Evaluating the search phase of neural arc.

第 9 章　将基学习器组合为集成学习器

摘要　本章探讨分类集成或回归模型，它们是机器学习的一个重要领域。与单个模型相比，这一领域易于获得高性能，因而深受用户喜爱。另外，它们在数据流解决方案中起着至关重要的作用。本章开头介绍继承学习并对其中一些知名方法做一综述。这些方法包括：袋装法、推进法、堆叠法、级联归纳法、级联法、代理法、仲裁法及元决策树法。

9.1　简　　介

模型融合包含从学习算法集合中创建单一学习系统。在某种意义上，模型融合可能被视为第 7 章中探讨的组合数据挖掘操作主题的一个变体。模型融合有两种基本方法。第一种利用应用数据的可变性并结合多份用于数据不同子集的单一学习算法；第二种利用学习算法间的可变性并结合几种用于同一应用数据的学习算法。

融合模型的主要动机是通过合并增加系统的专业领域从而减少基于任何单一诱导模型的错误分类概率。实际上，元学习中模型选择的一个隐含假设是，每项任务都有一个最佳学习算法。尽管这种假设清楚地认为，在某种意义上，给出一项任务 ϕ 和一组学习算法 $\{A_k\}$，在 $\{A_k\}$ 中有一种学习算法 A_ϕ 在 ϕ 上要比其他算法表现更佳，但其实际性能可能仍然很差。有些情况下，可以用模型组合代替单一模型，从而降低次优学习算法的风险。

模型融合利用基级学习信息，如各种数据子集的特征或者各种学习算法的特征，所以常被认为是一种元学习形式。本章专门对模型融合进行简略概述，将限制在对单个技术的介绍，有兴趣的读者可以参照参考文献和其他相关文献探讨它们之间的性能。

为帮助理解并有利于本章内容的组织，表 9.1 对每一种结合技术中潜在的基本原理、用于驱动元层面(即元数据)结合的基级信息类型及生成的元知识的性质做了总结。更详细的内容将在相应的章节中探讨。

表 9.1　模型融合技术总结

技术	哲学	元数据	元知识
袋装法	数据变异		内含于投票方案中
推进		误差(更新的分布)	投票方案权重
堆叠	学习器间变异	类预测或概率	映射类预测元数据到
级联归纳	(多专的)	类概率与基级属性	制图类预测元数据到
级联	学习器间变异	预测置信度(更新的布)	内含于选择方案
委托	(多级)	预测置信度	内含于授权方案
仲裁法	学习器间变异(援引)	类预测正确性、积极属性和内部命题	从元数据到正确性的映射(每个学习器一种)
元决策树	数据变异和学习器变异	类分布特征(来自样本)	从最佳模型映射元数据到

9.2　袋装法和推进法

数据变化最知名的技术是袋装法和推进法，这两种方法合并了多种模型，这些模型是通过系统改变训练数据从单一学习算法中建构的。

9.2.1　袋装法

袋装法表示自举聚合，由 Breiman(1996)提出。给出一个学习算法 A 和一组训练数据 T，袋装法首先从 T 中提取 N 个样本 $S_1,\cdots,S_N$ 及替代样本。然后将 A 独立应用于每一个样本，导出 N 个模型 $h_1,\cdots,h_N$[①]。将一个新的查询实例 q 分类时，借助简单的投票方案将导出的模型结合起来，方案中分配给每个新实例的类是 N 个模型中常被预测的类，如图 9.1 所示。用于分类的袋装算法如图 9.2 所示。

袋装法通过用模型预测的平均值代替算法第五行中的投票方案，可以很容易地扩展到回归算法：

$$\text{Value}(q) = \frac{\sum_{i=1}^{N} h_i(q)}{N}$$

基学习器不稳定时，袋装方式是最有效的。数据中小扰动引起导出模型的大变动，从这个意义上讲，学习器如对数据高度敏感，那它就是不稳定的。关于不稳定性，一个简单的例子就是顺序依赖性，其中训练实例出现的顺序对学习器的输出有显著影响。

袋装法通常会提高准确性，但是如果 A 生成可解释的模型(如决策树，规则

---

① 注意，我们整章中都会用术语"模型"而非"假设"，不过我们会保留既定的数学概念并用 h 来表示模型。

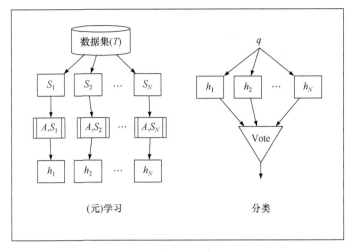

图 9.1　袋装

袋装算法(T,A,N,d)
1. 对于k=1 to N
2. S_k=从T中提取的尺寸为d的样本和替代样本
3. h_k=由A从S_k中导出的模型
4. 对每个新的查询实例q
5. 类$(q) = \arg\max_{y \in Y} \sum_{k=1}^{N} \delta(y, h_i(q))$
其中：
　T表示训练集
　A表示被选学习算法
　N表示从T中提取的尺寸为d的样本或袋子数量
　Y表示目标类值的有限集
　δ表示广义克罗内克函数($\delta(a,b)$=1设a=b；否则为0)

图 9.2　针对分类的袋装算法

等)，则其可解释性在应用袋装法于 A 时丧失。

9.2.2　推进法

　　推进法应归功于 Schapire(1990)。装袋法通过学习器不稳定性利用数据变体，而推进法倾向通过学习器弱点利用数据变体。生成模型的性能略微优于随机算法的学习器是缺乏竞争力的。推进法是基于这样的观察结果：找到很多粗略经验规则(如弱学习)可能要比找到单一的、准确度高的预测规则(比如强学习)要容易很多。然后假定可以通过在训练数据的各种分布上重复运行弱学习器使其变强大(如改变学习器的焦点)，然后将弱分离器并入单一组分的分离器中，如图 9.3 所示。

　　与袋装法不同，作为先前生成模型产生的误差函数，推进法试图通过改变训练实例上的分布主动驱使(弱)学习算法改变其导出模型。数据集 T 上的初始分布 D_1 是均一分布，并导出第一个模型，每一实例分配有一个权重常数 1/|T|，即被选

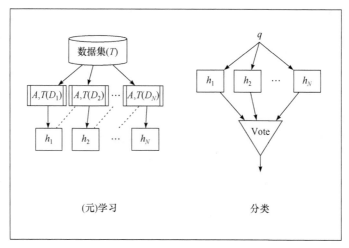

图 9.3　推进法

入训的概率。每次连续迭代中，被错误分类的实例的权重增加，从而将第二个模型的重点集中在其权重上。这一步骤一直持续，直到实施了固定数量的迭代过程或者被错误分类实例的总权重超过 0.5。受欢迎的 AdaBoost.M1 分类推进算法 (Freund 等，1996b)如图 9.4 所示。

艾达推进算法.M1(T,A,N)

1. For k=1 to $|T|$

2. $D_1(x_k) = \dfrac{1}{|T|}$

3. For i=1 to N

4. h_i=由 A 从 T 中用分布 D_i 导出的模型；

5. $\epsilon_i = \sum_{k:h_i(x_k)\neq y_k} D_i(x_k)$

6. 设 $\epsilon > .5$

7. N=i-1

8. 中止循环

9. $\beta_i = \dfrac{\epsilon_i}{1-\epsilon_i}$

10. For k=1 to $|T|$

11. $D_{i+1}(x_k) = \dfrac{D_i(x_k)}{Z_i} \times \begin{cases} \beta_i, h_i(x_k)=y_k \\ 1,其他 \end{cases}$

12. 对于每个新的查询实例 q

13. 类 $(q) = \arg\max_{y\in Y} \sum_{i:h_i(q)=y} \log \dfrac{1}{\beta_i}$

其中：

　　T 表示训练集

　　A 表示被选学习算法

　　N 表示在 T 是实施迭代的数量

　　J 表示目标类值有限集

　　Z_i 是归一化常数，选择 Z_i，以使 D_{i+1} 表示一种分布

图 9.4　推进分类算法

一个查询实例的类属由诱发模型的加权票指定，回归案例要更复杂些。被称

为 AdaBoost.R 的艾达算法回归版本是以无限分解为很多类属为基础的。读者可以参考 Freund 等(1996a)论文获取详情。

尽管支持推进的论点由缺乏影响力的学习者提出，推进法事实上可能成功适用于任何一个学习者。

9.3　堆叠与级联归纳

装袋法和推进法利用的是数据中的变差，而堆叠与级联归纳则利用了学习器间的差异。它们明确了学习的两个层次。基础层次上，学习器被用于手头任务；元层次上，新学习器则适用于从基础层次上学习获得的数据。

9.3.1　堆叠

堆叠归纳的理念是 Wolpert(1992)提出来的。堆叠法选取学习算法 $\{A_1, \cdots, A_N\}$ 并在研究中的数据库 T(即基础数据)中运行以生成一系列模型$\{h_1, \cdots, h_N\}$。然后，通过用每一基础模型的预测值取代基础数据库中每一实例的描述构建新的数据库 T[①]。新的元数据库转而呈现在新的学习器 A_{meta} 上，创建一个元模型 h_{meta}，将基级学习器的预测投射到目标类，如图 9.5 所示。分类堆叠算法如图 9.6 所示。

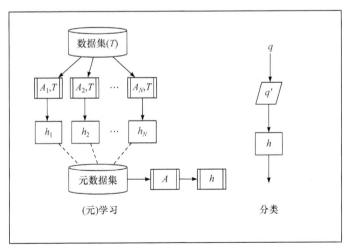

图 9.5　堆叠

新的搜索请求实例 q 首先在所有基级学习器上运行组成相应的查询元实例 q'，用作元模型输入端以生成 q 的最终分类。

---

① 有些堆叠版本中，基级描述不会被预测值取代，而是预测值被添加到基级描述中，生成一种混合元实例。

```
算法堆叠(T,{A₁,…,Aₙ},A_meta)
    1. For i=1 to N
    2. hᵢ=由Aᵢ从T中导出的模型
    3. T=∅
    4. For k=1 to |T|
    5. Eₖ=<h₁(xₖ),h₂(xₖ),…,hₙ(xₖ),yₖ>
    6. T= T∪{Eₖ}
    7. h_meta=由A_meta从T中导出的模型
    8. 对于每个搜索查询实例q
    9. 类(q)= h_meta(<h₁(q),h₂(q),…,hₙ(q))
其中：
    T表示基级训练集
    N表示基级学习算法的数量
    {A₁,…,Aₙ}表示基级学习算法集
    A_meta表示被选元级学习器
```

图 9.6　堆叠算法

注意，第 5 行(图 9.6)中基级模型的预测值是在基级数据集(第 1 和第 2 行)导出的模型中运行每一个实例而得出的。要么通过 Efron(1983)提出的交叉验证法获得更具统计意义的可靠预测值。这个案例中，第 1 到第 6 行用以下代替：

1. For $i = 1$ to N

2. For $k = 1$ to $|T|$

3. 通过交叉验证得出的 $E_k[i] = h_i(x_k)$

4. $T = \varnothing$

5. For $k = 1$ to $|T|$

6. $T = T \cup \{E_k\}$

堆叠上变体由 Ting 等(1997)提出，其中元数据集内基级学习器预测值由类概率取代。因此元级实例包括一组 N 个(基级学习数量)向量 $m = |Y|$ (类数量)坐标，其中 p_{ij} 表示后验概率，如学习算法中规定的 A_i，对应基级实例归于类 j 中。其他基于使用分区数据而非全数据集，或在多种独立的批量数据上使用同一学习算法的堆叠已由 Ting 等提出(参考 Chan 等，1997；Ting 等，1997)。

无论是通过预测值之和还是类概率，用于基级数据集的转换意在给出有关每个实例上各种基级学习器行为的信息；由此构成一种元知识形式。

9.3.2　级联归纳

Gama 等(2000)提出另一种叫作级联归纳的模型组合技术，利用的是学习器间差异。在级联归纳时，分类器使用时序列而非堆叠中的平行方式。并非置入单个元级学习器的基级学习器中数据，而是每个基级学习器 A_i+1(除第一个外，比如 $i > 0$)同时作为先于基级学习器 A_i 的元级学习器来使用。实际上，输入 A_{i+1} 的信息包括输入 A_i 的信息及由 A_i 导出的模型 h_i 生成的类概率。每一步都使用单个学习器，而且，原则上步骤数不做限制，如图 9.7 所示。基本的两步级联归纳算法如图 9.8 所示。

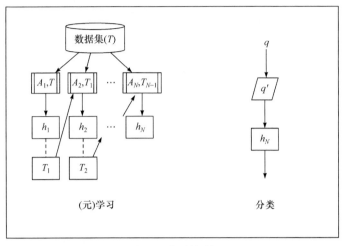

图 9.7　级联归纳

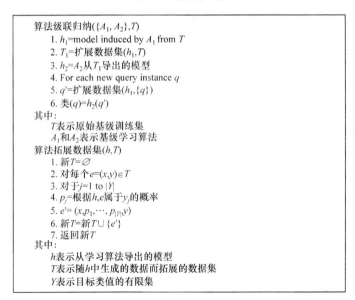

图 9.8　级联归纳算法(两步)

这种两步算法很容易通过连续调用扩展—数据集函数，如图 9.9 所示，扩展至由可用分类器数量界定的任意数量的步骤中，这里的递归算法以 $i=1$[①]开头。

———————————

① 用这种 N 步级联归纳进行分类时，用迭代而不是递归的方式完成可能更为有利，这样在拓展新的搜索查询时就可能存储、使用中间模型。

```
算法级联归纳 N({A₁,…,A_N},T,i)
    1. h=由A_i从T中导出的模型
    2. If(i==N)
    3. 返回h
    4. T'=扩展数据集(hT)
    5. 级联归纳 N({A₁,…,A_N},T',i+1)
其中:
    T表示原始基级训练集
    N表示级联中步骤数
    {A₁,…,A_N}表示基级学习算法集
```

图 9.9　任意数量步骤级联归纳

新的搜索查询实例 q 首先拓展至元实例 q' 中，通过级联步骤收集元信息。最终分类由 q' 上级联中最后一个模型的输出端给出。

9.4　级联与代理

和堆叠与级联归纳一样，级联与代理也利用学习器间差异。不过，前者产生多专家分类器(所有成分基分类器都用于分类)，而后者则产生多级分类器，在预测新查询实例的类别时，无须咨询其中所有的基分类器。因此，分类时间得以缩减。

9.4.1　级联

Alpaydin 等(1998)及 Kaynak 等(2000)发展了级联理念，可视为一种多学习器版本的推进法。和推进法一样，级联改变其在训练实例上的分布，这儿的分布是先前生成模型的置信函数[①]。不过，与推进法不同的是，级联不会增强单一学习器，而是如图 9.10 中所示的级联类方式一样，使用少量不同分类器增加复杂性。

数据集 T 上的初始分布 D_1 是均一的，每个训练实例分配一个不变权重 $1/|T|$，用第一个基级学习算法 A_1 导出模型 h_1。然后，在具有由优于基级学习器置信决定的新分布 D_{i+1} 的同一数据集 T 上训练每个基级学习器 A_{i+1}。在训练实例 x 上由 A_i 导出的模型 h_i 的置信定义为 $\delta_i(x) = \max_{y \in Y} P(y \mid x, h_i)$。在步骤 $i+1$ 中，低于 h_i(即低于预定义置信域)时，其分类不确定的实例权重增大，从而使其更可能在训练 A_{i+1} 时从中取样。早期的分类器通常时半参数式(如多层感知器)，最终分类器总是非参数式(如 k-最近邻)。因此，级联体系在早期步骤中可看作创建解释多数实例的规则，在最后一步中视为捕捉特例。通用级联算法如图 9.11 所示。

虽然加权迭代的方法相似，但级联法与提升法在几个重要方面有所不同。首先，级联法在每一步使用不同的学习算法，从而增加了集成模型的多样性。其次，

[①] 这是一种对先前生成模型的误差推进函数的归纳。并非将分布仅仅偏置于那些实例和先前的层级错误分类，级联将分布偏置到先前层级不确定的实例中。

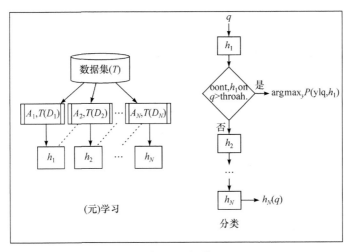

图 9.10　级联

算法级联$(T,\{A_1,\cdots,A_N\})$
1. For $k=1$ to $|T|$
2. $D_1(x_k)=\dfrac{1}{|T|}$
3. 对于 $i=1$ to $N-1$
4. h_i=model induced by A_i from T with distribution D_i
5. 对于 $k=1$ to $|T|$
6. $D_{i+1}(x_k)=\dfrac{1-\delta_i(x_k)}{\sum_{m=1}^{|T|}1-\delta_i(x_m)}$
7. h_N=k-NN
8. 对每个新查询实例 q
9. $i=1$
10. 当 $i< N$ 及 $\delta_i(q)<\Theta_i$
11. $i=i+1$
12. 如果 $i=N$,那么
13. 类$(q)=h_N(q)$
14. 或者
15. 类$(q)=\mathrm{argmax}_{y\in Y}P(y/q,h_i)$
其中:
　　T 表示基级训练集
　　N 表示基级算法数量
　　$A_1,\cdots,A_N$ 表示基级学习算法
　　Θ_i 表示 A_i,s.t.关联置信域 $\Theta_{i+1}\geqslant\Theta_i$
　　Y 表示目标类值有限集
　　$\delta_i(x)=\mathrm{max}_{y\in Y}P(y|x,h_i)$ 表示模型 h_i 置信函数

图 9.11　级联算法

最后的 k-NN 步骤可以用来限制级联的步数，这样就可以使用少量的分类器来降低复杂性。最后，当对一个新的实例进行分类时，在诱导的模型之间不存在投票，只有一个模型被用来做出预测。

9.4.2　委托

　　谨慎的委托分类器只对高于预定义的置信度阈值的实例进行分类，而将其他实例传递(或委托)给另一个分类器。委托分类器的想法由 Ferri 等(2004)提出，其理念与级联法相似。然而，在级联法中，所有的实例在每一步都被(重新)加权和处理。在委托法中，下一个分类器专门用于对前一个分类器缺乏置信度的实例进行分类，只对被委托的实例进行训练，如图 9.12 所示。当没有实例可供委托时，或者当执行了预定数量的委托步骤时，委托就会停止。委托算法如图 9.13 所示。

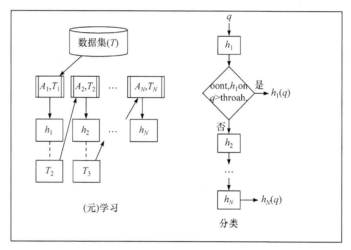

图 9.12　委托法

　　函数 getThreshold(h, T)可用以下两种不同方式实现。

　　(1) 全局百分比。$\tau = \max\left\{t : \left|\left\{e \in T : h^{\mathrm{CONF}}(e) > t\right|\right| t \geqslant \rho.|T|\right\}$，其中 p 为用户定义的分数。

　　(2) 分层百分比。对于每个类 $c, \tau^c = \max\left\{t : \left|\left\{e \in T_e : h^{\mathrm{PROB}_c}(e) > t\right| \geqslant \rho.|T_e|\right\}\right.$，其中 $h^{\mathrm{PROB}_c}(e)$ 是模型 h 下 c 类在实例 e 中的概率，Tc 是 T 中 c 类的实例集。

　　注意，根据参数 Rel 的值，实际上有四种计算阈值的方法。当 Rel 为真时(即每个阈值为相对于前一个分类器委托的实例计算)，这些方法分别称为全局相对百分比和分层相对百分比；而当 Rel 为假时，它们分别称为全局绝对百分比和分层绝对百分比。

　　当对一个新的查询实例 q 进行分类时，系统首先将 q 发送到 h_1，并基于几种委托机制之一为 q 生成一个输出。委托机制通常从以下备选方案中获取。

　　(1) 反弹(仅适用于两阶段委托)。当 h_1 的置信度太低时，h_1 会委托给 h_2，但当 h_2 的置信度也太低时，会反弹到 h_1。

算法委托(T,{A_1,…,A_N},N,Rel)
  1. $T_1 = T$
  2. $i = 0$
  3. 重复
  4. $i = i+1$
  5. h_i=由A_i从T_i中诱导出的模型
  6. 如果(Rel=真且i>1)则
  7. T_i=获得阈值(h_i,T_i-1)
  8. 或者
  9. T_i=获得阈值(h_i,T)
  10. $T_{h_i}^{\geq}$={$e \in T_i : h_i^{\mathrm{CONF}}(e) > T_i$}
  11. $T_{h_i}^{>}$={$e \in T_i : h_i^{\mathrm{CONF}}(e) \leqslant T_i$}
  12. $T_{i+1} = T_{h_i}^{<}$
  13. 直到$T_{h_i}^{>} = \phi$或$i > N$
  14. 对每个新的查询实例q
  15. $m = \min_k \{ h_k(q) \geq T_k \}$
  16. 类别(q)=$h_m(q)$
其中:
T表示基级训练集
N为最大的委托阶段数
A_1,…,A_N表示基级学习算法
$h_i^{\mathrm{CONF}}(e)$模型h_i为样本e预测的置信度
Rel是一个布尔标志(如果T_i是相对于委托实例计算的，则为真)
getThreshold(h,T)返回分类器h相对于T的置信度阈值

图 9.13　委托算法

(2) 迭代委托。h_1委托给h_2，h_2委托给h_3，h_3又委托给h_4，以此类推，直到找到对 q 的置信度高于阈值的模型 h_k 或达到 h_N。图 9.13 的算法实现了这个机制(第 14～16 行)。

委托可视为分治法的泛化(Frank 等，1998；Fürnkranz，1999)，该方法有许多优点，包括以下几点。

(1) 提高效率。每个分类器从越来越少的实例中学习。

(2) 没有理解性的损失。没有模型的组合，每个实例都由单个分类器分类。

(3) 简化整体多分类器的可能性。例如，参考决策树的嫁接概念(Webb，1997)。

9.5　仲　裁　法

Ortega(1996)和 Ortega 等(2001)提出了一种通过仲裁方式组合分类器的机制，该机制最初是作为模型适用性归纳而引入的[①]。与委托法一样，仲裁法的基本理念是，不同的分类器有不同的专业领域(即它们在输入空间中表现良好的部分)。然而，两种方法之间的区别是，在委托法中，连续的分类器被专门用于处理之前的

---

① 有趣的是，另外两组研究人员独立开发了非常类似的仲裁机制，见 Koppel 等(1997)和 Tsymbal 等(1998)。

分类器缺乏置信度的实例；而在仲裁法中，所有的分类器都是在完整的数据集 T 上训练，当查询实例提交给系统时，将在运行时执行特化。这时，在接近查询实例的输入空间区域中选择置信度最高的分类器来进行分类。这个过程如图 9.14 所示。

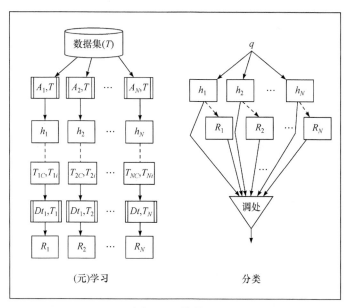

图 9.14　仲裁法

　　每个分类器的专业领域是由其对应的审阅人习得的。虽然审阅者可以是任何习得的模型，但通常是一棵决策树，它可以预测相关分类器在某些数据子集上是正确的还是错误的，以及其可靠性。用于建立审阅者决策树的特征至少包括定义基级数据集的原始属性，可能还包括被称为内部命题的计算特征(如神经网络中内部节点的激活值、决策树中各个节点的条件)，这些特征有助于诊断基级分类器不可靠的实例(详见 Ortega 等，2001)。其基本理念是，审阅者拥有关于其相关分类器的专业领域的元信息，因此可以判断该分类器何时可靠地预测结果。然后，通过一个仲裁机制将几个分类器结合起来，最终预测其审阅者最正确、可靠的分类器。仲裁算法如图 9.15 所示。

　　有趣的是，神经网络界也提出了一些技术，采用审阅者功能在几个分类器产生的预测中进行仲裁。这些技术通常被称为专家混合(Jocbs 等，1991；Jordan 等，1994；Waterhouse 等，1994)。

　　最后，请注意，Chan 等(1993，1997)提出了一种不同的仲裁法，即一组 N 个基级分类器通常只有一个仲裁器。仲裁器只是由一些学习算法在不能被基级分类器集合可靠预测的训练实例上学习的另一个分类器。为仲裁器选择训练实例的典

算法仲裁($T,\{A_1,\cdots,A_N\}$)
　　1. For $i=1$ to N
　　2. $h_i=$由A_i从T中导出的模型
　　3. $R_i=$LearnReferee(h_i,T)
　　4. 对每个新的查询实例q
　　5. For $i=1$ to N
　　6. $c_i=$根据R_i的h_i在q上的正确性
　　7. $r_i=$根据R_i的h_i在q上的可靠性
　　8. $h^\star=$arg max$_{h_i c_i \text{is"correct"}}r_i$
　　9. 类(q)=$h^\star(q)$
其中：
　　T表示基级训练集
　　N表示基级学习算法的数量
　　$A_1,\cdots,A_N$表示基级学习算法
　　LearnReferee(A,T)返回学习器A和数据集T的仲裁
　　函数LearnReferee(h,T)
　　1. $T_c=T$中被h正确分类的样本数
　　2. $T_i=T$中被h错误分类的样本数
　　3. 选择一组特征，包括定义样本和类别的属性，以及其他特征
　　4. $Dt=$ 从T诱导的修剪决策树
　　5. Dt中的每个叶节点L
　　6. $N_c(L)=T_c$中分类为L的样本数
　　7. $N_i(L)=T_i$中分类为L的样本数
　　8. $r=\dfrac{\max(|N_c(L),N_i(L)|)}{|N_c(L)|+|N_i(L)|+\frac{1}{2}}$
　　9. If$|N_c(L)|>|N_i(L)|$Then
　　10. L的正确性为"正确"
　　11. 或者
　　12. L的正确性为"错误"
　　13. 返回Dt

图 9.15　仲裁算法

型规则如下：如果没有一个目标类 e 获得的多数票(即$>N/2$ 票)，则选择样本 e。然后，查询实例的最终预测通常以基级分类器和仲裁器的预测中的多数票为准，平局则由仲裁器裁决。他们还讨论了扩展至仲裁器树的理念，即将几个仲裁器递归地构建在一个树状结构中。在这种情况下，当一个查询样本被提出时，其预测在树中从叶子(基学习器)向上传播到根部，沿途的每一级都有仲裁发生。

9.6　元决策树

　　另一种结合归纳模型的方法见 Todorovski 等(2003)关于元决策树(MDTs)的研究。MDT 的总体思路与堆叠法相似，即从使用基学习的结果获得的信息中诱导出一个元模型，如图 9.16 所示。然而，MDTs 在选择使用什么信息及元学习任务方面与堆叠法不同。特别是，MDTs 构建一个决策树，其中每个叶子节点对应一个分类器而不是一个分类。因此，当提供一个新的查询样本时，元决策树会提供最适合预测该实例的类别标签的分类器。MDT 构建算法如图 9.17 所示。

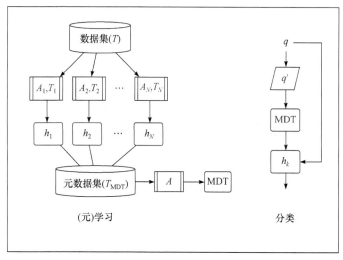

图 9.16　元决策树

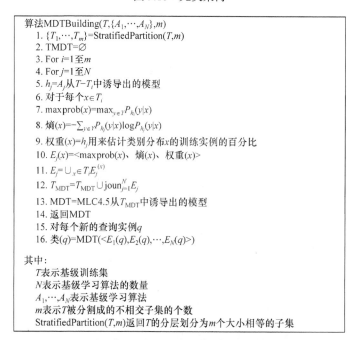

图 9.17　元决策树构建算法

在不同的数据子集上使用基级学习器从样本中提取类别分布属性(图 9.17 第7~9 行)。这些属性反过来成为元学习任务的属性。与算法选择的元学习不同,这些属性是从完整的数据集中提取的(因此每个数据集有一个元样本),MDTs 每个基样本中有一个元样本,只是用新计算的属性替换基级属性。元模型 MDT 是采用元学习算法从元样本 T_{MDT} 中诱导而来。一个典型的例子是 MLC4.5，这是一个著名的 C4.5 决策树学习算法的扩展(Quinlan，1993)。

有趣的是，除了提高准确性之外，MDTs 是可理解的，也提供了一些关于基学习的洞察力。在某种意义上，MDT 的每一个叶节点都负责一个基级学习器(如 C4.5、LTree、CN2、k-NN 和朴素贝叶斯)的相关专业领域。

9.7　讨　　论

本章所列出的方法并非详尽无遗。之所以选择这些方法，是因为它们代表了模型组合方法的类别，并且与元学习的主题联系最紧密。目前，人们提出了许多所谓的集成方法，它们将许多算法组合到一个学习系统(如 Kittler 等，1998；Opitz 等，1999；Caruana 等，2004；Brown，2005)。有兴趣的读者可以参考文献中对其他组合和集成方法的描述与评价。

由于模型组合使用基级的结果来构建元级的分类器，因此可将其视为一种元学习的形式。但模型组合的动机与传统的元学习往往大不相同，元学习明确地试图获得关于学习过程本身的知识，而模型组合几乎只关注提高基级的准确性。尽管它们确实在元级上进行了学习，但是大多数模型组合方法都不能产生任何关于学习的真正可泛化的洞察，除非在仲裁和元决策树的情况下，新的元知识在组合过程中被明确导出。正如 Vilalta 等(2004)所述："通过学习或解释是什么导致学习系统在一个特定的任务或领域中成功或不成功，元学习试图超越产生更准确的学习器的目标，达到理解学习策略最合适的条件(如样本分布的类型)的额外目标"。

参 考 文 献

Alpaydin, E. and Kaynak, C. (1998). Cascading classifiers. *Kybernetika*, 34:369-374.

Breiman, L. (1996). Bagging predictors. *Machine Learning*, 24(2):123-140.

Brown, G. (2005). Ensemble learning - on-line bibliography. http://www.cs.bham.ac.uk/gxb/ensemblebib.php.

Caruana, R., Niculescu-Mizil, A., Crew, G., and Ksikes, A. (2004). Ensemble selection from libraries of models. In *Proceedings of the 21st International Conference on Machine Learning*, ICML'04, pages 137-144. ACM.

Chan, P. and Stolfo, S. (1993). Toward parallel and distributed learning by metalearning. In *Working Notes of the AAAI-93 Workshop on Knowledge Discovery in Databases*, pages 227-240.

Chan, P. and Stolfo, S. (1997). On the accuracy of meta-learning for scalable data mining. *Journal of Intelligent Information Systems*, 8:5-28.

Efron, B. (1983). Estimating the error of a prediction rule: Improvement on crossvalidation. *Journal of* the *American Statistical Association*, 78(382):316-330.

Ferri, C., Flach, P., and Hernandez-Orallo, J. (2004). Delegating classifiers. In *Proceedings of the 21st International Conference on Machine Learning*, ICML'04, pages 289-296.

Frank, E. and Witten, I. H. (1998). Generating accurate rule sets without global optimization. In *Proceedings of the 15th International Conference on Machine Learning*, ICML'98, pages 144-151.

Freund, Y. and Schapire, R. (1996a). A decision-theoretic generalization of on-line learning and an application to boosting. In *Proceedings of the European Conference on Computational Learning Theory*, pages 23-37.

Freund, Y. and Schapire, R. (1996b). Experiments with a new boosting algorithm. In *Proceedings of the 13th International Conference on Machine Learning*, ICML'96, pages 148-156.

Furnkranz, J. (1999). Separate-and-conquer rule learning. " *Artificial Intelligence Review*, 13:3-54.

Gama, J. and Brazdil, P. (2000). Cascade generalization. *Machine Learning*, 41(3):315-343.

Jacobs, R. A., Jordan, M. I., Nowlan, S. J., and Hinton, G. E. (1991). Adaptive mixture of local experts. *Neural Computation*, 3(1):79-87.

Jordan, M. I. and Jacobs, R. A. (1994). Hierarchical mixtures of experts and the EM algorithm. *Neural Computation*, 6:181-214.

Kaynak, C. and Alpaydin, E. (2000). Multistage cascading of multiple classifiers: One man's noise is another man's data. In *Proceedings of the 17th International Conference on Machine Learning*, ICML'00, pages 455-462.

Kittler, J., Hatef, M., Duin, R. P. W., and Matas, J. (1998). On combining classifiers. *IEEE Transactions on Pattern Analysis and Machine Intelligence*, 20:226-239.

Koppel, M. and Engelson, S. P. (1997). Integrating multiple classifiers by finding their areas of expertise. In *Proceedings of the AAAI-96 Workshop on Integrating Multiple Learned Models*.

Opitz, D. and Maclin, R. (1999). Popular ensemble methods: An empirical study. *Journal of Artificial Intelligence Research*, 11:169-198.

Ortega, J. (1996). *Making the Most of What You've Got: Using Models and Data to Improve Prediction Accuracy*. PhD thesis, Vanderbilt University.

Ortega, J., Koppel, M., and Argamon, S. (2001). Arbitrating among competing classifiers using learned referees. *Knowledge and Information Systems Journal*, 3(4):470-490.

Quinlan, J. R. (1993). *C4.5: Programs for Machine Learning*. Morgan Kaufmann, San Francisco, CA.

Schapire, R. (1990). The strength of weak learnability. *Machine Learning*, 5(2):197-227.

Ting, K. and Witten, I. (1997). Stacked generalization: When does it work? In *Proceedings of the Fifteenth International Joint Conference on Artificial Intelligence*, pages 866-871.

Ting, K. M. and Low, B. T. (1997). Model combination in the multiple-data-batches scenario. In *Proceedings of the Ninth European Conference on Machine Learning (ECML- 97)*, pages 250-265.

Todorovski, L. and D˘zeroski, S. (2003). Combining classifiers with meta-decision trees. *Machine Learning*, 50(3):223-249.

Tsymbal, A., Puuronen, S., and Terziyan, V. (1998). A technique for advanced dynamic integration of multiple classifiers. In *Proceedings of the Finnish Conference on Artificial Intelligence (STeP '98)*, pages 71-79.

Vilalta, R., Giraud-Carrier, C., Brazdil, P., and Soares, C. (2004). Using meta-learning to support data-mining. *International Journal of Computer Science Applications*, I(1):31-45.

Waterhouse, S. R. and Robinson, A. J. (1994). Classification using hierarchical mixtures of experts. In *IEEE Workshop on Neural Networks for Signal Processing IV*, pages 177-186.

Webb, G. I. (1997). Decision tree grafting. In *Proceedings of the Fifteenth International Joint Conference on Artificial Intelligence*, pages 846-851.

Wolpert, D. H. (1992). Stacked generalization. *Neural Networks*, 5(2): 241-259.

第 10 章　集成法中的元学习

摘要　本章探讨如何在集成学习中利用元学习法。开头提出诸如使用哪些集成方法等影响集成学习过程和结果的问题。本章探讨随后出现的各个研究方向。有些方法是为整个数据集寻求基于集成的解决方案，有些则是为单个实例寻求解决方案。对于第一类方法，我们关注的是构建、剪枝和组合阶段的元学习。在这个过程中，模型的相关性起着重要作用。对于第二类方法，针对各实例采用动态选择模型。分层集成及其设计中所采用的方法专门在其中一节进行探讨。由于该领域涉及非常大的潜在构形空间，因此，采用元学习等先进的方法将有助于集成学习，还可用于确定不同模型的能力区域和模型之间的依赖性。

10.1　简　　介

第 9 章介绍了几种将基分类器组合成集成模型的方法，简称为集成，一些研究人员将这些方法称为集成学习。因大多数集成只关注分类，所以又称为多分类器系统(Mendes-Moreira 等，2012；Cruz 等，2018)。因集成模型的性能通常显著优于所能识别的最佳基模型的性能，所以被广泛使用。通常，集成模型通过将多个不同模型的预测结果结合起来生成一个预测结果。

根据数据子空间的定义，将没有免费的午餐(NFL)定理(Wolpert，1996)从任务扩大至子任务，可获得对上述问题的不同看法。换言之，由于 NFL 定理表明不同问题的最佳算法可能有所不同，所以，我们可以假设数据的不同子空间的最佳算法也可能不同。因此，我们可以认为，集成学习方法的目标是通过结合多个模型的(通常是更细分的)专业知识增强系统的专业领域，从而减少基于任何单一诱导模型错误分类的概率。

学习和使用集成模型的过程涉及两个层面的内容。一方面，通过分析手头的 ML 任务数据来获得基模型。另一方面，将这些模型组合起来进行元级操作。在某些情况下，这些操作可能非常简单(即投票法或平均法)。因此，元学习一词有时也用来描述集成学习方法。但我们在本书中定义的元学习更为狭义(见本书序言)。所以，如果根据我们的定义，并非所有的集成系统都能够称为元学习系统。

然而，鉴于集成学习的相关性，出现了一个问题，即元学习/AutoML 在集成学习过程中起什么作用。不同的视角可以得出不同的答案。如果我们将集成视为一种算法，那么元学习/AutoML 方法的总体目标是为特定任务推荐最合适的算法(即一个集成模型)。由于集成学习是一个涉及多步骤和模型的复杂过程，元学习在这个过程中也能发挥重要作用。因此，从这个角度来看，元学习可以用来：①选择一个模型子集来对特定任务进行预测；②评估一个基模型对特定任务预测的准确性，并在集成学习的过程中使用这些信息；③在集成学习的每一步推荐最佳方法。

本章将介绍更多关于这一主题不同方法的详细内容。在此之前，我们首先回顾一下可对不同的集成学习系统进行分类的一些基本特征。

10.2　集成系统的基本特征

1. 我们想要利用现有的集成组合吗

很多用户经常会同时处理多个相似的任务。如果他们选择一种集成解决方案，在遇到一个新任务时，可能拥有多种组合方法供选择。然后用户可以选择两种可能的方法。一种方法是从现有的组合方法中寻找最适合的解决方案，更多详细信息可参见第 10.3 节。另一种方法是集成学习，目标是为当前任务设计最佳集成模型，我们将在第 10.4 节详细探讨这个问题。

2. 预测是针对整个数据集还是针对单个实例

有些集成学习系统为整个数据集提供解决方案(即集成模型)，还有一些集成学习系统则针对各个实例的特点专门定制一个集成模型。这个过程通常称为动态选择，如果基本任务为分类，则称为动态分类器选择。更多详细信息可参见第 10.5 节。

3. 使用哪个集成方法

在第 9 章我们介绍了各种方法，如权衡投票的装袋法、推进法、堆叠法及其他方法。用于算法选择的元学习方法包含多个从备选方法池中选择的方法。

在将元学习作为部分集成学习过程的方法中，最常用是堆叠法(Pinto 等，2016；Narassiguin 等，2017；Wistuba 等，2017；Khiari 等，2019)。还有一些其他方法也常被使用，如装袋法(Pinto 等，2014)。

集成系统，如 ALMA(Houeland 等，2018)和元学习算法模板(Kordik 等，2018)的使用则更为普遍，因为它们可以结合许多不同的集成方法，也可以利用元学习。

4. 模型是用单一算法还是不同算法生成的

原则上，异构集成能够集成更多不同的组件(如分类器)(Kuncheva 等，2003)，因此异构集成是首选方法。

5. 元数据来自当前数据集还是过去的数据集

对这个问题，我们可以区分两种系统：一种系统只使用从当前数据集中获得的元数据，而另一种系统还会使用从过去试验中在其他数据集上获得的元知识。集成学习中的许多元学习法只从当前数据集中学习。

6. 什么是基级学习任务

机器学习的领域包括不同的任务，如分类、多标签分类和回归等。一些集成学习方法专门针对特定类型的任务，而其他方法的使用则更为广泛，能够处理不同的任务类型(如回归和分类)。

10.3 基于选择的集成构建方法

基于选择的方法取决于良好的组合方法，很有代表性的包括基级方法和基于集成的方法。现有的方法能够探索广泛的构形空间，并为特定任务集确定有用的模型子集(第 8 章)。

确定一个组合方法后，即可将其用于新任务的处理。本书中描述的各种方法使确定最佳潜在模型(此处指集成模型)成为可能。其中一个方法是第 2 章所述的简单排序法。第 5 章中探讨的方法兼顾与当前和过去数据集关联的现有元知识(如数据集特征等)使得确定潜在的最佳算法(此处指特定的集成算法)成为可能。更多详细信息可参见第 4 章。

这种方法有一个缺点，它需要一个组合，但如果要将所有可能有用的变体囊括其中，这个组合会非常庞大。这个问题可以通过应用第 8 章(第 8.5 节)中所述的组合缩减技术来实现组合最小化，该技术的作用类似于剪枝。使用该技术可消除所有不合格和冗余的算法(此处指集成方法)。第 7 章所述的 Cachada 等(2017)的实验结果表明，当时间预算较低时，平均排序法(AR*)的表现可以超过 AutoWeka。这些实验中所使用的组合方法包括各种算法，但其中约有一半为不同的集成模型。这种方法的局限性是构形空间有限，因而很难与探究更大构形空间的方法相提并论。

10.4 集成学习(每数据集)

集成学习方法根据特定的基模型来构建最佳集成模型。这一过程通常包括不同的阶段并能够进行迭代。更多详细信息见下一节。

集成学习可分为三个阶段：构建、剪枝和整合(Mendes-Moreira 等，2012)(图 10.1)。更多详细信息后面逐一介绍。

10.4.1　构建和剪枝阶段的元学习

1. 构建和剪枝

生成即获得一个多样化且足够精确的模型池(Dietterich，2000)。这个阶段包含选择数据(如数据集或其中某个部分)、选择合适的机器学习(ML)算法并开展训练。选择 ML 算法必须遵守不同的标准。首选，应考虑特定的任务要求。例如，如果任务目标是获得分类任务的集成，则必须考虑从分类算法池中进行选择。剪枝的作用是删除一些无用模型(Mendes-Moreira 等，2012)。

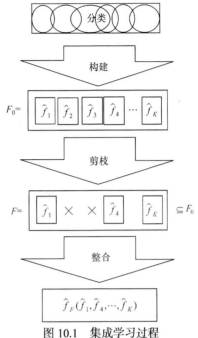

图 10.1　集成学习过程

Pinto 等(2015)提出了一种袋装法变体，即在模型构建过程中进行预剪枝。预剪枝的目的是删除一些无法生成有用模型的引导样本。元学习用于预测一个样本是否能够生成可以提高集成准确度的模型。这种方法旨在减少生成无用模型的计算成本。

Wistuba 等(2017)提出的自动创造复杂集成方法(automatic frankensteining)采用了多层堆叠并带有加权的调整模型。在生成阶段，元级模型用于预测超参数优化运行的执行时间，这样就可以确定对哪组超参数进行测试。这一过程使用了第 6 章(第 6.4 节)中探讨的序列模型优化(SMBO)技术。

一般来说，元学习可以用于确定应生成哪些模型。为确保集成模型的性能优于其所包含的各模型性能，这些模型应具有多样性(Kuncheva 等，2003)。因此，我们需要衡量两个或两个以上元素的多样性。过去，人们为此提出了评估指标。其中一种叫分类器输出差异(COD)(Peterson 等，2005)，更多详细信息可参见第 8 章(第 8.5 节)；另外一种是 Q 统计量(Kuncheva 等，2003)。

有些方法，如提升法(第 9.1.2 小节)中，其生成阶段采用迭代方式，类似于构建决策树的过程，使用部分展开的树作为进一步扩展的基础。这个阶段构建的模型(部分构建的集成模型)可作为其他扩展的基础模型，使用特定的一个或多个衡量标准对此模型进行评估，并评估最佳选项。因此，这个过程中所获得的元知识可用于指导搜索整个空间中最有希望的区域。这种方法的优势是搜索仅限于整个空间中的一部分。

对于生成多个不同模型的问题，正如 Cruz 等(2018)提出的办法，其中一个较好的解决方案可能无须需剪枝这一阶段。

2. 再次使用基于选择的方法进行集成学习

关于集成模型设计的一个重要决策是考虑使用哪种基级学习算法生成模型。基级任务的类型大大减少了集成元素的选择。如果基任务为分类(回归)，我们只需要考虑使用分类(回归)算法作为集成模型的潜在组件。第 10.3 节中所述方法可为集成模型生成候选组件。

如前所述，早期基于选择的方法取决于一个组合方法，这个组合应包含表现良好且多样化的算法。有关如何在过去实验的基础上生成这个组合方法的更多详细信息参见第 8 章。

确定了一个组合方法后，就可将其用于处理新的任务。本书中所述的各种方法可用于确定适用于特定任务的算法子集。通常情况下，我们会对组合中的算法进行迭代处理，直至满足某个终止条件。其中一个终止条件可能是要求集成模型最多包含 n 个成员。另一个终止条件可能是要求每个新成员都应以某种方式对集成模型做出贡献。在这种情况下，可能采用的一个判断标准是第 5 章(第 5.8 节)中所探讨的预期性能增益。

注意，这种方法也要考虑当前任务(数据集)的现有数据集特征，并据此判断哪些基级算法在过去类似数据集上是有用的，从而再次使用相关的元级信息(Pinto 等，2014；Wistuba 等，2017；Kordik 等，2018；Houeland 等，2018)。

3. 元级 ML 算法的选择

在集成生成/剪枝阶段，元学习通常会涉及标准的机器学习任务，如分类或回归。如果集成模型按顺序生成，则可以使用标签排序算法。不过，就我们所知，还未曾有人使用过此算法。

既然元学习任务在大多数情况下都是标准任务，这就意味着使用现成算法就能够满足任务要求，包括决策树、支持向量机、随机森林和懒惰学习等。

4. 模型建构的相互依赖性

如前所述，单个模型对集成模型的贡献取决于其他模型。这代表元学习的一个机会，可用于表征模型和/或数据间的关系。元学习会考虑当前任务(数据集)的特征，并重用模型间关系的元级信息。Pinto 等(2014)通过间接方式提出了装袋法的一种变式。他们不是对两个模型，而是对每个样本和原始数据集进行比较；然后用元学习确认情境，以确保从某个样本中学习新模型是值得的。

5. 元特征

在集成学习过程中,大多数元学习方法都使用了第 4 章中所探讨的元特征。常用的元特征包括简单、统计和信息论(Pinto 等 2014;Wistuba 等,2017)及地标(Pinto 等,2014)。

如前所述,由于集成模型涉及多个模型,因此应考虑使用元特征量化成对模型间关系,如已在第 10.4.1 小节中就探讨过的 COD(Peterson 等,2005)和 Q 统计量(Kuncheva 等,2003)。这些元特征可用于通过不同的自举样本所获得的地标模型,以预估其冗余度(Pinto 等,2014)。

生成多样化模型的一种方法是改变用于学习模型的数据(例如,对原始数据集重新取样)。在这些案例中,为实现元学习的目的,可以通过量化这些样本之间的差异来评估模型之间的多样性。样本量化可以通过使用 KL 散度(Cruz 等,2018)测量数据分布之间或元特征值(Pinto 等,2014)之间的差异来实现。对应样本和原始数据集之间的距离已用于选择产生有用模型的自举样本(Pinto 等,2014)。

另一种算法/模型选择的方法基于对性能或执行时间的预测(Wistuba 等,2017)。在这些方法中,元例所代表的学习过程的配置也可以作为元特征使用。这些元例可能包括实验中使用的特定超参数设置值(Wistuba 等,2017)。

6. Auto-sklearn 中采用的策略

Auto-sklearn 中采用的策略包含两个阶段。在第一个阶段,系统会寻找一组良好的基级解决方案,而不仅仅是一个基级解决方案。在第二个阶段,系统会选择一部分方案创建一个集成。有关该方法的更多详细信息,可参见 Feurer 等(2015a)和 Feurer 等(2019)的研究。

10.4.2 整合阶段的元学习

1. 整合

给出集成学习过程和新的观察中生成和剪枝阶段产生的模型集,就可以结合每个模型的个别预测得出预测结果。问题是如何将不同模型的预测结果整合成一个单一的预测。目前使用的方法中有些较为简单,如投票法;有些较为复杂,如根据手头的具体观察值调整组合方法。后者在第 10.5 节中探讨。

如前所述,单个模型对集成模型的贡献取决于其他模型(Pinto 等,2016)。因此,在一个集成模型中新增或删除一个模型,不仅直接影响该集成模型的性能,还影响该集成模型中所有其他模型的贡献。此外,还对未来可能使用的其他候选模型的性能产生影响。有关算法的边际贡献的更多详细信息,可参见第 8 章(第 8.4 节)。

单个元素的边际贡献与各模型的能力区域相关。换言之，必须确定模型表现优异的特定任务集和相关数据集的子空间(如高均值和低方差)。这个子空间称为能力区域，通常与特定的算法或经训练的模型相关。

特定算法的能力区域可能包括某种数据集的分类(如图像数据集或具有相关特征的数据集)或仅仅是某一数据集某种实例的分类。该方法中探讨的第二种选择涉及第 10.5 节中探讨的动态选择模型。这些方法的目的是为每个样本确定一组能力模型。

2. 元学习方法

元学习在整合步骤中也起着重要作用。事实上，最简单的整合步骤很明显就是一个元学习的问题：根据观察值确定哪个生成模型的子集可用于预测结果。我们还讨论了元学习方法，更进一步将探讨这种情形下更具挑战性的元特征。

10.5　动态选择模型(每实例)

动态选择方法会生成大量的模型，给出一个新实例，将这些模型组合起来(如分配权重或选择子集)。当该方法用于分类设置时，就可使用动态分类器选择这一术语(DCS)。

1. 再次使用基于选择的方法进行集成学习

如前所述，DCS 可视为一个分类/推荐问题：给出一个观察值，元决策树选择最合适的模型做出预测。MetaBags 系统即使用元决策树执行这种方法。元决策树由 Todorovski 等(2000)提出，在第 9 章(第 9.5 节)介绍。奇怪的是，MetaBags 在元级上也使用了集成方法，将元决策树装袋。

2. ALMA 系统的分层架构

ALMA 系统(Houeland 等，2018)是一个抽象的 ML 框架，由学习系统组件的分层架构组成，其中包括代表动态分类器选择的算法和元算法的层级。这一方法可与投票法和加权法结合使用。它包括用于算法选择的懒惰元学习方法。根据作者的报告，ALMA 系统可使用从当前数据集和其他数据集中获得的元知识。但实验结果表明，该系统主要使用从当前数据集中获得的元知识。

由于 DCS 针对每个实例来选择模型，因此比利用批数据的其他系统更容易扩展至数据流场景。

3. 模型建构的相互依赖性

如前所述，单个模型对集成模型的贡献取决于其他模型。这不仅符合用模型组合对单个实例进行预测的情况，也适用于模型的构建和剪枝过程。

DCS 还可视为一个多目标预测问题：给出观察值和模型集，确定使用哪些模型。多目标预测是 ML 任务的一种广义术语，兼顾多个决策之间的相互依赖性 (Waegeman 等，2019)。多任务分类(MLC)是一个多目标预测任务，其目标是预测应分配给观察值哪些来自特定集的标签(Read 等，2019)。

因此，动态分类器选择(DCS)可视为一个 MLC 问题，其中的标签即为模型 (Pinto 等，2016；Narassiguin 等，2017)。也就是说，假定生成和剪枝阶段产生了 N 个模型的集合 $H = \{h_1, \cdots, h_N\}$，目标是选择这些模型 $H_i \subseteq H$ 的正确子集，以预测观察值 i。

沙德系统(Pinto 等，2016)和 PCC-DES(Narassiguin 等，2017)使用基于多标签分类的元学习方法来解决模型间的依赖性问题。这些系统使用了受堆叠法启发的方法预测集成模型中的某个模型是否能够准确预测一个新的实例，所使用的算法包括分类器链(Pinto 等，2016)和概率分类器链(Narassiguin 等，2017)。

元特征

就动态分类器选择的元学习而言，由于学习目标是单一实例，而传统的元特征表征样本集，不能直接用于单次观察，因此很难计算传统的元特征。

一种办法是计算目标实例相邻区域的统计信息(Khiari 等，2019)。另一种办法是使用样本的先验聚类。分类器应针对一组看起来类似而不是某一样本实例进行选择。这些方法可使用如第 4 章中所述的标准数据表征措施。Britto 等(2014)还使用了问题复杂度作为元特征。

基于模型的元特征并不常见。这并不奇怪，因为在传统的元学习场景中也很少使用这类元特征。MetaBags(Khiari 等，2019)是一个例外，该系统包含一种新的基于模型的元特征，称为本地地标。即给出一个实例，本地地标描述树叶落下的方位为这片叶子中样本的深度和实例数量。注意，不管名称如何，这些实际上都是基于模型的元特征。

计算单次观察的元特征既是挑战，也是机会。既然每个元实例都是单一实例，那么其原始属性也可作为元特征使用(Pinto 等，2016；Khiari 等，2019)。此外，我们注意到，在堆叠法中，模型的预测结果也可作为元特征使用(Narassiguin 等，2017；Khiari 等，2019)。

不过，这些元特征可以泛化为不同类型的地标，用以表征某一特定实例的模型行为。例如，Pinto 等(2016)使用一组受堆叠法启发的元特征，预测每个候选模型是否会得出正确的预测值。

10.6 创建层级集成模型

元学习法已被纳入两个通用机器学习框架中：元学习算法模型(MAT)(Kordik 等，2018)和ALMA(Houeland 等，2018)。这两种方法都是带有层级架构的集成模型(第 10.6.1 小节)，但它们使用元学习法的方式不同。MAT 是一种基于搜索的集成构建方法，使用元学习初始化搜索可能的解决方案(第 10.6.2 节)；而 ALMA 则将元学习作为集成架构方法的核心(第 10.6.3 节)。

10.6.1 层级集成模型

顾名思义，层级集成模型是一个树形的层级架构，如图 10.2 所示。该模型的内部节点包括集成模型，而集成模型又包括基级算法或其他集成模型，叶节点只包括基级算法。

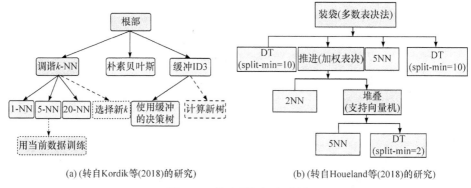

(a) (转自Kordik等(2018)的研究)　　　　(b) (转自Houeland等(2018)的研究)

图 10.2 算法层级组合示例

10.6.2 利用进化计算改进层级集成模型

Kordik 等(2018)开发了旨在使用进化计算(EC)为目标数据集生成最佳层级集成模型的系统。这一架构可包含不同类型的集成方法，如装袋法、推进法、级联法和仲裁法。

这个过程从一组简单的解决方案开始，然后演变为更复杂的解决方案。该过程由适配性和模板控制，所使用的模板体现作者对如何扩展特定结构的认识。

模板可用类似于第 7 章(第 7.2 节)所述的本体或上下文无关文法(CFG)规则来表示。正如该章中所指出的，它们体现某种描述性和程序性偏差来限制搜索结果。EC 算法用于为特定任务搜索最佳层级集成模型。

该系统使用在过去问题上确定的最有希望的工作流来初始化搜索，这些工作流可视为从先验任务中获得的元知识。这一策略可能与 Feurer 等(2015b)介绍的初始化搜索最佳参数设置的过程相关，详细信息参见第 6 章(第 6.8 节)。

由于这个处理过程在数据集较大时可能非常缓慢，因此作者在较小的数据样本上开发解决方案，然后将其应用于完整数据。

该系统已用于多个具体任务中。其中，作者展示了在一个相当大的航空公司数据集上，一个特定的进化模板(快速 S 形曲线回归模型的简单集成)是如何胜过最先进的方法的。

10.6.3　层级集成方法中的元学习

在 ALMA 中(Houeland 等，2018)，元学习是集成构建过程的核心。该方法将该过程整理为三层结构，分别代表模型、算法和元算法。

元学习层选择的算法为懒惰学习算法。这一基于选择的方法，如第 10.3 节所述，可通过分层进行的分阶段方法构建层级集成模型。第一阶段生成较大的潜在有用的集成模型集。这一阶段应小心避免在搜索空间产生不太可能带来有用结果的分支(如不允许对具有低方差的基级算法进行装袋集成等)。通过使用第 10.3 节所述的缩减技术可确定该模型集中更小的子集。

然后，将该模型集添加至现有的组合中，并重复这一过程。该方法在实际应用中的运作一定非常有意思。

10.7　结论与未来研究展望

集成学习包括将多种不同模型组合起来以获得更准确预测的学习系统。这种方法是建立在由不同模型专门负责处理特定任务的不同数据子空间这一理念之上的。本章我们探讨了紧随其后的各个研究方向。如上所述，有些方法是为整个数据集寻求基于集成的解决方案，有些则是为单个实例寻求解决方案。我们根据这一标准用一个单独的章节讨论了每组方法。除了构形空间要大得多外，用于构成层级集成模型的方法与简单集成模型的方法并没有太大区别，但我们还是将层级集成分离出来。

所以，我们的目标是明确元学习在集成学习中的作用，以及如何将其整合至整个过程中。因该领域涉及非常大的潜在构形空间，所以必须采用元学习等先进方法。元学习可用于确定不同模型的能力区域和模型之间的依赖性。现有的困难是，如何找到一种方法使寻找新的、有用的集成解决方案更为容易。

参 考 文 献

Britto, A. S., Sabourin, R., and Oliveira, L. E. (2014). Dynamic selection of classifiers—A comprehensive review. *Pattern Recognition*, 47(11):3665-3680.

Cachada, M., Abdulrahman, S., and Brazdil, P. (2017). Combining feature and algorithm hyperparameter selection using some metalearning methods. In *Proc. of Workshop AutoML 2017, CEUR Proceedings Vol-1998*, pages 75-87.

Cruz, R. M., Sabourin, R., and Cavalcanti, G. D. (2018). Dynamic classifier selection: Recent advances and perspectives. *Information Fusion*, 41:195-216.

Dietterich, T. G. (2000). Ensemble methods in machine learning. In *Multiple Classifier Systems. MCS 2000*, volume 1857 of *LNCS*. Springer.

Feurer, M., Klein, A., Eggensperger, K., Springenberg, J., Blum, M., and Hutter, F. (2015a). Efficient and robust automated machine learning. In Cortes, C., Lawrence, N., Lee, D., Sugiyama, M., and Garnett, R., editors, *Advances in Neural Information Processing Systems 28*, NIPS'15, pages 2962-2970. Curran Associates, Inc.

Feurer, M., Klein, A., Eggensperger, K., Springenberg, J. T., Blum, M., and Hutter, F. (2019). Auto-sklearn: Efficient and robust automated machine learning. In Hutter, F., Kotthoff, L., and Vanschoren, J., editors, *Automated Machine Learning: Methods, Systems, Challenges*, pages 113-134. Springer.

Feurer, M., Springenberg, J., and Hutter, F. (2015b). Initializing Bayesian hyperparameter optimization via meta-learning. In *Proceedings of the Twenty-Ninth AAAI Conference on Artificial Intelligence*, pages 1128-1135.

Houeland, T. G. and Aamodt, A. (2018). A learning system based on lazy metareasoning. *Progress in Artificial Intelligence*, 7(2):129-146.

Khiari, J., Moreira-Matias, L., Shaker, A., Ženko, B., and Džeroski, S. (2019). MetaBags: Bagged meta-decision trees for regression. In *Proceedings of ECML/PKDD 2018*, pages 637-652. Springer.

Kordík, P., Černý, J., and Frýda, T. (2018). Discovering predictive ensembles for transfer learning and meta-learning. *Machine Learning*, 107(1):177-207.

Kuncheva, L. I. and Whitaker, C. J. (2003). Measures of Diversity in Classifier Ensembles and Their Relationship with the Ensemble Accuracy. *Machine Learning*, 51(2):181- 207.

Mendes-Moreira, J., Soares, C., Jorge, A. M., and Sousa, J. F. D. (2012). Ensemble approaches for regression. *ACM Computing Surveys*, 45(1):1-40.

Narassiguin, A., Elghazel, H., and Aussem, A. (2017). Dynamic Ensemble Selection with Probabilistic Classifier Chains. In *Machine Learning and Knowledge Discovery in Databases, European Conference, ECML PKDD 2017, Lecture Notes in Computer Science*, volume 10534 LNAI, pages 169-186. Springer, Cham.

Peterson, A. H. and Martinez, T. (2005). Estimating the potential for combining learning models. In *Proc. of the ICML Workshop on Meta-Learning*, pages 68-75.

Pinto, F., Soares, C., and Mendes-Moreira, J. (2014). An empirical methodology to analyze the behavior of bagging. In *Advanced Data Mining and Applications. ADMA 2014. Lecture Notes in Computer Science*, volume 8933. Springer, Cham.

Pinto, F., Soares, C., and Mendes-Moreira, J. (2015). Pruning bagging ensembles with metalearning. In *International Conference on Advanced Data Mining and Applications, Lecture Notes in Computer Science*, volume 9132, pages 64-75. Springer, Cham.

Pinto, F., Soares, C., and Mendes-Moreira, J. (2016). CHADE: Metalearning with classifier chains for dynamic combination of classifiers. In *Joint European Conference on Machine Learning and Knowledge Discovery in Databases, ECML PKDD 2016, Lecture Notes in Computer Science*, volume 9851 LNAI, pages 410-425. Springer, Cham.

Read, J., Pfahringer, B., Holmes, G., and Frank, E. (2019). Classifier chains: A review and perspectives. *arXiv preprint arXiv:1912.13405*.

Todorovski, L. and Džeroski, S. (2000). Combining multiple models with meta decision trees. In Zighed, D. A., Komorowski, J., and Zytkow, J., editors, *Proc. of the Fourth European Conf. on Principles and Practice of Knowledge Discovery in Databases*, pages 255-264. Springer-Verlag.

Waegeman, W., Dembczyński, K., and Hüllermeier, E. (2019). Multi-target prediction: aunifying view on problems and methods. *Data Mining and Knowledge Discovery*, 33(2):293-324.

Wistuba, M., Schilling, N., and Schmidt-Thieme, L. (2017). Automatic Frankensteining: Creating complex ensembles autonomously. In *Proceedings of the 2017 SIAM International Conference on Data Mining*, pages 741-749. Society for Industrial and Applied Mathematics, Philadelphia, PA.

Wolpert, D. (1996). The lack of a priori distinctions between learning algorithms. *Neural Computation*, 8:1341-1390.

第 11 章　数据流算法推荐

摘要　本章主要介绍用于数据流中的元学习法。这是一个重要的领域，因为现实世界中的许多数据都是以观察流的形式出现的。我们首先回顾数据流场景的一些重要方面，其中涉及在线学习、非平稳性和概念漂移。然后，我们重点介绍利用元学习进行算法推荐的三种方法，第一种方法将数据流分为数个部分，并从每个部分中提取元特征，这些信息可用于决定下一部分应采用哪种机器学习方法(如分类器)；第二种方法是以在线方式构建集成模型，然后监测这些集成模型的性能，并选择在最新的部分数据上表现优异的模型用于数据流的下一部分；第三种方法旨在利用数据中反复出现的概念。事实上，许多数据都有季节性效应(如工作日测量的数据与周末测量的数据)，通过应用元学习，我们可以在适当的时候重用旧模型。最后，本章结尾提出了一些开放型研究问题并指出未来的研究方向。

11.1　简　　介

数据流的实时分析是数据挖掘研究的一个关键领域。许多在现实世界中采集到的数据实际上就是一种数据流，观察值依次进入数据流之中，而用于处理这些数据的算法往往受到时间和内存的限制。数据流示例包括以下几种。

(1) 股票价格和交易市场。股票的价格受到近期因素影响而不断产生波动。体现这一概念的常用数据集为电力数据集，目标是预期价格会上涨还是下跌。该数据集可在 OpenML[①]和 UCI 上找到。

(2) 化合物。在严格控制的条件下，借助各种传感器来确定化合物的组成。随着时间推移，传感器会退化甚至失效，但模型仍然需要准确确定成分。这个数据集可以在 OpenML[②]和 UCI 上找到。

(3) 人体测量，如脑电图(EEG)数据。EEG 是一种通过在头部安装几个传感器来记录大脑的电活动的监测方法。这种数据的设想是，根据最近的脑电波，来预测人体的几个事件。EEG 数据的一个常见例子是眼睛状态数据库，其目的是根据 EEG 数据预测受试人是睁眼还是闭眼。这个数据集可以在 OpenML[③]和 UCI上找到。

---

① https://www.openml.org/d/151

② https://www.openml.org/d/1476

③ https://www.openml.org/d/1471

在所有上述示例中，其目标都是预测未来事件(电价、化学成分、有无眨眼动作)。通过训练分类器可以做出这些预测，然后当观察到正确数值时，应重新训练或适当地调整模型。

数据流和传统类型的数据之间有几个关键的区别，本书在其他各章中已进行了探讨。正如许多作者所强调的，最重要的区别可参考文献 Domingos 等，2003；Gama 等，2009；Bifet 等，2010；Read 等，2012)。

(1) 非平稳性。数据具有非平稳性，也就是说，实例的顺序很重要。例如，因其违反部分基本假设，所以交叉验证被禁止在评估中使用。

(2) 在线学习。观察值来自不同的时间点。算法必须逐个处理这些观察值，因此算法必须是可更新的。

(3) 无限性。算法应能处理无限的观察流，限制计算复杂性方面的选择。

(4) 概念漂移。一个习得的概念会随着时间的推移而改变。在分析金融数据时，当市场上发生了破坏性事件后，现有的模型可能会过时，这一现象称为概念漂移。数据流分类器应能检测到这些事件并采取相应的行动(如更新或替换模型)。

正如 Bifet 等(2010)和 Read 等(2012)所指出的，上述这些特性对数据流建模的算法提出了要求。

(1) 数据处理能力。一次处理一个观察值并最多检查一次。由于数据流通常由大量数据组成，因此将所有数据都保存在内存中是办不到的。当然，在许多应用中，可以存储预定数量的观察值便于后续检查(如 k-NN)，但是必须快速决定是否存储或忽略一个观察值。

(2) 资源。期待无限的数据流，用有限的资源处理。理想情况下，处理特定的观察值(无论是用于训练还是预测)需要恒定的时间。对于大型数据流，对内存的要求可能是个问题，因此需适当对内存进行管理。

(3) 预测。随时准备做出预测。随着观察值一个接一个地到来，模型可能需要足够的数据量才能提供准确的预测，特别是在数据流的开始阶段。

形式化

从形式上看，数据流是一个由 n 个基级观察值组成的有序集合，即 $\mathcal{D}^{\text{base}} = \left(\left(x_i^{\text{base}}, y_i^{\text{base}} \right) \middle| i = 1, \cdots, n \right)$，将一个输入 x_i^{base} 映射到一个输出 $f(x_i^{\text{base}})$，最接近地代表了 y_i^{base}。

由于上述概念漂移，在数据流某个部分表现优异的模型 $f(x_i^{\text{base}})$ 可能会过时并淘汰。研究界已经研发出大量机器学习算法，能够对流数据的一般趋势进行在线建模，并为未来的观察值提供准确的预测。

11.1.1　根据数据流场景调整批处理分类器

有些批处理分类器能够根据数据流场景进行调整。如 k 近邻算法(Beringer 等，2007；Zhang 等，2011)、随机梯度下降算法(SGD)(Bottou，2004)和 SPegasos(使用随机梯度下降解目标函数的算法)(Shalev-Shwartz 等，2011)。随机梯度下降和SPegasos 都是梯度下降方法，都能够根据所选择的损失函数学习各种线性模型，如支持向量机和逻辑回归。

其他分类器是专门为操作数据流创建的。最值得注意的是，Domingos 等(2000)引入了 Hoeffding 树归纳算法，该算法对每个样本只检查一次，并存储每叶的统计数据，以计算确定分裂标准的信息增益。Hoeffding 边界指出，特定范围内随机变量的真实均值与预测均值的差异不会超过某一数值。这为某种分割优于其他分割提供了统计证据。由于 Hoeffding 树在实践中表现优异，因此人们提出了许多变体，如 Hoeffding 选项树(Pfahringer 等，2007)、自适应和 Hoeffding 树(Bifet 等，2009)及随机 Hoeffding 树(Bifet 等，2012)。

此外，使传统的批处理分类器适应数据流场景的常用技术是在具有 w 个最近样本的窗口上对其进行训练：在观察到 w 个新的样本后，建立新的模型。这种方法的优点是忽略了旧的样本，为防止概念漂移提供了自然保护。缺点是不能直接对最近观察到的数据进行操作，直到有 w 个新的观察值后，模型才会被重新训练。Read 等(2012)将这些批处理增量分类器的性能与常用的数据流分类器进行比较发现，尽管批处理增量分类器通常使用更多的资源，但两者的总体性能相当。

最后，Finn 等(2019)提出了一个在线版本的 MAML。MAML 是一种优化梯度模型参数(并非超参数)的元学习法，详细信息可参见第 13 章。其基本理念是将下一步的参数设置为后知的最佳参数。

11.1.2　根据数据流场景调整集成模型

如第 9 章所述，集成技术会训练多个分类器，然后将这些分类器用于生成预测结果。关于如何具体实施的方案五花八门。更多详细可参见第 9 章。本节回顾如何将装袋法和推进法技术扩展至数据流场景中。

利用其不稳定性，装袋法(Breiman，1996)通过在不同的引导副本上训练分类器引导副本是训练集重新采样(替换)的样本。在线装袋法(Oza，2005)通过从泊松(1)分布中提取每个样本的权重来操作数据流，如果实例数量巨大，泊松(1)分布则汇聚到传统的装袋算法。由于 Hoeffding 边界通过统计证明某种分割标准是最优的，这就使分类器性能更加稳定，因此不太适用于装袋法方案。然而，在实践中，装袋法方案表现良好。推进法(Schapire，1990)是一种连续训练多个分类器的技术，并对被早期分类器错误分类的实例分配更多权重。在线推进法(Oza，2005)将这种技术应用于数据流中，为集合模型中被先前训练的分类器错误分类的训练实例分配更多权重。

　　第 10 章也已经详细介绍过如何使用元学习和 AutoML 技术为当前数据集设计良好的集成模型。

11.1.3　动因

　　由于数据流随着时间的推移而不断变化，在一个特定的观察区间内，即使是最准确的分类器性能也会经常变化，如图 11.1 所示(van Rijn，2016)。

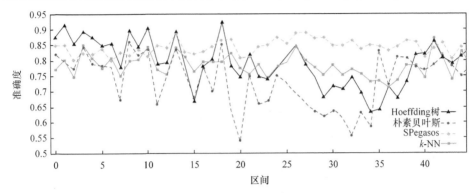

图 11.1　四个分类器在电力数据集区间(大小为 1000)的性能(每个数据点表示一个分类器最近区间上的准确度)

图中，横轴代表数据流中的某个时间点，而纵轴则代表各种在线分类器的性能。由于基础数据流的行为变化，在数据流的不同时间点，不同的分类器表现最佳。例如，在开始的时候，Hoeffding 树更有优势，而后来 SPegasos 的表现更好。使用动态调整确定数据流某一特定部分应用哪一个学习器或学习器组合是合乎逻辑的。因此，我们要处理的是一个重复的算法选择问题。这样的话，我们要用最小点集合 $f_{\text{meta}} \sum_i^n \mathcal{L}(f_{f_{\text{meta}}}(x_i^{\text{base}}), y_i^{\text{base}})$ 来将整体损失降至最低。其中，f_{meta} 表示动态程序，用于确定每个观察值应使用哪个模型进行预测。元学习已成功用于实现这一目标，本章将做进一步介绍。

　　本章剩余章节结构如下。第 11.2 节展示如何使用传统的元特征来解决这个问题。第 11.3 节呈现为构建适应当前状态数据流的集成模型而开发的几种技术。由于数据流经常受季节性影响，有些概念可能会反复出现。第 11.4 节介绍利用该特征的几个案例。最后，在第 11.5 节中，我们探讨未来研究的总体趋势和挑战。

11.2　基于元特征的方法

　　如图 11.1 所示，不仅分类器的性能，其相对排名也会随数据流而发生变化。

注意，该图显示了分类器在 1,000 个独立观察窗口中的准确性。在这一具体实例中，和 Hoeffding 树在数据流的开始阶段表现最佳，但也有几次性能下降(如区间14~18 和 46~41)。从近似区间 19 开始直至数据流结束，SPegasos 是性能最好的分类器，所以 Hoeffding 树、k-NN 和 SPegasos 会产生更准确的预测。

元学习，尤其是算法选择面临的一个挑战是动态地预测哪个分类器在下一个观察窗口表现最佳。在理想情况下，算法选择始终能够准确识别所要选择的分类器，从而产生与图 11.1 中分类器的顶部边界相对应的准确度。尤其是对于那些不稳定的数据流，以及在不同的观察区间表现优异的不同分类器，这样做会获得性能增益。

虽然事先预测哪个分类器在完整的数据流中推出的元特征上表现最好是一个有意义的任务，但这是不现实的；正如第 11.1 节所指出的，其中一个要求就是不要多次忽略观察值。一种可能的方案是从数据流(的开头部分)抽取一个小样本，基于这个样本计算元特征，并在此基础上进行预测(van Rijn 等，2014)。然而，这也是不实际的。由于可能存在概念漂移，任何基于数据流开头部分的结论都可能随着时间的推移而变得不合时宜。

为了能够动态地选择在任何给定的时间点上使用的分类器，我们需要获得与许多其他算法选择框架中相同的组件，即①一组早期观察到的数据流；②各种分类器(在数据流的区间(部分)上)的性能值；③描述数据流(区间)的元特征。在这方面已经做了很多尝试性的工作。本节将做一个简单回顾。

11.2.1　方法

图 11.2 呈现的是数据流动态选择算法总体框架(Rossi 等，2014)。该图的顶部代表当前的数据流。图中每个块段代表数据流的一个观察值。需要预测的当前观察值指数用 c 表示。我们看到了指数 c 之前的所有观察值，但没看到 c 后面的任何观察值。我们的目标是从当前观察值 c 开始，为α表示的观察值选择分类器。可以通过提取基于由窗口 w 表示的数据流的最新部分的元特征来实现这个目标。

在使用选定的分类器对区间α中的所有观察值进行预测后，窗口 w 和区间α都会移动$|\alpha|$观察值，而算法选择系统会重复这个过程。如果元模型允许增量更新，则可以在最近生成的元观察值上进行训练。

11.2.2　训练元模型

元模型可以在当前数据流的元数据(Rossi 等，2014)、之前观察到的数据流的元数据(van Rijn 等，2014)，或者两者的元数据上进行训练。在任一情况下，元模型都是在相同形式的元数据上进行训练。通常，元模型是在数据集 $\mathcal{D}^{\text{meta}} = \{(x_i^{\text{meta}}, y_i^{\text{meta}}) \mid i = 1, \cdots, m\}$(其中，$|D^{\text{meta}}| = m$)的基础上建立的，将一个输入

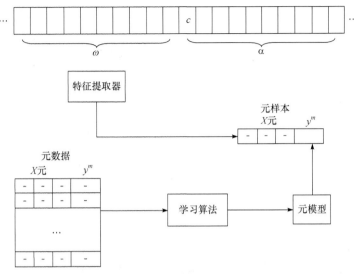

图 11.2　动态选择α观察区间分类器的算法选择体系结构(y^m 为 y^{meta} 的缩写)

值 x^{meta} 映射到一个输出值 $f(x^{\text{meta}})$，最接近地代表了 y^{meta}。其中，x^{meta} 包括在基数据流的某个观察区间(部分)计算的元特征，y^{meta} 表示在该特定区间表现最佳的分类器。

我们需要考虑如何定义区间(起始位置和长度)的问题。有些方法中，区间的大小固定为 w，区间的开始是用滑动窗口或移动窗口方案来确定。

在滑动窗口方案中，一个区间可从任何特定的观察值开始，将数据流分为 n 个相等的 w 区间，即区间从观察值 $\{1,2,\cdots,n-w\}$ 开始。注意，数据流的长度可能无限长。这样的话，假设 n 是我们所分析的部分数据中观察值的数量。数据流的每个观察值都涉及数个区间，产生大量的元数据。

而在移动窗口方案中，区间只能从编号为 w 因子的任一观察值开始(即区间从观察值 $\{1, w+1, 2\times w+1, \cdots, \left\lceil\dfrac{n}{w}\right\rceil\times w+1\}$ 开始。这样的话，每个观察值恰好用于一个区间内，这样生成的元模型训练实例更少，而且可能减少训练时间和冗余信息量。Rossi 等(2014)和 van Rijn 等(2014)都选择了这种设置。

11.2.3　元特征

我们可以在数据流区间使用第 4 章定义的大部分元特征。数据流文献中已使用了如下元特征子集：简单(样本的数量、属性的数量)、统计型(属性的平均标准差、属性的平均偏度)、信息论型(类别熵、平均互信息量)，以及地标(Pfahringer 等，2000)，代表数据流上简单分类器的性能评估。这些元特征的测量成本更高，但常常会产生良好的效果。

此外，van Rijn 等(2014)还引入了漂移检测元特征的概念。这些元特征是通过在各区间运行漂移检测器，特别是 DDM(Gama 等，2004)和 ADWIN(Bifet 等，2007)，并记录产生警告和报警的数量而生成的。这就使元算法获悉概念变化、应采取的纠正措施，如保留某一分类器或用另一种替换等信息。

最后，van Rijn 等(2015)还引入了流地标概念，即对每个区间测量所有分类器的性能并确定最佳分类器。因此，在上一区间表现最佳的分类器可作为一个选项回落至当前区间加以使用。

11.2.4 超参数的考虑因素

本章介绍的算法选择系统包含几种影响性能的考量和超参数。我们介绍其中最重要的几种。

(1) 基分类器集。任何算法选择系统的性能都高度依赖于可以选择的算法。一般地，拥有一组不同的表现优异的分类器是有益的。因为元数据集中表示的基分类器可能更少，所以更多的分类器可能会使学习任务更加困难。第 8 章详尽阐述如何选择合适的基分类器，本章还将进一步解决针对数据流分类器的问题。

(2) 元特征集。与任何元学习系统一样，算法选择系统的性能高度依赖于元特征。第 4 章中所述的许多元特征可以用于数据流区间。然而，一些元特征，如区间内的特征数量和观察值数量，显然在整个数据流中是恒定的，因而无法触发分类器的动态切换。

(3) 元模型。在包含属性作为元特征的元数据集上训练的元模型，模型的质量取决于设置，也取决于元特征。准确的模型可选择正确的基分类器，而不准确的模型的选择结果可能大相径庭。基于数据流的算法(如 Hoeffding 树)和批处理算法(如随机森林)以前都曾被使用过。

(4) 元特征窗口大小。指计算元特征的窗口的大小(在图 11.2 中表示为α)。小窗口不能捕捉到数据趋势，而大窗口不容许快速改编分类器。

(5) 预测窗口大小。该窗口决定将使用的相同基分类器的观察值数量(图 11.2 中表示为 w)。如果该值设置得过小，则可能导致主动分类器的切换过于频繁，而如果该值设置得过大，又会产生相反的效果。因此，van Rijn 等(2014)建议将窗口大小 w 设置为α值的倍数。例如，当α被设定为 100 时，那么 w 可以被设定为{100, 200, 300, …}中的任何一个值。这样一来，所有之前看到的观察值都会对同等数量的预测窗口产生影响。

11.2.5 元模型

元学习系统最重要的组件为元模型。如本章中所述，人们已经对在线算法推荐框架做过研究，具体见表 11.1 中表示的两种元学习研究成果。该表列出了两种实验设置之间的区别。

表 11.1　两种基于数据流的元学习研究比较

	Rossi 等(2014)	van Rijn 等(2014)
元数据	当前数据流上生成	其他数据流上生成
元模型	数据流模型	批处理学习器
学习范式	回归	分类
|A|(算法)	2	5

van Rijn 等(2014)的元学习方法要求沿用常用的元学习框架在其他数据流上建立元数据集。但 Rossi 等(2014)的研究则不需要这样的元数据库。元数据是沿用 AutoML，采用 AutoML 常见的样式从当前数据流的早期区间中生成的。系统需要一些时间来构建足够数量的元数据，以便能够建立一个良好的模型。这样就可以缓解两个问题：①在其他数据集上收集一组代表性元数据的负担；②按每列生成统计元数据，如标准偏差。

另一个显著的区别涉及元模型。Rossi 等(2014)使用了一个基于流的元模型，每当收集到新的元数据时，该模型都会更新；van Rijn 等(2014)使用了随机森林的批处理模型，该模型只训练一次元数据，且无须更新。其他区别是评价中使用的学习范式(回归流与分类数据流)和已经考量的算法数量。

11.2.6　数据流元学习系统的评估

元学习和 AutoML 系统的评估如第 3 章所述，其中许多概念和方法可重新用于评估面向数据流的元学习和 AutoML 系统的任务。

如第 3 章所述，区分基级性能和元级性能间的区别非常重要。基级性能代表了按照元算法建议，每个数据集(或数据流)会获得的性能。元级性能是指元模型在选择优异基级算法(例如，如果任务是分类，则是分类器)任务中的性能。

在处理涉及区间(数据流的部分)的数据流任务时，需要引入基级和元级性能的概念。每区间基级性能决定系统对于一个特定区间的性能。根据每个区间所选择的基分类器的性能，跨 n 个区间的基级性能(或简称为基级性能)返回上述测量值在相关数据流较大部分的平均值。

如果选择了正确的基级算法，则每区间元级性能的值为 1，否则为 0。跨 n 个区间的元级性能(或简称为元级性能)返回上述测值在 n 个区间的平均值。

11.2.7　基准

与机器学习和元学习的其他领域一样，我们需要良好的基准以便将拟设的系统与之进行比较。下面介绍过去提出的一些基准。

(1) 平均最佳分类器(AvBest)是在训练集的所有数据流上获得最高基级准确度的分类器。

(2) 最常用最佳分类器(FreqBest)是在元数据集中大部分区间上的最佳分类器。

(3) 上一区间最佳分类器(Blast)为数据流中的每个区间选择上一区间表现最佳的分类器。更多详细信息可参见第 11.3 节。

Oracle 是为每个区间始终选择最佳分类器的分类器，即其元性能是 1(不是现有的元学习系统)。Oracle 呈现元模型一直有最佳表现时的基级性能。

根据 van Rijn 等(2015)开展的一些实验，AvBest 和 FreqBest 的性能非常类似。一般而言，AvBest 具有更高的基级准确度，而 FreqBest 具有更好的元级性能。Blast 基准大体上包括元层级上没有变化的分类器(Bifet 等，2013)，是一个虽然简单但十分强大的基准。有些令人惊讶的是，稍后的研究表明，元学习系统并不一定比 Blast 基准表现更好(van Rijn 等，2015)。

Oracle 在分析元算法的性能方面非常有用。如果算法选择系统和 Oracle 之间的差距较小，这就意味着算法选择系统的表现较好。

此外，Oracle 可用于评估预选的基分类器的充分性。如果 Oracle 的表现接近于完美预测，那就意味着已选择了一组足够的分类器。反之，则需为基级分类器集添加其他合适的基级分类器，以改善分类器性能。

11.2.8　讨论

元特征已成功应用于数据流中的算法选择。尽管关于元特征和数据流已经有大量研究成果，但据我们所知，只有上述成果是对两者之间相互作用的研究。

前路漫漫，仍有大量工作尚待完成。正如作者所说，并不是所有的基准都能完全被其他基准打败。实际上，Blast 基准经实践证明仍然非常有竞争力(更多详情在下一节中阐述)。

我们期待看到批处理元学习的最新进展是如何被用来改善元特征方法的。

11.3　数据流集成

众所周知，分类器集成的性能通常优于单个分类器的性能。因此，了解集成方法如何适应数据流的场景是有意义的。

第 9 章讨论了各种集成方法。本节我们只介绍其中一些集成方法(如装袋法)，并说明该集成架构是如何适应数据流场景的。在该场景下，最有意义的是决定使用哪些基分类器(集成成员)及如何为单个表决分配权重。不过，由于可能出现概念漂移，最新的样本可能比旧样本更有价值。此外，由于数据中存在时间组件，我们可以测量集成构件在近期实例中的表现，并相应地调整其权重。

本节我们回顾几种为适应数据流而利用这些观察值改编的基于集成的方法。

11.3.1　上一区间最佳分类器(Blast)

在第 11.2.7 节中，我们已经简要介绍了 Blast 基准。Blast 用于训练一组不同的分类器，并测量哪个分类器在上一个区间中表现最佳。van Rijn 等(2015)根据在数据流的每个新观察值上，每个集成构件都会根据其在之前观察值上的表现分配一定的得分，将其正式描述为

$$P_{\text{win}}\left(f_j, c, w, \mathcal{L}\right) = 1 - \sum_{i=\max(1, c-w)}^{c-1} \frac{\mathcal{L}(f_j(x_i^{\text{base}}), y_i)}{\min(w, c-1)} \tag{11.1}$$

其中，f_j 是具体集成构件的习得标签函数，c 是上一个训练样本的指数，w 是用于评估性能的训练样本数量。这个方法有一定的启动时间(即当 w 大于或等于 c 时)，在这之前所得到的观察值要小于所要求的观察值(即小于 w 观察值)。同时注意，只有在观察到几个标签(即当前观察值 $c>1$)后才可执行该方法。$\mathcal{L}$ 是一个损失函数，将集合成员预测的标签与真实标签进行比较。最简单的函数是一个 0/1 函数，当预测标签正确时返回 0，错误时返回 1。也可使用更复杂的函数。P_{win} 的结果在 [0, 1]范围内，通过使用表现更好的分类器以获得更高的分数。

在训练实例的上一个区间表现最佳的分类器会被选为主动分类器(即获得100%的权重)，如图 11.3 所示。

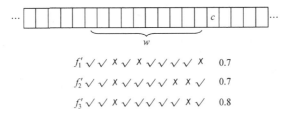

图 11.3　基于窗口的性能评估示意图。所有分类器共存储了 w 个标记，每个标记代表其是否正确预测了最新的观察值

图中 f_3' 将被选为样本 c 的择主动分类器(AC$_c$)。从形式上看，可以表示为

$$\text{AC}_c = \underset{j \in J}{\arg\max}\, P_{\text{win}}(f_j, c-1, \alpha, \mathcal{L}) \tag{11.2}$$

其中，J 是集成构件生成的模型集，c 是当前样实例指数，α 是用户设置的参数(渐消因子(将在下一小节进行讨论))，$\mathcal{L}$ 为 0/1 的损失函数，所有错误分类的实例都为1。正如作者所展示的，这个简单的基准表现优于基于元特征的方法。

11.3.2　渐消因子

考虑到上述观察结果，出现了一个问题，即元学习方法是否能够改进。显然，Blast 方法存在几个缺点：①要求集成模型存储 $w \times |J|$ 个附加值(J 是指目前正在考虑的分类器集)，需要占用大量时间和内存，这在数据流场景中非常不便；②要求用户调优参数 α，这对性能影响很大；③存在一个硬性的截止点，即一个观察值要么在窗口内要么在窗口外。

根据 Gama 等(2013)的描述，可通过使用渐消因子来缓解这些问题。渐消因子对最近的预测影响很大，但随着时间的推移，其重要性也会下降。如图 11.4 所示。

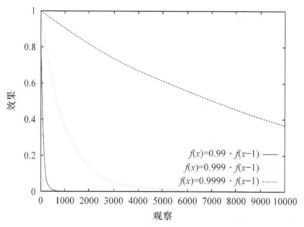

图 11.4　第一次观察与经过若干次观察后的预测效果(对于不同的α值)

图中，最下面实线对应的是一个相对快速的渐消因子，因此在 500 次预测后，特定预测的效果几乎完全消失了。而最上面虚线对应的是一个相对缓慢的渐消因子，其效果在 10,000 次观察后仍非常高。注意，尽管所有这些函数都从 1 开始，但在实践中我们需要将其减至 $1-\alpha$，以便将函数限制在[0, 1]范围内。从形式上看，加权函数为

$$P_{ff}(f_j, c, \alpha, \mathcal{L}) = \begin{cases} 1, & c = 1 \\ P_{ff}(f_j, c-2, \alpha, \mathcal{L}) \cdot \alpha + (1 - \mathcal{L}(f_j(x_{c-1}^{\text{base}}, y_{c-1}^{\text{base}})) \cdot (1-\alpha), & \text{其他} \end{cases} \quad (11.3)$$

其中所用符号的含义与公式(11.1)类似。渐消因子α(范围为[0, 1])决定了历史性能变成无关紧要的速率，该值可由用户设置(调优)。该值接近 0 时，将导致评估性能快速变化，而接近 1 时，评估性能较为稳定。P_{ff} 的结果在[0, 1]的范围内，表现更好的分类器获得更高分数。

这一概念已用于研究中。Kolter 等(2007)介绍这个权重策略并将其用于构建动态集成，即每当当前集成构件出错时，集成模型将会扩大。他们还引入了为集成模型再次剪枝的方法。

　　van Rijn 等(2018)使用这一权重策略来创建固定大小的异构集成,其中包括不同类型的模型。然而,其实验表明 Blast 的表现仍优于这个方法。

　　Cerqueira 等(2019)研发了一种在回归场景中运行的方法。该方法使用元模型来预测下一个观察值的每个基模型的性能。基于这些预测,能够确定每个基模型的权重并适当规范化。我们期待看到系统是否能够通过纳入这些元特征而得到改进。

11.3.3　特征漂移的异构集成

　　Nguyen 等(2012)引入特征漂移的概念。当用于预测类别的最重要特征集发生变化时,就会出现特征漂移的情况。此外,他们还说明:①概念漂移会导致出现特征漂移;②概念漂移不一定会导致特征漂移;③特征漂移的速度比概念漂移慢。

　　因此,有人可能会说,利用数据流集成的系统应该结合漂移检测和特征选择。有学者提出了特征选择的方法(即 Yu 等(2003)开发的快速相关性滤波算法)。如果检测到一组新的特征,表现糟糕的模型将从集成模型中剔除,并加入新的模型进行训练。

11.3.4　选择最佳分类器的考虑因素

　　在上一章节中,我们介绍了如何根据最新的数据为单个分类器分配投票权重。另一个重要的问题是应该首先考虑哪个基模型。我们在第 8 章(8.3 节)解决了这个问题,并探讨了在特定组合中应考虑纳入哪个基级算法。本章提出的许多概念也与集成模型的构建相关。

　　其中一个概念是分类器输出差异(COD)(Peterson 等,2005),可用于检测两个分类器是否产生相似的预测结果。Lee 等(2011)使用该函数构建分类器的层级集成。产生相似预测结果的分类器将被聚集在一起,反之亦然。

　　van Rijn 等(2018)根据这个理念,对 MOA 框架中的各个数据流分类器进行了聚类。生成如图 11.5 所示的树状图。多样化其假设是,相距较远的分类器的聚集是多样化的,因此在一个集成中能够一同发挥较好的作用。

11.3.5　讨论

　　解决重复算法选择问题的一个常用方法是使用集成来改变基学习器集或各个基学习器的投票加权方式。这些决策通常基于分类器在最新样本上的表现。其性能通常优于不使用该特性的其他集成模型。遗憾的是,本章并没有对所讨论的各种集成方法做出综合比较。

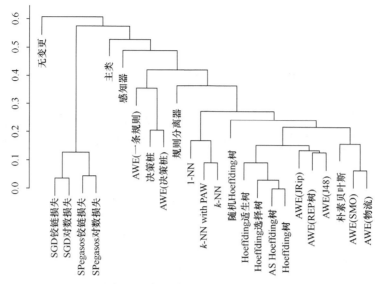

图 11.5　数据流分类器的层级聚类

11.4　递归元级模型

利用数据流特性的另一种方法是存储数据流之前部分生成的元级模型，并掌握何时重用这些模型。Gama 等(2014)在由数个异地分布的传感器组成的传感器网络中使用了这种方案，每个传感器都会产生一个高速数据流。这些传感器用于测量相关数值，例如，某个地理区域的电力需求。公司对预测某个时间段内的电力需求很感兴趣，比如一小时后。在特定的时间点，模型会对一小时后的电力需求做出预测。当到达该时间点时，传感器会测量实际的电力需求，据此确定模型的差值。由于季节性变化，消费模式会发生改变(如从冬季到夏季)并可能重复这种变化。有些作者将元学习法用于这一场景中。我们接下来将回顾其中的两种研究。

11.4.1　准确度衡量的集成模型

Wang 等(2003)提出的方法是将数据流分成固定大小的窗口，并在每个窗口训练新的分类器。在预测期间，各分类器会投票选出一个类别标签。投票的权重取决于其准确度。

除了令人信服的经验结果外，他们还提供了一个形式证明，即相对于在最近 k 个窗口的所有数据点上训练的分类器，在不同窗口的数据点上训练的 k 个分类器集成的错误率。其证据表明，集成模型的错误率始终小于或等于单个分类器的错误率。

这种方法的一个最重要的优势是不需要额外的训练时间，因为每个观察值都只作为一个模型的训练输入，这是将单个分类器变为集成模型的一种便利方法。Read 等(2012)指出，这是进一步利用批处理分类器性能的机会，因为批处理分类器必须在数据窗口上进行训练。

采用这种方法时，需要考虑几个实际问题。首先是集成大小的问题，即应该使用多少个模型成员。这显然是一个受用户控制的超参数。通常，应优先选择较高的数值，这些数值常会产生更好的性能。然而，内存使用情况是设置此超参数时要考虑的另一个标准。

其次，确定内存中应保留哪些模型成员。一旦集成生成的构件超过了内存中可容纳的数量，我们就必须决定要放弃哪些构件。例如，这些构件可能是内存中最陈旧的，或者是当前窗口(或所有窗口)中表现最差的。

最后，应适当设置窗口大小。当单个集成构件在过小的窗口上训练时，模型就不能准确地将数据分类。而当窗口过大时，单个集成构件将不能对动态变化的概念做出恰当响应。

11.4.2　两层架构

Gama 等(2014)提出了一种两层架构来处理数据中重复出现的概念。第一层(感应层)负责实际分类，而第二层(控制层)负责检查存储的旧模型的适用性。我们来详细介绍每层的作用。

(1) 感应层。该层包含一个专门用于实际分类任务的分类器。每完成一次新测量，就在最新的数据上训练分类器。

(2) 控制层。该层包含一个专门的分类器，用于确定感应层的分类器是否会做出正确预测。因此，它涉及一个二元分类任务。

控制层的分类器可确定感应层的相应分类器在特定数据点窗口上的工作情况。

此外，还使用变化检测器判断是否发生了概念漂移。作者指出，尽管可以用任何变化检测器，但因 SPC 能够提供报警信号，所以建议采用 SPC(Gama 等，2004)。每当检测到概念变化时，元模型必须在以下两个选项中做出选择：训练一个新模型或激活之前习得的一个模型。

为区分这两个选项，所有之前训练的模型都将对最新的数据点集进行预测。该集合的大小可能是固定的，也可能包含自漂移探测器发出警告信号时其出现的每个数据点。根据预测范围的不同，有些数据点可能没有相关的标签[①]。控制层的分类器可用于评估这些数据点是否得以正确分类。

---

① 在最乐观的情况下，可能只有一个数据点；在最悲观的情况下，可能包含所有的数据点。

在最新的数据点集上表现最优的分类器将被用于对新的观察值进行分类，前提是其性能优于特定的阈值。因此，这里可以重用一个存储模型。如果之前训练的模型性能均低于这个阈值，则需训练一个新模型。

11.5　未来研究的挑战

未来的研究仍有很多途径，也有很多问题等待解答。首先，如前面所探讨的以及表 11.1 中所总结的，我们可以仅仅从当前数据流的早期部分生成并利用元数据，也可以从之前所观察的更大的数据流(当这些数据流可用时)中生成并利用元数据。这两种方法是互补的，但目前还没有对这两种方法进行明确的分析或比较研究，解释何时及如何使用哪种方法，或者是否可以结合使用两种方法。

这类分析研究能阐明几个关键问题：①特定设置的哪些属性有助于其成功(如使用哪类学习器)；②什么时候特定设置的效果最好(即在哪种数据上工作)；③为什么某个特定设置在某类数据上的效果最好。

事实上，基于元特征的方法最令人惊讶的结果之一是，它们似乎并不能持续保持对简单基准 Blast 的优势。尽管这个基准在高度不稳定的数据流中明显不起作用，但目前还没有令人信服的论据来证明可使用基于元特征的方法来代替 Blast。不过，一个有趣的问题是，元特征是否仍然可以以某种方式增强性能，或者是否可以使用更好的元特征。

第二个关键问题是，元问题是否应该通过流学习或批处理学习来建模。换句话说，我们是否应该调整现有的使用批处理学习器的元学习和 AutoML 方法，以使其在数据流场景中工作，还是应该关注直接在流学习算法上进行元学习和 AutoML 的技术？这一问题还应包括超参数的调优和流水线中的预处理，本章前面所讨论的研究中还没有处理这一问题。

而且，据我们所知，目前还没有在数据流学习算法上操作的 AutoML 工具，但 Celik 等(2020)对现有的 AutoML 方法如何适应数据流场景进行了分析。例如，在检测到概念漂移后重新启动 AutoML 过程(从之前的最佳配置开始，利用/不利用热启动)，或者只是在最新批次的数据上重新训练最佳模型。该分析表明，只要有适当的适应策略和遗忘机制，贝叶斯优化和进化方法都能很好地处理概念漂移。分析还发现，不同的漂移特征(如渐进式漂移和突然式漂移)会以不同的方式影响学习算法，并且可能需要不同的适应策略以最佳方式对这些特征进行处理。这表明，我们还有足够的空间来改进现有的 AutoML 系统，甚至可以设计出完全适应概念漂移的全新的 AutoML 系统。

最后，目前已经开发出很多促进开展元学习和 AutoML 实验任务的工具，如第 16 章中讨论的 OpenML(Vanschoren 等，2014)。OpenML 也包含几个带有概念漂移和没有概念漂移的流数据集，而且 OpenML 与 MOA 流挖掘库是集成在一起的。因此，OpenML 为数据流上的元学习和 AutoML 的新研究提供了一个很好的起点，特别是如果更多的流挖掘数据集能公开使用，并整合更多的流挖掘库以促进实验，这肯定会对该领域产生积极的影响。

参 考 文 献

Beringer, J. and Hüllermeier, E. (2007). Efficient instance-based learning on data streams. *Intelligent Data Analysis*, 11(6):627-650.

Bifet, A., Frank, E., Holmes, G., and Pfahringer, B. (2012). Ensembles of restricted Hoeffding trees. *ACM Transactions on Intelligent Systems and Technology (TIST)*, 3(2):30.

Bifet, A. and Gavalda, R. (2007). Learning from Time-Changing Data with Adaptive　Windowing. In *SDM*, volume 7, pages 139-148. SIAM.

Bifet, A. and Gavalda, R. (2009). Adaptive learning from evolving data streams. In　*Advances in Intelligent Data Analysis VIII*, pages 249-260. Springer.

Bifet, A., Holmes, G., Kirkby, R., and Pfahringer, B. (2010). MOA: Massive Online Analysis. *J. Mach. Learn. Res.*, 11:1601-1604.

Bifet, A., Read, J., Žliobaitė, I., Pfahringer, B., and Holmes, G. (2013). Pitfalls in benchmarking data stream classification and how to avoid them. In *Machine Learning and Knowledge Discovery in Databases*, pages 465-479. Springer.

Bottou, L. (2004). Stochastic learning. In *Advanced Lectures on Machine Learning*, pages 146-168. Springer.

Breiman, L. (1996). Bagging predictors. *Machine Learning*, 24(2):123-140.

Celik, B. and Vanschoren, J. (2020). Adaptation strategies for automated machine learning on evolving data. *arXiv preprint arXiv:2006.06480*.

Cerqueira, V., Torgo, L., Pinto, F., and Soares, C. (2019). Arbitrage of forecasting experts. *Machine Learning*, 108(6):913-944.

Domingos, P. and Hulten, G. (2000). Mining High-Speed Data Streams. In *Proceedings of the sixth ACM SIGKDD international conference on Knowledge discovery and data mining*, pages 71-80.

Domingos, P. and Hulten, G. (2003). A general framework for mining massive data streams. *Journal of Computational and Graphical Statistics*, 12(4):945-949.

Finn, C., Rajeswaran, A., Kakade, S., and Levine, S. (2019). Online meta-learning. In Chaudhuri, K. and Salakhutdinov, R., editors, *Proceedings of the 36th International Conference on Machine Learning*, ICML'19, pages 1920-1930. JMLR.org.

Gama, J. and Kosina, P. (2014). Recurrent concepts in data streams classification. *Knowledge and Information Systems*, 40(3):489-507.

Gama, J., Medas, P., Castillo, G., and Rodrigues, P. (2004). Learning with drift detection. In *SBIA Brazilian Symposium on Artificial Intelligence*, volume 3171 of *Lecture Notes in Computer Science*, pages 286-295. Springer.

Gama, J., Sebastiao, R., and Rodrigues, P. P. (2009). Issues in evaluation of stream learning algorithms.

In *Proceedings of the 15th ACM SIGKDD International Conference on Knowledge Discovery and Data Mining*, pages 329-338. ACM.

Gama, J., Sebastiao, R., and Rodrigues, P. P. (2013). On evaluating stream learning algorithms. *Machine Learning*, 90(3):317-346.

Kolter, J. Z. and Maloof, M. A. (2007). Dynamic weighted majority: An ensemble method for drifting concepts. *Journal of Machine Learning Research*, 8:2755-2790.

Lee, J. W. and Giraud-Carrier, C. (2011). A metric for unsupervised metalearning. *Intelligent Data Analysis*, 15(6):827-841.

Nguyen, H.-L., Woon, Y.-K., Ng, W.-K., and Wan, L. (2012). Heterogeneous Ensemble for Feature Drifts in Data Streams. In *Advances in Knowledge Discovery and Data Mining*, pages 1-12. Springer.

Oza, N. C. (2005). Online bagging and boosting. In *Systems, Man and Cybernetics, 2005 IEEE International Conference*, volume 3, pages 2340-2345. IEEE.

Peterson, A. H. and Martinez, T. (2005). Estimating the potential for combining learning models. In *Proc. of the ICML Workshop on Meta-Learning*, pages 68-75.

Pfahringer, B., Bensusan, H., and Giraud-Carrier, C. (2000). Meta-learning by landmarking various learning algorithms. In Langley, P., editor, *Proceedings of the 17th International Conference on Machine Learning*, ICML'00, pages 743-750.

Pfahringer, B., Holmes, G., and Kirkby, R. (2007). New options for Hoeffding trees. In *AI 2007: Advances in Artificial Intelligence*, pages 90-99. Springer.

Read, J., Bifet, A., Pfahringer, B., and Holmes, G. (2012). Batch-Incremental versus Instance-Incremental Learning in Dynamic and Evolving Data. In *Advances in Intelligent Data Analysis XI*, pages 313-323. Springer.

Rossi, A. L. D., de Leon Ferreira, A. C. P., Soares, C., and De Souza, B. F. (2014). MetaStream: A meta-learning based method for periodic algorithm selection in timechanging data. *Neurocomputing*, 127:52-64.

Schapire, R. (1990). The strength of weak learnability. *Machine Learning*, 5(2):197-227.

Shalev-Shwartz, S., Singer, Y., Srebro, N., and Cotter, A. (2011). Pegasos: primal estimated sub-gradient solver for SVM. *Mathematical Programming*, 127(1):3-30.

van Rijn, J. N. (2016). *Massively collaborative machine learning*. PhD thesis, Leiden University.

van Rijn, J. N., Holmes, G., Pfahringer, B., and Vanschoren, J. (2014). Algorithm Selection on Data Streams. In *Discovery Science*, volume 8777 of *LNCS*, pages 325-336. Springer.

van Rijn, J. N., Holmes, G., Pfahringer, B., and Vanschoren, J. (2015). Having a Blast: Meta-Learning and Heterogeneous Ensembles for Data Streams. In *2015 IEEE International Conference on Data Mining (ICDM)*, pages 1003-1008. IEEE.

van Rijn, J. N., Holmes, G., Pfahringer, B., and Vanschoren, J. (2018). The online performance estimation framework: heterogeneous ensemble learning for data streams. *Machine Learning*, 107(1):149-167.

Vanschoren, J., van Rijn, J. N., Bischl, B., and Torgo, L. (2014). OpenML: networked science in machine learning. *ACM SIGKDD Explorations Newsletter*, 15(2):49-60.

Wang, H., Fan, W., Yu, P. S., and Han, J. (2003). Mining Concept-Drifting Data Streams using

Ensemble Classifiers. In *KDD*, pages 226-235.

Yu, L. and Liu, H. (2003). Feature selection for high-dimensional data: A fast correlationbased filter solution. In *Proceedings of the 20th International Conference on Machine Learning*, ICML'03, pages 856-863.

Zhang, P., Gao, B. J., Zhu, X., and Guo, L. (2011). Enabling fast lazy learning for data streams. In *2011 IEEE 11th International Conference on Data Mining (ICDM)*, pages 932-941. IEEE.

第 12 章　跨任务知识迁移

摘要　跨任务知识迁移，简称为迁移学习，旨在利用之前的学习任务结果来开发学习算法。本章探讨迁移学习的不同方法，如具象迁移，即在一个或多个源模型训练完成后进行迁移。在这个迁移过程中，有一种显性的知识被直接迁移至目标模型或元模型。本章还探讨功能迁移，即同时训练两个或两个以上的模型。有时将这种情况称为"多任务学习"。在这种方法中，模型在学习过程中会共用其内部结构(或者可能是一部分)。其他方法还包括基于实例、基于特征和基于参数的迁移学习，这些方法通常用于初始化目标域的搜索。还有一种特殊的迁移方法是神经网络中的迁移学习，其中包括如迁移网络结构的一个部分。本章还介绍一种双循环架构，其中基学习器在内循环中对训练集进行迭代，而元学习器在外循环中对不同的任务进行迭代来学习元参数。还详细介绍了核方法与参数化贝叶斯模型中的迁移学习。

12.1　简　　介

学习不应视为一项伴随着每一个新问题从无到有出现的孤立的任务。相反，学习算法应通过专门用于迁移从以前的经验中采集的知识的机制来展示其适应能力(Thrun 等，1995；Thrun，1998)。如何跨任务迁移知识是元学习领域的核心问题，也称为学会学习或迁移学习。这里所说的知识可以理解为跨任务观察到的模式集合。举个例子，有一种观点认为跨任务模式具有变换不变性的本质。例如，如果目标对象在旋转、平移、缩放等条件下保持不变，则可以简化目标对象的图像识别。即使在之前的图像上显示的目标对象的大小或角度不同，学习系统也应能识别图像中的目标对象。我们认为，迁移学习是研究如何通过跨任务检测、提取和利用知识来改进学习。

本章介绍实现学习系统的各种方法，这些系统具备跨任务迁移知识的能力。我们通过回答两个问题来展开介绍：跨任务能够迁移哪些内容，迁移学习通常使用哪些学习架构。我们还介绍了学习理论方面的发展。其中重点介绍了监督学习，也简要介绍了无监督学习(Bengio，2012)和强化学习(Taylor 等，2009)的研究进展。

12.2 背景、术语和符号

监督学习或分类是机器学习的主要研究领域，即从一个样本 $\{(x,y)\}$ 中推导出一个模型，其中向量 x 是指输入空间 $\mathcal{X}$ 的一个实例(特征向量)，y 是输出空间 $\mathcal{Y}$ 的一个实例。样本中包含独立同分布(i.i.d.)的实例，这些实例来自输入—输出空间 $\mathcal{X} \times \mathcal{Y}$ 中固定但未知的联合概率分布 $P(X=x, Y=y)$。学习算法的输出结果是一个将输入空间映射到输出空间的假设(即模型、函数) $h(X)$，$h: \mathcal{X} \to \mathcal{Y}$。该函数 h 来自假设空间 $\mathcal{H}$，其思想是寻找使损失函数 $L(Y, h(X))$ 的期望最小化的假设，即风险：$R(h) = E_{P(X,Y)}[L(Y, h(X))]$。

12.2.1 迁移学习何时可用

在迁移学习中，假设存在一个源域 $\mathcal{D}_S$，我们可以利用其中的经验在目标域 $\mathcal{D}_T$ 上生成一个准确的模型。最终，我们的主要目的是在目标域上推导出精确的模型 $h_T(X)$。跨域迁移知识的要求是由以下域间至少一个元素中的变化所引起的：$\{\mathcal{X}, P(X), \mathcal{Y}, P(Y|X)\}$(每个元素会用一个下标来区分源域和目标域，如 $\mathcal{X}_S$ 和 $\mathcal{X}_T$)。我们通过一个具体的研究案例来了解这些元素。我们假设学习任务是导出一个模型预测来自医疗机构实验室测试的疾病，第一个元素是指特征空间不同的情况，$\mathcal{X}_S \neq \mathcal{X}_T$，如两个医疗中心依赖不同的实验室测试。第二个元素是指边际分布 $P(X) = \int_Y P(X, Y) \mathrm{d}_Y$，可以用两个医疗中心的患者群体在人口统计学上的差异来说明，$P_S(X) \neq P_T(X)$。第三个元素是指输出或类标签空间，对应的是两个医疗中心预测不同疾病的情况，$\mathcal{Y}_S \neq \mathcal{Y}_T$。最后一个元素，类后验概率，是指由于环境、遗传或其他因素，在两个医疗中心表现不同的疾病情况，$P_S(Y|X) \neq P_T(Y|X)$。当这些元素中的一个或多个在源域和目标域中存在差异时，就应使用迁移学习。

注意，应始终把重点放在当前任务对应的目标域 $\mathcal{D}_T$ 上，主要目的是为目标域推导出一个模型 $h_T(X)$。在构建模型时，我们可利用从源域 $\mathcal{D}_S$ 所获得的知识。当源域和目标域之间的相似度较低时，需要注意：试图利用从源域获得的信息可能会导致目标域的泛化性能下降。这种效应也被称为"负迁移"(Torrey 等，2010)，它为模型适应新领域的潜在优势设定了界限。

12.2.2 迁移学习的类型

跨任务的知识迁移可使用不同的方法(Weiss 等，2016)建议的分类法如图 12.1 所示。

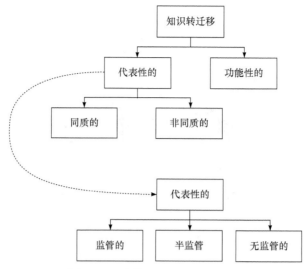

图 12.1　不同知识迁移方法的分类

具象迁移一词用于表示目标和源模型在不同时间接受训练的情况，迁移发生在源模型训练完毕之后。在这种情况下，有一种显性的知识迁移到目标模型中。相反，功能迁移一词表示两个或两个以上的模型同时接受训练的情况。在这种情况下，模型在学习时会共用其(部分)内部结构。当迁移的知识为显性知识时，可进一步区分迁移过程，这是具象迁移中常有的情况。首先，从输入空间或特征空间方面来看，我们可将迁移分为源域和目标域共享或不共享相同的输入空间，前者称为同构迁移(Weiss 等, 2016)，而后者称为异构迁移。从类别标签的可用性来看，如果元数据集和目标数据集均不包含类别标签，则称为无监督迁移；如果元数据集包含标签，但目标数据集不含类别标签或很少标签(如域适应)，则称为半监督迁移；如果元数据集和目标数据集均包含类别标签，则称为监督迁移。迁移学习的需求通常针对只有很少或没有类别标签的目标数据集，这些数据集很难构建准确的模型。但需要注意的是，迁移学习也适用于拥有大量类别标签的数据集，其目的是改进以前的错误，进一步限制假设空间的大小。

12.2.3　可以迁移哪些内容

虽然许多不同类型的知识可跨域迁移，但常用的技术主要分为三类：基于实例的迁移学习、基于特征的迁移学习和基于参数的迁移学习。我们来依次简要介绍每种技术。

(1) 基于实例的迁移学习。第一种知识迁移是指基于实例的迁移学习，旨在找到源域中更接近目标域分布的实例。基于实例的方法的理念是对目标域中高密度区域的源样本分配高权重。常用的一种方法称为协变量偏移(Quionero-

Candela 等, 2009; Shimodaira, 2000; Kanamori 等, 2009; Sugiyama 等, 2008; Bickel 等, 2009)。协变量偏移的假设情况是在新分配权重的元样本上构建一个模型, 并将其直接用于目标域中(Gretton 等, 2009)。具体而言, 我们假设源域 $P_S(X, Y)$ 和目标域 $P_T(X, Y)$ 的分布差异由协变量偏移所致, 即 $P_S(X) \neq P_T(X)$, 而条件概率保持不变, $P_S(Y \mid X) = P_T(Y \mid X)$。在这种情况下, 我们可将风险重新定义为 $R(h) = E_{\sim P_T(X, Y)}\left[L(Y, h(X))\right]$, $R(h) = E_{\sim P_T(X, Y)}\left[\dfrac{P_T(X,Y)}{P_S(X,Y)} L(Y, h, (X))\right]$, $R(h) = E_{\sim P_T(X, Y)}\left[\beta(X, Y) L(Y, h(X))\right]$。通过在每个源实例 X 中获得 $\beta(X, Y)$ 的值, 我们可将目标域的风险降至最低。然而, 它有一个严格的要求是源域和目标域的分布必须接近。

(2) 基于特征的迁移学习。第二种知识迁移是指基于特征的迁移学习, 旨在找到源和目标域分布中重叠的共同表征。基于特征的方法试图将元数据集和目标数据集投射到一个潜在的特征空间中, 在这个空间中, 协变量偏移的假设成立。然后在转换后的空间中建立一个模型, 并将其作为目标分类器。示例包括结构对应学习(Blitzer 等, 2006)和子空间对齐方法(Basura 等, 2013)等。

(3) 基于参数的迁移学习。第三种知识迁移是指基于参数的迁移学习, 旨在生成一组良好的初始参数, 以加快目标域的模型构建阶段。例如, 我们可在源域上穷举搜索正确的模型参数, 然后生成一组先验分布。当出现一个新的目标任务时, 迁移学习不再需要进行穷举搜索, 我们可在目标域上生成一个后验分布(使用源域以获得先验分布), 从而找到一组接近最优的目标模型参数。

12.3 迁移学习中的学习架构

神经网络领域已经有许多监督学习实验的报告, 但其他架构也发挥着重要作用。除神经网络外, 本节还将介绍核方法与参数化贝叶斯方法。

12.3.1 神经网络中的迁移

一个适合测试知识迁移性的学习范式是神经网络学习范式。神经网络能够在输入空间上表达灵活的决策边界(Goodfellow 等, 2016), 是一种非线性的统计模型, 适用于回归和分类。特别是对于有一个隐藏层的神经网络来说, 每个输出节点会计算以下函数:

$$g_k(X = x) = f\left(\sum_l w_{kl} f\left(\sum_i w_{li} x_i + w_{l0}\right) + w_{k0}\right) \qquad (12.1)$$

其中，x 指输入特征向量，$f(\cdot)$ 为非线性(如 S 型函数、线性整流函数)函数，x_i 为向量 x 的一个分量。指数 i 指向量 x 的分量，指数 l 指中间函数(即输入特征的非线性变换)的数量，指数 k 指第 k 个输出节点。输出结果是中间函数的非线性变换。学习过程仅限于为所有权重{w}找到合适的值。下面描述的概念同样适用于深度神经网络(Goodfellow 等，2016)，其中输入和输出节点之间有不止一个隐藏层。

由于人们可以利用源网络(即在先验任务中获得的网络)的最终权重集初始化对应于目标网络(即对应于当前任务的网络)的权重集，因此在知识迁移语境中神经网络备受关注。下面我们介绍在神经网络模型之间迁移知识的不同策略。

1) 神经网络中的功能迁移

神经网络中大多数迁移学习方法都采用具象法，即将部分知识显性地从源网络中迁移至目标网络中。但功能法也很常见，即将数个网络组合成一个网络架构，以使不同的任务共用相同的隐藏表征。该领域也称为多任务学习(Argyriou 等，2007)。举例来说，图 12.2 显示了两个网络，一个用于对恒星进行分类，另一个用于对星系进行分类，这两个网络可以合并为一个架构，其中的隐藏节点现在可以捕捉到两个域中的共同模式。

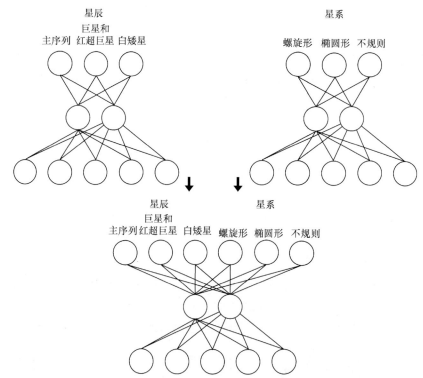

图 12.2　多任务合并为一个并行的多任务问题(使用一个共同的隐藏层可并行识别多个发光物体)

2) 神经网络架构的共享部分

一般而言，围绕共享神经网络结构的中心思想，人们已通过结合不同形式的知识迁移尝试设计了多种混合变体结构。例如，将神经网络分为两个部分：网络底层的公共结构(即靠近输入层的一组相邻层)体现共同的任务表征，一组上层结构(即靠近输出层的一组相邻层)，其中每一个都专注学习一个具体的任务(Yosinski 等，2014)。具体来说，具有丰富标记样本的源域可以生成具有较高泛化性能的网络模型。具有有限训练样本的新目标域可以重用源网络的底层，同时只需调整目标网络上层的权重(Heskes，2000；Yosinski 等，2014)。

3) 查找变换不变性

在神经网络中应用知识迁移的一个有趣的例子是查找某种形式的变换不变性。我们之前提到了在图像识别背景下寻找这种变换的重要性。举例来说，假设我们收集了一组对象在不同角度、亮度、位置等方面的图像，我们的目标是自动学习识别图像中的对象，使用包含相同对象(尽管是在不同条件下拍摄的)的图像作为经验。

4) 训练一个神经网络来学习一个不变的函数σ

用不同条件下生成的成对图像来训练函数σ，以确定图像何时包含相同的对象。如果该函数的近似值没有错误，那么只要将σ应用于当前图像及包含多个原型对象的先前图像中，就可以完美预测一个图像中包含的对象类型。然而，在实践中，找到函数σ是一个棘手的问题。关于不变函数形状(如函数斜率)的信息可用于提升学习器的准确性(Thrun 等，1995；Zaheer 等，2017)。

5) 嵌套学习和 k 样本学习

描述元学习算法的一般方法是将其内部架构分为两个主要部分：基学习器和元学习器。基学习器的工作方式与传统的监督学习一样，通过在特定的任务(或场景)上搜索接近最优的模型参数，并从一组标记的实例中导出模型。而元学习器则承担了跨任务学习模式(即知识)的角色，用以简化每个基学习器的任务。可以将其视为一个双循环架构(Vilalta 等，2002；Bertinetto 等，2019)，其中基学习器在一个训练集上迭代，以在一个固定的假设空间学习模型参数，称为内循环；而同时，元学习器在不同的任务上迭代，在假设空间族学习元参数，称为外循环(图 12.3)。

在许多技术和设置中，特别是在神经网络领域都采用了这种双循环结构(Finn 等，2017)。一个典型的应用是 n 类 k 样本学习任务，其中的挑战是用少量样本训练一个(深度)神经网络。具体地，就是在 n 个可能的类别中，每个类别都只用 k 个样本导出一个准确

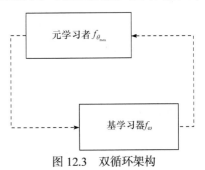

图 12.3　双循环架构

的模型。只有当元学习器在多个任务中捕捉到相关模式时，才有可能推导出准确的模型。我们简要阐释这些理念的部分实例。

(1) 学习相似度函数。元学习的一种形式是利用源任务来学习一个相似度函数，该函数可以准确预测两个对象是否属于同一类别(Koch 等，2015；Chopra 等，2005)。这与传统的监督学习不同，在监督学习中，分类器将接收两个实例(即两个特征向量)作为输入，并预测它们是否属于同一类别。通过将这样的相似度函数迁移到目标域，就可以来验证问题。例如，在单样本学习中，目标任务上的单个标注样本可以代替相似度函数的一个匹配元素，而另一个元素对应于目标测试样本。可以通过最小化与特定目标样本相对应的每个任务或场景的损失来构建嵌套学习框架(内循环)，同时在多个学习任务中改进相似度函数(外循环)(Vinyals 等，2016)。

(2) 通过循环神经网络学习。元学习双循环视图的一个优点是，固定的更新程序可以转化为可调适模块，便于学习。学习更新规则的典型框架是循环神经网络，特别是长短时记忆(LSTM)，其中记忆过去事件的能力为改善更新机制本身提供反馈(Hochreiter 等，2001)。举例来说，一个递归神经网络可以设计成双循环架构，其中，在基学习器(优化对象)上对特定任务模型参数的搜索是在负责看到几个任务后学习更新规则本身的元学习器(优化器)指导下进行的(Andrychowicz 等，2016；Ravi 等，2017)。

(3) 学习器和元学习器之间的双向反馈。一个重要的研究方向是通过调整优化过程来增加基学习器和元学习器之间的相互依赖性，以确保反馈双向发送(Maclaurin 等，2015；Finn 等，2017，2018；Bertinetto 等，2019)。具体而言，基学习器可以依托全局元参数 θ(由元学习器控制)实现参数初始化来更新其参数 θ'。在随机梯度下降(SGD)的语境中，单个更新步骤可以定义为

$$\theta_i' = \theta - \alpha \nabla_\theta \mathcal{L}_{T_i}(f_\theta) \tag{12.2}$$

其中，等式右边的第二项是任务 T_i 上损失函数的梯度。上面的更新步骤适用于内循环(见前述内容)。但要注意，该步骤依赖全局参数 θ。在多个任务上训练后更新 θ 时，就实现了外循环：

$$\theta = \theta - \beta \sum_{T_i} \nabla_\theta \mathcal{L}_{T_i}(f_{\theta_i'}) \tag{12.3}$$

其中，元参数 θ 基于局部梯度之和。实际上，元学习器给出每个任务 T_i 上的一组初始参数，以便在很少的步骤内更新 θ_i(Finn 等，2017，2018)。

(4) 记忆增强神经网络。另一个有趣的研究方向是增强神经网络，通过添加记忆组件记忆过去的事件(Graves 等，2014)。在迁移学习中，这样做可以生成记忆过去事件并可以利用过去经验推广至新任务中的模型(Santoro 等，2016；Munkhdalai 等，2017)，从而克服深度网络中典型的灾难性遗忘问题。存储器成为

神经网络的一个附加组件,具有相对快速表征存储和检索的能力。因为用少量样本很难进行归纳,需要存储更多新观察到的事件来构建更准确的模型,所以这一点在 k 样本学习场景中至关重要。在这种情况下,元学习的内循环是通过快速检索尚未得以适当推广的实例来实现的,其外循环则是通过缓慢获取跨任务或跨场景模式产生强大、稳定的模型。

12.3.2　核方法中的迁移

支持向量机(SVM)等核方法已推广到多任务学习中。核方法使用形式为 $g(\cdot)$ 的判别函数来寻求分类(或回归)问题的解决方案,表示为

$$g(X = x) = \sum_j c_j k\left(x_j, \ x\right) \tag{12.4}$$

其中, $\{c_j\}$ 是一组实参数,指数 j 与训练实例的数量同步, k 是指再生核希尔伯特空间的核函数(Shawe-Taylor 等,2004)。

通过使不同的假设(对应不同的任务)共享一个通用结构,知识迁移就能用核方法实现。举例来说,假设由超平面构成假设空间,其中每个假设都表示为 $w \cdot x$(即 w 和 x 的内积)。为利用多任务理念,假设我们有多个数据集 $T = \left\{T_p\right\}_{p=1}^n$,我们的目标是在假设任务相关的情况下,从 T 得出假设 $\left\{h_p\right\}_{p=1}^n$。任务相关性的理念可通过修改假设空间来体现,使权重向量由两部分组成:

$$w_p = w_0 + v_p, \quad 1 \leqslant p \leqslant n \tag{12.5}$$

其中,我们假设所有模型共享一个通用模型 w_0 ,向量 v_j 用于为每个特定任务建模。这种情况下,我们实际上是使所有假设共享一个通用组件,同时允许通用模型偏差(Evgeniou 等,2004)。

12.3.3　参数化贝叶斯模型中的迁移

有一种知识迁移使用贝叶斯模型,计算特定输入向量 x 每个类 y 的后验概率, $P\left(Y = y|X = x\right)$。对于固定类别 y ,贝叶斯定理可得出以下公式:

$$g(x) = P\left(Y = y|X = x\right) = \frac{P\left(x|y\right)P\left(y\right)}{P\left(x\right)} \tag{12.6}$$

其中, $P(y)$ 是类别 y 的先验概率, $P(x|y)$ 是 y 相对于 x 的可能性或者是类条件概率, $P(x)$ 表示证据(Duda 等,2001)。在这个框架下,基于参数的迁移学习方法是在源域 D_S 上训练贝叶斯学习算法,生成一个预测模型,其参数向量 θ_S 嵌入计算后验概率所需的一组概率中。对于新目标域 D_T ,我们要求新的概率向量 θ_T 与上

一个向量相似(即 $\theta_S \sim \theta_T$)。为此,我们假设 θ_S 和 θ_T 的每个分量参数都源于超先验分布。参数分量间的相似度可通过使超先验分布具有小方差(对应于相似的任务)或大方差(对应于不相似的任务)来控制(Rosenstein 等,2005;Cao 等,2013)。

聚类迁移。学会学习的方法包括设计一个学习算法,将相似的任务分成聚类。将新的任务分配至最相关的聚类,当泛化利用关于每个任务所属聚类的信息时,就会发生知识迁移。这种将相似任务进行归类的方法也在贝叶斯方法中得以体现。本质上,每个隐藏到输出权重的向量都可以模型化为高斯混合模型,每个高斯模型实际上都描述了一个任务聚类(Bakker 等,2003;Thrun 等,1998)。

12.4　理　论　框　架

一些研究从理论上分析了学会学习的范例,目标是了解元学习器嵌入由相关任务构成的环境中时能够提供出色泛化的条件。尽管知识迁移的概念通常隐含在分析中,但显然元学习器会从每个任务中提取和利用知识,以在未来任务中表现出色。理论研究适合贝叶斯模型(Baxter 等,1998;Heskes,2000)及可能近似正确(Baxter,2000;Maurer,2005)的模型。其中的理念不仅是要在假设空间中找到正确的假设 $\mathcal{H}, h \in \mathcal{H}$,还要在假设空间族中找到正确的假设空间 $\mathbb{H}, \mathcal{H} \in \mathbb{H}$。

接下来我们来详细分析这些研究。我们关注的问题是,当学习器面临一系列任务时,如何限定生成良好泛化所需的样本数量。首先假设传统学习的目标是找到能使函数风险最小化的假设($h^* \in \mathcal{H}$), $h^* = \arg\min_{h \in \mathcal{H}} R_\phi(h)$,其中

$$R_\phi(h) = \int_{(x,y) \in x \times y} L(h(x), y) \, \mathrm{d}\phi(x, y) \tag{12.7}$$

其中,假设 h 为带来预期损失的风险;$L(h(x), y)$ 是一个特定的损失函数(如 0/1 损失),且其积分贯穿输入输出空间。我们引入一个新的符号 ϕ 来表示 $x \times y$ 上的概率分布,表明该特定任务更有可能看好哪些实例。既然我们无法访问输入—输出空间中所有可能的实例,我们可以选择用经验风险来粗略估计真实风险 $(\hat{R}_\phi(h))$。根据 ϕ 的值,我们随机抽取 m 个样本来生成一个训练实例 $T = \left\{ (x_j, y_j) \right\}_{j}^{m} = 1$,其中

$$\hat{R}_\phi(h, T) = \frac{1}{m} \sum_{j=1}^{m} L(h(x_j), y_j) \tag{12.8}$$

如前所述,如果所有的 $h \in \mathcal{H}$ 在 $R_\phi(h)$ 和 $\hat{R}_\phi(h, T)$ 之间的偏差概率上存在一致界,我们就可以将真实风险 $R_\phi(h)$ 表示为经验风险的一种函数形式(Vapnik,1995;Blumer 等,1989)。这些一致界可表示为假设空间的 VC 维函数,即 VC($\mathcal{H}$)。VC

维捕捉了函数集 $\mathcal{H}$ 在确定灵活决策边界时所具备的表现能力或丰富程度。它提供了 $\mathcal{H}$ 的客观描述(Vapnik，1995)。$R_{\phi}(h)$ 和 $\hat{R}_{\phi}(h,T)$ 之间的偏差的界限可表示为

$$R_{\phi}(h) \leqslant \hat{R}_{\phi}(h,\ T) + g(m, \delta, \mathrm{VC}(\mathcal{H})) \tag{12.9}$$

其中，函数 $g(\cdot)$ 明确指出真实风险与经验风险之间差异的上限，不等式满足所有 $h \in \mathcal{H}$ 的概率为 $1-\delta$。

12.4.1　学会学习场景

我们来探讨新颖的学会学习场景(Baxter，2000)。这里我们假设学习器嵌入在一组具有某些共性的相关任务中。在传统学习中，我们假设一个概率分布 ϕ 表示在这个任务中更有可能看到哪些实例。现在，我们假设在所有可能分布的空间 Φ 上存在一个元分布 $\{\phi\}$。实际上，Φ 表示在元学习器所面临的一系列任务中，哪些任务更有可能被发现(正如 ϕ 表示在这个任务中更有可能看到哪些实例一样)。例如，我们对天文测量中的发光物体进行分类，Φ 可能表示在识别天体物体类别的任务中达到峰值的概率分布。给出一系列假设空间 $\mathbb{H}$，元学习器的目标是找到最小化新函数风险的假设空间 $\mathcal{H}^{*} \in \mathbb{H}, \mathcal{H}^{*} = \arg\min_{\mathcal{H} \in \mathbb{H}} R_{\Phi}(\mathcal{H})$，其中

$$R_{\phi}(\mathcal{H}) = \int_{\phi \in \Phi} \inf_{h \in \mathcal{H}} R_{\phi}(h) \mathrm{d}\Phi(\phi) \tag{12.10}$$

对上述公式进行扩展，可以得出

$$R_{\phi}(\mathcal{H}) = \int_{\phi \in \Phi} \inf_{h \in \mathcal{H}} \int_{(x,y) \in \mathcal{X} \times \mathcal{Y}} L(h(x), y) \mathrm{d}\phi(x, y) \mathrm{d}\Phi(\phi) \tag{12.11}$$

新的函数风险 $R_{\Phi}(\mathcal{H})$ 表示每个假设空间中潜在最佳假设的预期损失。该函数贯穿所有任务分布 $\{\phi\}$，这些分布本身是根据元分布 Φ 而分布的。在实践中，由于我们不知道 Φ 的分布，因此需要抽取样本 $T_1, T_2, \cdots, T_n$ 来推断任务在这种条件下是如何分布的。

在学会学习场景中工作的优势是，学习器在训练每个新任务后会积累经验。这些经验称为元知识，当任务共享共性或模式时，预期将产生更准确的模型。随着观察到的任务越来越多，预期获得精确模型(高概率)所需的实例数量随着时间的推移将越来越少。

12.4.2　元学习器泛化误差的界限

确定元学习器泛化误差的界限与传统学习理论中采用的逻辑相同。其理念是用经验风险 $\hat{R}_{\phi}(\mathcal{H})$ 的函数来限制新的函数风险 $R_{\Phi}(\mathcal{H})$。在一组 n 个样本 $\boldsymbol{T} = \{T_p\}$ 中，经验风险被定义为每个训练样本 T_p 的最佳可能经验误差的平均值：

$$\hat{R}_\phi(\mathcal{H}) = \frac{1}{n}\sum_{p=1}^{n}\inf_{h\in\mathcal{H}}\hat{R}_\phi(h,T_p) \tag{12.12}$$

如果所有 $\mathcal{H}\in\mathbb{H}$ 在 $R_\Phi(\mathcal{H})$ 和 $\hat{R}_\phi(\mathcal{H})$ 之间的偏差概率存在一致界，我们就可以找到该界限。在传统的学习理论中，这些界限是由假设集合的表达能力决定的。同样，在学会学习的场景下，泛化误差的界限由与族空间 $\mathbb{H}$ 相关的函数类别的大小决定。具体来说，就是可以保证在概率为 $1-\delta$(取决于样本的选择 T)的情况下，所有 $\mathcal{H}\in\mathbb{H}$ 都将满足以下不等式：

$$R_\Phi(\mathcal{H}) \leqslant \hat{R}_\Phi(\mathcal{H}) + \epsilon \tag{12.13}$$

如果任务的数量 n 满足：

$$n \geqslant \max\left\{\frac{256}{\epsilon^2}\log\frac{8\mathcal{C}\left(\frac{\epsilon}{32},\Lambda_{\mathbb{H}}\right)}{\delta}, \frac{64}{\epsilon^2}\right\} \tag{12.14}$$

则该不等式成立。且每个任务的样本数量 m 应满足：

$$m \geqslant \max\left\{\frac{256}{n\epsilon^2}\log\frac{8\mathcal{C}\left(\frac{\epsilon}{32},\Lambda_{\mathbb{H}}^n\right)}{\delta}, \frac{64}{\epsilon^2}\right\} \tag{12.15}$$

该定理(Baxter, 2000)引入两个新特征描述假设空间族 $\mathbb{H}$, $\mathcal{C}(\epsilon,\Lambda_{\mathbb{H}})$ 和 $\mathcal{C}(\epsilon,\Lambda_{\mathbb{H}}^n)$。这些函数衡量 $\mathbb{H}$ 的能力与 VC 维衡量 $\mathcal{H}$ 的能力相似。为了保持本章内容的连贯性，我们将这两个特征的说明放在附录 A 中。上述界限表明，要学习好的假设空间 $\mathcal{H}\in\mathbb{H}$ 和好的假设 $h\in\mathcal{H}$，就要有最低的任务数和每任务样本数。众所周知，如果 g 和 δ 是固定的(Baxter, 2000)，为获得准确模型，所需的每任务样本数，m 应满足：

$$m = O\left(\frac{1}{n}\log\mathcal{C}(\epsilon,\ \Lambda_{\mathbb{H}}^n)\right) \tag{12.16}$$

该式表明，随着任务数量的增加，每任务所需的样本数量会减少，这与我们对学习算法能够利用以往经验获得好处的预期是一致的。

12.4.3　其他理论研究

1. 使用算法稳定性的界限

如果我们做出某些假设，就可以改善上述结果(Maurer, 2005)。要理解这一点，我们需先回顾一下算法稳定性的概念(Bousquet 等，2022)。如果从训练集中拿走一个样本对输出假设的损失影响不超过 β(对于一个固定的损失函数)，那么我们就可以说学习算法具有一致 β 稳定性。我们将元学习算法的定义更新为一个函数 $\mathcal{A}(T)$，该函数在查看样本序列 $T = \{T_p\}_{p=1}^n$ 后会输出一个假设。也就是说，我们不再讨论一个假设空间，而是讨论在所有先前任务中都表现优异的一个假设。在这种情况下，我们也可以认为，如果从样本集 T 中移除一个样本对输出假设的损失影响不超过 β'，那么元学习算法就具有 β' 稳定性。注意，参数 β' 与跨任务稳定性的概念一致，而参数 β 是指从一个任务中提取的实例间的稳定性。

假定对于特定样本集 T，$\mathcal{A}(T) = h$，新的结果表明，对于每个环境 Φ，根据 T 的选择，概率大于 $1 - \delta$ 时，以下不等式成立：

$$R_\Phi(h) \leqslant \frac{1}{n}\sum_{p=1}^n \hat{R}_\phi(\mathcal{H})_{\phi_p}(h, T_p) + 2\beta' + (4n\beta' + m)\sqrt{\frac{\ln(1/\delta)}{2n}} + 2\beta, \forall \phi \quad (12.17)$$

其中，$\phi_p \in \Phi$ 和 $\hat{R}_\phi(h, T_p)$ 是从样本 T_p 中提取实例时假设 h 的经验损失估值。不等式右边的第一项为任务集 T 中的平均经验损失 h。从该不等式可以看出，新的界限要比第 12.4.2 节的界限(当然，应符合在 $\mathcal{A}(T) = h$ 上以 β 和 β' 作为稳定性参数的假设前提)更严格。

2. 域适应的界限

域适应语境生成又一组有趣的学习界限(Ben-David 等，2010)。假设源域 $\mathcal{D}_S$ 中有大量的类别标签，目标域 $\mathcal{D}_T$ 中有少量或没有类别标签。其中暗含的假设是，源域和目标域一定相关，但没有量化相关程度的机制。这有助于理解如何限制在源域上训练的模型误差，但当模型应用于目标域时，我们假设 $\mathcal{X}$ 的分布已经改变，即 $P_S(X) \neq P_T(X)$。

我们首先将 0/1 损失函数中的假设 h 的误差定义为 $R_\phi(h) = E_{(x,y)\sim\phi}[|h(x)-y|]$，我们还假设 $\mathcal{Y} = \{-1, 1\}$。我们将源分布和目标分布称为 ϕ_S 和 ϕ_T，它们之间唯一的区别在于边界分布 $P_S(X) \neq P_T(X)$。目标域的泛化误差可表示为一个三项式函数：

$$R_{\phi_T}(h) \leqslant R_{\phi_S}(h) + \frac{1}{2}d\mathcal{H}\Delta\mathcal{H}(\phi_S, \phi_T) + \lambda \quad (12.18)$$

其中，不等式右边的第一项是源域上的泛化误差；第二项是衡量两个分布的相关性，表示为

$$d_{\mathcal{H}\Delta\mathcal{H}}(\phi_S, \phi_T) = 2\sup_{h,h'\in\mathcal{H}}\left|P_{x\sim\phi_S}\left[h(x)\neq h(x)\right] - P_{x\sim\phi_T}\left[h(x)\neq h'(x)\right]\right| \quad (12.19)$$

其目的只是为了获得假设空间 H 中两个假设不一致概率的差异。最后一项 λ 指理

想假设的综合误差：

$$\lambda = R_{\phi_S}(h^*) + R_{\phi_T}(h^*) \tag{12.20}$$

其中，$h^* = \text{argmin}_{h \in \mathcal{H}} R_{\phi_S}(h) + R_{\phi_T}(h)$。因此，界限取决于源分布和目标分布之间的差异，以及是否存在一个在源域和目标域都能达到低泛化误差的假设。

12.4.4　元学习中的偏差与方差

作为理论研究的最后一部分，我们通过了解学会学习框架分类中偏差-方差困境的本质来结束本章内容。我们首先回顾一下什么是传统学习中的偏差-方差困境(Hastie 等，2009；Geman 等，1992)。该困境基于一个事实，即预期的预测误差或风险，可分解为偏差和方差两个分量[1]。理想情况下，我们希望分类器具有低偏差和低方差，但这两个分量通常呈逆相关性。一方面，简单分类器包含一个小的假设空间 H。它们的小函数库会产生高偏差(因为预测误差最小的假设可能离真正的目标函数相距甚远)和低方差(因为只有很少的假设可供选择)。另一方面，增加 H 的大小可减少偏差，但会增加方差。大的 H 值通常会产生灵活的决策边界(低偏差)，但学习算法不可避免地会对数据中的微小变化变得敏感(高方差)。

在学会学习框架中，同样需要在假设空间族 $\mathbb{H}$ 中找到一个平衡。小的 $\mathbb{H}$ 值具有低方差和高偏差，除非我们能够找到一个具有低风险的优异的假设空间 $R_\phi(\mathcal{H})$，否则最佳 H 可能与真实的假设空间相距甚远。就像在传统学习中一样，一个大的假设空间 $\mathbb{H}$ 将呈现出低偏差但高方差的特点，因为可用的假设数量增加了选择适应训练数据特性的机会。主要目标之一是理解是否存在比正确假设空间 $\mathbb{H}$ 更容易(或不难)学习到正确假设空间 $\mathcal{H}$ 族本质上更合适的情况。

附　录　A

第 12.4.2 节使用了两个新特征描述假设空间族 $\mathbb{H}$, $C(\epsilon, \Lambda_H)$ 和 $C(\epsilon, \Lambda_H^n)$。这些函数量化了假设空间族 $\mathbb{H}$ 的容量。接下来我们将详细介绍这两个特征[2]。

定义 1　为每个 $\mathcal{H} \in \mathbb{H}$ 定义新的函数 $\lambda_{\mathcal{H}}(\phi_i)$ 如下，

$$\lambda_{\mathcal{H}}(\phi) = \inf_{h \in \mathcal{H}} R_\phi(h) \tag{12.21}$$

其中，$\lambda: \Phi \rightarrow [0, 1]$。换言之，函数 λ 是指在分布 ϕ 下查看每个 $h \in \mathcal{H}$ 后所得到的最

---

① 第三个分量称为不可约误差或贝叶斯误差，不能够消除或替换(Hastie 等，2009)。

② 根据 Baxter 的研究结果(Baxter，2000)，我们用不同的顺序和符号来简化描述 H 的两个特征。

小误差损失。

定义 2　为假设空间族 $\mathbb{H}$ 定义一个新集 $\varLambda_H$ 如下：

$$\varLambda_H = \{\lambda_{\mathcal{H}} : \mathcal{H} \in \mathbb{H}\} \tag{12.22}$$

根据定义 1，$\varLambda_H$ 集包含假设空间集合 $\mathbb{H}$ 内的所有不同函数。我们可按以下规定计算任何两个函数 $\lambda_1, \lambda_2 \in \varLambda_H$ 最小误差损失的预期差异。

定义 3　对于任意两个函数 $\lambda_1, \lambda_2 \in \varLambda_H$ 和可能的输入输出分布空间上的分布 $\varPhi$，定义

$$D_{\varPhi}(\lambda_1, \lambda_2) = \int_{\phi} |\lambda_1(\phi) - \lambda_2(\phi)| \mathrm{d}\varPhi(\phi) \tag{12.23}$$

其中，函数 D 可以看作是两个函数 λ_1 和 λ_2 之间的预期距离。我们将 ϵ-覆盖的概念做如下定义。

定义 4　$(\varLambda_H, D_{\varPhi})$ 的 ϵ-覆盖是一个集合 $\{\lambda_1, \lambda_2, \cdots, \lambda_n\}$，对于所有的 $\lambda \in \varLambda_H$，$D_{\varPhi}(\lambda, \lambda_p)$ $\leqslant \epsilon$ $(1 \leqslant p \leqslant n)$。$\mathcal{N}(\epsilon, \varLambda_H, D_{\varPhi})$ 表示最小 ϵ-覆盖的大小，我们将 $\varLambda_H$ 的容量定义如下：

$$\mathcal{C}(\epsilon, \varLambda_H) = \sup_{\varPhi} \mathcal{N}(\epsilon, \varLambda_H, D_{\varPhi}) \tag{12.24}$$

其中，上确界为 $\mathcal{X} \times \mathcal{Y}$ 的所有概率分布。

我们可以用同样的方式来定义第二个容量 $\mathcal{C}(\epsilon, \varLambda_H^n)$。首先，假设由 n 个任务组成的序列已通过 n 个假设 $h = (h_1, h_2, \cdots, h_n)$ 进行建模。我们可计算跨 n 个任务的预期误差损失如下：

$$\lambda_h^n(\{x, y\}) = \frac{1}{n} \sum_{p=1}^{n} L(h_p(x), y) \tag{12.25}$$

定义 5　为假设空间族 $\mathbb{H}$ 定义新集 $\varLambda_H^n$ 如下：

$$\varLambda_h^n = \left\{ \lambda_h^n : h_1, h_2, \cdots, h_n \in \mathcal{H} \right\} \tag{12.26}$$

集 $\varLambda_h^n$ 属于损失函数类。如前所述，它表示在假设空间 $\mathbb{H}$ 中包含不同的函数类(获取 n 个假设序列的平均误差损失)$\mathcal{H}$ 的个数；不同的是，现在我们要比较的是 n 个损失函数的集合。

定义 6　对于假设空间族 $\mathbb{H}$，定义：

$$\varLambda_H^n = \bigcup_{\mathcal{H} \in \mathbb{H}} \varLambda_h^n \tag{12.27}$$

其中，$h \subseteq \mathcal{H}$。第二个容量的定义 $c(\epsilon, \Lambda_H^n)$ 与第一个容量类似，但使用新的距离函数：

$$D_\Phi^n(h, h') = \int_{(\mathcal{X} \times \mathcal{Y})^n} \left| \lambda_h^n(\{x_i, y_i\}) - \lambda_h^n(\{x_i, y_i\}) \right| d\phi_1, \ d\phi_2, \cdots, \ d\phi_n \qquad (12.28)$$

这就引出了第二个容量函数：

$$\mathcal{C}(\epsilon, \Lambda_H^n) = \sup_\Phi \mathcal{N}(\epsilon, \Lambda_H^n, D_\Phi^n) \qquad (12.29)$$

其中，上确界为 $\mathcal{X} \times \mathcal{Y}$ 上 n 个概率分布的所有序列。

参 考 文 献

Andrychowicz, M., Denil, M., Colmenarejo, S. G., Hoffman, M. W., Pfau, D., Schaul, T., Shillingford, B., and de Freitas, N. (2016). Learning to learn by gradient descent by gradient descent. In *Proceedings of the 30th International Conference on Neural Information Processing Systems*, NIPS'16, pages 3988-3996, USA. Curran Associates Inc.

Argyriou, A., Evgeniou, T., and Pontil, M. (2007). Multi-task feature learning. In *Advances in neural information processing systems 20*, NIPS'07, pages 41-48.

Bakker, B. and Heskes, T. (2003). Task clustering and gating for Bayesian multitask learning. *Journal of Machine Learning Research*, 4:83-99.

Basura, F., Habrard, A., Sebban, M., and Tuytelaars, T. (2013). Unsupervised visual domain adaptation using subspace alignment. In *Proceedings of the IEEE International Conference on Computer Vision, ICCV*, pages 2960-2967.

Baxter, J. (1998). Theoretical models of learning to learn. In Thrun, S. and Pratt, L., editors, *Learning to Learn*, chapter 4, pages 71-94. Springer-Verlag.

Baxter, J. (2000). A model of inductive learning bias. *Journal of Artificial Intelligence Research*, 12:149-198.

Ben-David, S., Blitzer, J., Crammer, K., Kulesza, A., Pereira, F., and Vaughan, J. W. (2010). A theory of learning from different domains. *Mach. Learn.*, 79(1-2):151-175.

Bengio, Y. (2012). Deep learning of representations for unsupervised and transfer learning. In *Proceedings of ICML Workshop on Unsupervised and Transfer Learning*, pages 17-36.

Bertinetto, L., Henriques, J. F., Torr, P. H. S., and Vedaldi, A. (2019). Meta-learning with differentiable closed-form solvers. In *International Conference on Learning Representations*, ICLR'19.

Bickel, S., Bruckner, M., and Scheffer, T. (2009). Discriminative learning under covariate ‟ shift. *J. Mach. Learn. Res.*, 10:2137-2155.

Blitzer, J., McDonald, R., and Pereira, F. (2006). Domain adaptation with structural correspondence learning. In *Proceedings of the 2006 Conference on Empirical Methods in Natural Language Processing, ACL*, pages 120-128.

Blumer, A., Haussler, D., and Warmuth, M. K. (1989). Learnability and the VapnikChervonenkis dimension. *Journal of the ACM*, 36(1):929-965.

Bousquet, O. and Elisseeff, A. (2002). Stability and generalization. *Journal of Machine Learning Research*, 2:499-526.

Cao, X., Wipf, D., Wen, F., and Duan, G. (2013). A practical transfer learning algorithm for face verification. In *International Conference on Computer Vision (ICCV)*.

Chopra, S., Hadsell, R., and LeCun, Y. (2005). Learning a similarity metric discriminatively, with application to face verification. In *Proceedings of Computer Vision and Pattern Recognition (CVPR'05) - Volume 1*, CVPR '05, pages 539-546, Washington, DC, USA. IEEE Computer Society.

Duda, R. O., Hart, P. E., and Stork, D. G. (2001). *Pattern Classification (2 ed.)*. John Wiley & Sons, New York.

Evgeniou, T. and Pontil, M. (2004). Regularized multi-task learning. In *Tenth Conferenceon Knowledge Discovery and Data Mining*.

Finn, C., Abbeel, P., and Levine, S. (2017). Model-agnostic meta-learning for fast adaptation of deep networks. In *Proceedings of the 34th International Conference on Machine Learning*, ICML'17, pages 1126-1135. JMLR.org.

Finn, C., Xu, K., and Levine, S. (2018). Probabilistic model-agnostic meta-learning. In *Proceedings of the 32nd International Conference on Neural Information Processing Systems*, NIPS'18, pages 9537-9548, USA. Curran Associates Inc.

Geman, S., Bienenstock, E., and Doursat, R. (1992). Neural networks and the bias/variance dilemma. *Neural Computation*, pages 1-58.

Goodfellow, I., Bengio, Y., and Courville, A. (2016). *Deep Learning*. MIT Press.

Graves, A., Wayne, G., and Danihelka, I. (2014). Neural Turing Machines. *arXiv preprint arXiv:1410.5401*.

Gretton, A., Smola, A., Huang, J., Schmittfull, M., Borgwardt, K., and Scholkopf, B. ¨ (2009). Covariate shift by kernel mean matching. In Quinonero-Candela, J., Sugiyama, M., Schwaighofer, A., and Lawrence, N. D., editors, *Dataset Shift in Machine Learning*, pages 131-160. MIT Press, Cambridge, MA.

Hastie, T., Tbshirani, R., and Friedman, J. (2009). *The Elements of Statistical Learning: Data Mining, Inference, and Prediction, 2nd edition*. Springer.

Heskes, T. (2000). Empirical Bayes for Learning to Learn. In *Proceedings of the 17th International Conference on Machine Learning*, ICML'00, pages 367-374. Morgan Kaufmann, San Francisco, CA.

Hochreiter, S., Younger, A. S., and Conwell, P. R. (2001). Learning to learn using gradient descent. In Dorffner, G., Bischof, H., and Hornik, K., editors, *Lecture Notes on Comp. Sci. 2130, Proc. Intl. Conf. on Artificial Neural Networks (ICANN-2001)*, pages 87-94. Springer.

Kanamori, T., Hido, S., and Sugiyama, M. (2009). A least-squares approach to direct importance estimation. *J. Mach. Learn. Res.*, 10:1391-1445.

Koch, G., Zemel, R., and Salakhutdinov, R. (2015). Siamese Neural Networks for Oneshot Image Recognition. In *Proceedings of the 32nd International Conference on Machine Learning*, volume 37 of *ICML'15*. JMLR.org.

Maclaurin, D., Duvenaud, D., and Adams, R. P. (2015). Gradient-based hyperparameter optimization through reversible learning. In *Proceedings of the 32nd International Conference on Machine Learning*, volume 37 of *ICML'15*, pages 2113-2122.

Maurer, A. (2005). Algorithmic Stability and Meta-Learning. *Journal of Machine Learning Research*, 6:967-994.

Munkhdalai, T. and Yu, H. (2017). Meta networks. In Precup, D. and Teh, Y. W., editors, *Proceedings of the 34th International Conference on Machine Learning*, volume 70 of *ICML'34*, pages 2554-2563, International Convention Centre, Sydney, Australia. JMLR.org.

Quionero-Candela, J., Sugiyama, M., Schwaighofer, A., and Lawrence, N. D. (2009). *Dataset shift in machine learning*. The MIT Press.

Ravi, S. and Larochelle, H. (2017). Optimization as a model for few-shot learning. In *International Conference on Learning Representations*, ICLR'17.

Rosenstein, M. T., Marx, Z., and Kaelbling, L. P. (2005). To transfer or not to transfer. In *Workshop at NIPS (Neural Information Processing Systems)*.

Santoro, A., Bartunov, S., Botvinick, M., Wierstra, D., and Lillicrap, T. (2016). Metalearning with memory-augmented neural networks. In *Proceedings of the 33rd International Conference on Machine Learning*, ICML'16, pages 1842-1850. JMLR.org.

Shawe-Taylor, J. and Cristianini, N. (2004). *Kernel Methods for Pattern Analysis*. Cambridge University Press.

Shimodaira, H. (2000). Improving predictive inference under covariate shift by weighting the log-likelihood function. *Journal of Statistical Planning and Inference*, 90(2):227-244.

Sugiyama, M., Nakajima, S., Kashima, H., Buenau, P. V., and Kawanabe, M. (2008). Direct importance estimation with model selection and its application to covariate shift adaptation. In *Advances in Neural Information Processing Systems 21*, NIPS'08, pages 1433-1440.

Taylor, M. E. and Stone, P. (2009). Transfer learning for reinforcement learning domains: A survey. *Journal of Machine Learning Research*, 10:1633-1685.

Thrun, S. (1998). Lifelong Learning Algorithms. In Thrun, S. and Pratt, L., editors, *Learning to Learn*, pages 181-209. Kluwer Academic Publishers, MA.

Thrun, S. and Mitchell, T. (1995). Learning One More Thing. In *Proceedings of the International Joint Conference of Artificial Intelligence*, pages 1217-1223.

Thrun, S. and O'Sullivan, J. (1998). Clustering Learning Tasks and the Selective CrossTask Transfer of Knowledge. In Thrun, S. and Pratt, L., editors, *Learning to Learn*, pages 235-257. Kluwer Academic Publishers, MA.

Torrey, L. and Shavlik, J. (2010). Transfer learning. In *Handbook of Research on Machine Learning Applications and Trends: Algorithms, Methods, and Techniques*, pages 242- 264. IGI Global.

Vapnik, V. (1995). *The Nature of Statistical Learning Theory*. Springer Verlag, New York.

Vilalta, R. and Drissi, Y. (2002). A perspective view and survey of meta-learning. *Artificial Intelligence Review*, 18(2):77-95.

Vinyals, O., Blundell, C., Lillicrap, T., Kavukcuoglu, K., and Wierstra, D. (2016). Matching networks for one shot learning. In *Proceedings of the 30th International Conference on Neural Information Processing Systems*, NIPS'16, pages 3637-3645, USA. Curran Associates Inc.

Weiss, K., Khoshgoftaar, T. M., and Wang, D. (2016). A survey of transfer learning. *Journal of Big Data*, 3(1).

Yosinski, J., Clune, J., Bengio, Y., and Lipson, H. (2014). How transferable are features in deep neural networks? *arXiv e-prints*, page arXiv:1411.1792.

Zaheer, M., Kottur, S., Ravanbakhsh, S., Poczos, B., Salakhutdinov, R., and Smola, A. (2017). Deep sets. *arXiv e-prints*, page arXiv:1703.06114.

第 13 章 深度神经网络中的元学习

摘要 深度神经网络从图像和语音识别到自动医疗诊断等各个领域都取得了重大突破。然而,从大量数据中学习的需求限制了这些网络在数据匮乏领域的适用性。通过元学习,这些网络能够学会如何学习,这使其能够从更少的数据中进行学习。本章我们详细介绍深度神经网络中知识迁移的元学习。我们将这些技术分为:①基于度量的技术;②基于模型的技术;③基于优化的技术。介绍每个类别的关键技术,探讨开放的挑战,并为未来研究提供方向,如异构基准的性能评估等。

13.1 简　　介

尽管当前深度学习法取得了巨大成功,但在大的数据集上训练模型需要耗费大量时间才能获得优异的性能。而元学习能够很好地解决这些问题。也就是说,元学习深度神经网络能够随时间的推移提高其学习能力,或称为"学会学习",从而使其能从更少的数据中学习新概念。

在深度学习的语境中,大多数元学习技术都从两个层面进行学习。在内层上,智能体会收到新的任务(数据集)并尝试快速学习相关的概念。在外层上,智能体从其他任务中积累的知识促进了这种适应性。因此,内层只涉及一个任务,而外层涉及大量任务。所积累的知识往往直接嵌入智能体(神经网络)参数中,这与本书中其他一些方法(如第 6 章)相悖。在这些方法中,元学习用于优化算法超参数。

本章我们将详细介绍深度神经网络中知识迁移的元学习,第 13 章已对此做了简要说明。按照 Vinyals 的研究(2017),我们将这一领域分为三类:①基于度量的技术;②基于模型的技术;③基于优化的技术。介绍完标记系统并提供背景信息之后,我们将概述每个类别的关键技术,确定主要的挑战并提出开放性问题。

13.2 背景和符号

本节介绍并对比在深度学习背景下的基学习和元学习。此外,我们还会简要讨论一些常用的训练和评估程序。

13.2.1 深度神经网络中的元抽象

在监督学习中，我们希望学习一个函数 $f_\theta:X\rightarrow Y$，将输入 $x_i \in X$ 映射到相应的输出 $y_i \in Y$。在深度学习背景下，f 是一个具有参数 θ 的神经网络。注意，在第 13 章中，θ 是指算法超参数。给出一个由 m 个样本组成的数据集 $D = \left\{(x_i,y_i)\right\}_{i=1}^{m}$，学习目标是找到可以最小化经验损失函数 $\mathcal{L}_D$ 的参数 θ。该损失函数通过计算模型预测和正确的数据集输出 y_i 之间的差异来记录模型的表现。简而言之，我们希望找到最优的参数：

$$\theta^* := \arg\min_{\theta} \mathcal{L}_D(\theta) \tag{13.1}$$

寻找理论上的最优参数 θ^* 通常是不可行的。但我们能够在预定义的元知识 ω(如包括初始模型参数 θ，优化器的选择和学习率时间表)的指导下，粗略估计最优参数(Hospedales 等，2020)。因此，这个参数约为

$$\theta^* \approx g_\omega(D,\mathcal{L}_D) \tag{13.2}$$

其中，g_ω 是一个优化程序，利用元知识 ω，数据集 D 和损失函数 D 来产生更新的权重 $g_\omega(D,\mathcal{L}_D)$，以改善其在 D 上的表现。实际上，优化器 g_ω 通常使用损失函数的梯度来更新模型参数 θ。为测量所设置参数 θ^* 的泛化性能，我们可将数据集分为训练数据集 D^{tr} 和测试数据集 D^{test}，并使用交叉验证技术(见第 3 章)。

相比之下，深度神经网络的监督元学习并不认为某些元知识 ω 是规定的或预先定义的。其目标是找到最佳 ω 以便尽快学习新任务 T_j(数据集)。元学习技术通常从大量任务 T_j 中学习 ω。注意，这与常规监督学习不同，后者只使用一个任务(数据集)。

更规范地说，我们获得一个任务概率分布 $p(T)$，希望找到最佳的元知识：

$$\omega^* := \arg\min_{\omega} \underbrace{\mathbb{E}_{T_{j\sim p}(T)}}_{外层} \left[\underbrace{\mathcal{L}_{T_j}(g_\omega(T_j,\mathcal{L}_{T_j}))}_{内层} \right] \tag{13.3}$$

其中，内层涉及具体任务的学习，而外层涉及多个任务。现在，我们就能明白为什么称之为元学习：我们先学习 ω，然后在内层快速学习任务 T_j，从而能够学会学习。

13.2.2 常用训练和评估程序

第 13.2.1 小节介绍了深度神经网络的监督学习和元学习的学习目标。然而，我们还不知道在实践中应采取何种设置来实现这些目标。一般而言，我们通过使用不同的元任务来优化元目标。实际操作过程分为三个阶段：①元训练阶段；②元验证阶段；③元测试阶段，每个阶段都与同构源的一组任务相关。重要的是，这与

前面几个章节的内容不同，前面的章节中用了异构数据源进行知识迁移。

在元训练阶段，元学习算法在元训练任务上展开。然后利用元验证任务来评估元学习技术在未用于元训练的未知任务上的表现。该阶段能够有效地测量经训练网络的元泛化作为调优的反馈，如元学习算法超参数。最后，元测试任务可用于最终评估元学习技术的性能。

N 类 k 样本学习

通用元设置的一个常见实例叫作 N 类 k 样本分类，如图 13.1 所示。图中，N=5，k=1，图中未显示元验证任务。

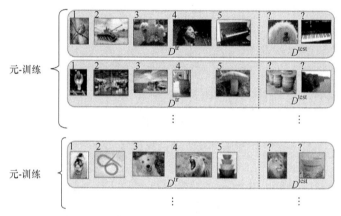

图 13.1　N 类 k 样本分类图示(Ravi 等，2017)

该设置也分为三个阶段：元训练、元验证和元测试阶段，分别用于元学习、元学习器超参数优化和评估。每个阶段都有一个不相交的标签集，即 L^{tr}，L^{val}，$L^{test} \subset Y$，使得 $L^{tr} \cap L^{val} = \varnothing$，$L^{tr} \cap L^{test} = \varnothing$ 和 $L^{val} \cap L^{test} = \varnothing$。在特定阶段 s，任务/场景 $T_j = \left(D_{T_j}^{tr}, D_{T_j}^{test} \right)$ 通过从完整的数据集 D 中抽取样本(x_i, y_i)获得，这样的话，每个 $y_i \in L^s$。注意，这需要访问数据集 D。这时，抽样过程应遵循 N 类 k 样本原则，该原则规定每个训练数据集 $D_{T_j}^{tr}$ 应正好包含 N 个类别，每个类别包含 k 个样本，即 $\left| D_{T_j}^{tr} \right| = N \cdot k$。此外，测试集 $D_{T_j}^{test}$ 中样本的真实标签必须包含在特定任务 $T_j. D_{T_j}^{tr}$ 的训练集 $D_{T_j}^{tr}$ 中，作为支撑集，从而为在查询集 $D_{T_j}^{test}$ 上做出分类决策提供支持。本章我们将交互使用训练和支持及测试集和查询集这几个术语。注意任务测试集(或查询集)这个术语实际上是在元训练阶段使用的。此外，跨阶段的标签是不相交的，能确保测试模型学习新概念的能力。

训练阶段的元学习目标是在支撑集的条件下，最小化查询集上模型预测的损失函数。因此，对于既定的任务，模型会训练支撑集并从中提取信息，以指导查询集上的预测。通过在不同的场景/任务中实施这一程序，并利用不同的支撑集和查询集，模型将逐步收集元知识ω，并最终加快学习新任务。

在元验证和元测试阶段或评估阶段，习得的元信息ω是固定的。不过，模型仍能够对其参数 θ 进行针对任务的更新(意味着模型正在学习)。在执行针对任务的更新后，就可评估模型在测试集上的性能。这样，我们就能够测试一项技术在元学习方面的表现。

N类k样本分类通常用于k值较小时的情况(因为我们希望模型能够快速从新实例中学习新概念)。在这种情况下，我们可称其为少样本学习。

13.2.3　本章剩余部分概述

在本章的剩余部分，我们将更为详细地讨论各种元学习方法。如前所述，这些方法可分为三类(Vinyals，2017)，接下来我们依次讨论这三类技术：①基于度量的技术；②基于模型的技术；③基于优化的技术。

为使大家对这些方法有大概了解，请大家先看以下两个表格。表 13.1 由Vinyals(2017)的研究扩展而来。综述了这三类方法，并给出这些方法的主要理念、优点和缺点。更多详细信息参考第 13.6 节。各技术的详细信息将在本章剩余部分进行讨论。表 13.2 进一步概述所有这些技术。

表 13.1　深度神经网络中元学习技术分类的总体概述

	度量	模型	优化
主要理念	输入相似度	内部任务表征	双层优化
预测	$\sum\limits_{x,y_i\in D_{T_j}^{tr}} k_\theta(x,x_i)\,y_i$	$f_\theta\left(x, D_{T_j}^{tr}\right)$	$f_{g_\omega(\theta, D_{T_j}^{tr}, L_{T_j})}(x)$
优点	简单有效	灵活	更稳健的概括性
缺点	仅限于监督学习	弱概括	计算成本高昂

表 13.2　本章所述的元学习技术概述

名称	主要理念
基于度量的技术	**输入相似度**
连体神经网络	双输入、共享权重、类别标识网络
匹配网络	学习输入嵌入余弦相似度加权预测
图神经网络	将标签信息传播到图中未标记的输入
注意循环比较器	通过交叉查看实现基于 LSTM 的输入融合
基于模型的技术	**内部任务表征**
记忆增强神经网络	用于快速学习的外部短期记忆模块
元网络	通过不同的元学习器快速再参数化基学习器
简单的神经注意力学习器	注意力机制加上时序卷积
条件性神经过程	嵌入式语境任务数据的条件预测模型

名称	主要理念
基于优化的技术	**双层优化**
LSTM 优化器	RNN 为基学习器提出权重更新
强化学习优化器	将优化视为强化学习问题
模型无关元学习	学习初始化权重 θ 用于快速适应
爬行动物	将初始化转向针对任务的更新权重

13.3 基于度量的元学习

总体而言,基于度量的技术目标是获得优异特征空间形式的元知识 ω 等,并能够将这些元知识用于各种新任务。在神经网络语境中,该特征空间与网络的权重 θ 相吻合。然后,通过对新的输入与输入范例(我们已熟悉其标签)进行比较,我们可以在元学习特征空间中获悉新任务。新的输入与样本间的相似度越大,则新输入越有可能拥有与样本输入相同的样本。

基于度量的技术是一种元学习形式,它们通过利用先验学习经验(元学习特征空间)来更快地"学习"新任务。因为基于度量的技术在面对新任务时不会对网络进行任何改变,它们完全依赖于在元学习特征空间进行的输入比较,所以"学习"的用法并不规范。这些输入比较是一种非参数化学习,即新的任务信息不会吸收到网络参数中。

更规范地说,基于度量的学习技术旨在学习相似度核函数,或称为注意力机制 k_θ(以 θ 为参数),需要两个输入 x_1 和 x_2 并输出其相似度分数。分数越大表示相似度越高。对新输入 x 的类别预测可通过比较 x 和样本输入 x_i 来实现,其中真实样本为 y_i,其基本理念是 x 和 x_i 之间的相似度越大,则 x 越有可能拥有 y_i 标签。

给出一个任务 $T_j = \left(D_{T_j}^{\text{tr}}, D_{T_j}^{\text{test}} \right)$ 和一个未知的输入向量 $x \in D_{T_j}^{\text{test}}$,使用相似度核函数 k_θ 作为支持集 $D_{T_j}^{\text{tr}}$ 的标签的加权组合,就可以计算/预测出类 Y 的概率分布:

$$P_\theta \left(Y | x, D_{T_j}^{\text{tr}} \right) = \sum_{x_i, y_i \in D_{T_j}^{\text{tr}}} k_\theta \left(x, x_i \right) y_i \tag{13.4}$$

重要的是,标签 y_i 假设采用独热编码,也就是说,它们用零向量表示,真实类位置上的数值是"1"。例如,假设一共有五个类别,样本 x_1 拥有实类 4。因此,独热编码标签为 $y_1 = [0, 0, 0, 1, 0]$。注意,类别的概率分布 $P_\theta \left(Y | x, D_{T_j}^{\text{tr}} \right)$ 是一个大小为 $|Y|$ 的向量,其中第 i 个条目与输入 x 具有类别 Y_i 的概率一致(给定支撑集)。因此,预测的类别是 $\hat{y} = \text{argmax}_{i=1,2,\cdots,|Y|} P_\theta \left(Y | x, S \right)_i$,其中 $P_\theta \left(Y | x, S \right)_i$ 是输入 x 拥有类别

Y_i 的概率。

示例

假设我们有一个任务 $T_j = \left(D_{T_j}^{\mathrm{tr}}, D_{T_j}^{\mathrm{test}} \right)$，且 $D_{T_i}^{\mathrm{tr}} = \{ ([0, -4], 1), ([-2, -4], 2)$ $([-2, 4]3), ([6.0], 4) \}$，其中元组表示一对 (x_i, y_i)。为简单起见，该示例不使用嵌入函数将样本输入映射至(信息更丰富的)嵌入空间。现在，我们的测试集只包含一个样本 $D_{T_j}^{\mathrm{test}} = \{ ([4, 0.5], y) \}$。目标是仅使用 $D_{T_j}^{\mathrm{tr}}$ 中的样本来预测新输入 [4, 0.5] 的正确标签。图 13.2 直观地展示了这一问题，其中实线向量对应于训练集中的样本输入，虚线向量为需要分类的新输入。直观地讲，这个新输入与向量 [6,0] 最相似，意味着我们期望新输入的标签与 [6,0] 的标签相同，也就是 4。

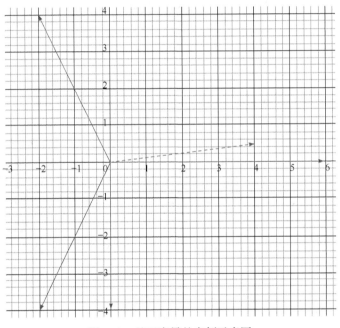

图 13.2 基于度量的实例示意图

现在，假设我们使用一个固定的相似度核函数，即余弦相似度 $k(x, x_i) = \dfrac{x \cdot x_i^{\mathrm{T}}}{\|x\| \cdot \|x_i\|}$，其中 $\|v\|$ 表示矢量 v 的长度，即 $\|v\| = \sqrt{\left(\sum_n v_n^2 \right)}$。此处，$v_n$ 表示占位矢量 v 的第 n 个元素(用 x 或 x_1 代替 v)。我们现在可以计算新的输入 [4, 0.5] 和每个样本输入 x_1 之间的余弦相似度，如表 13.3 中所示，我们使用的实例是 $\|x\| = \|[4, 0.5]\| = \sqrt{4^2 + 0.5^2} \approx 4.03$ 和 $\dfrac{x}{\|x\|} \approx \dfrac{[4, 0.5]}{4.03} = [0.99, 0.12]$。

表 13.3　显示成对输入比较的示例(数字四舍五入至小数点后两位)

x_i	y_i	$\|x_i\|$	$\dfrac{x_i}{\|x_i\|}$	$\dfrac{x_i}{\|x_i\|} \cdot \dfrac{x}{\|x_i\|}$
[0, −4]	[1, 0, 0, 0]	4	[0, −1]	−0.12
[−2, −4]	[1, 0, 0, 0]	4.47	[−0.48, −0.89]	−0.58
[−2, 4]	[0, 1, 0, 0]	4.47	[−0.48, −0.89]	−0.37
[6, 0]	[0, 0, 0, 1]	6	[1, 0]	0.99

从该表和方程(13.4)可以得出预测的概率分布为

$$P_\theta\left(Y \middle| x, D_{T_j}^{\mathrm{tr}}\right) = -0.12y_1 - 0.58y_2 - 0.37y_3 + 0.99y_4$$

$$= -0.12[1,0,0,0] - 0.58[0,1,0,0] - 0.37[0,0,1,0] + 0.99[0,0,0,1]$$

$$= [-0.12, -0.58, -0.37, 0.99]$$

注意，这不是一个真实概率分布。还需要进行归一化处理，使每个元素至少为 0，所有元素的总和为 1。鉴于该实例，我们不进行归一化处理，因为很明显预测结果将是类别 4(最相似的样例输入[6, 0]的类别)。

有人可能会想，为什么这种技术称为元学习器，其实我们能够使用任何一个数据集 D，并使用成对比较来计算预测。实际上，在外层，将基于度量的元学习器在不同任务的分布上进行训练，以获得(其中包括)一个满意的输入嵌入函数。该嵌入函数有利于通过成对比较实现内层学习。这样的话，我们就可以跨任务学习得嵌入函数，以促进针对任务的学习，相当于"学会学习"或元学习。

在本节的剩余部分，我们将探讨各种基于度量的关键技术，包括：①连体网络(Koch 等，2015)；②匹配网络(Vinyals 等，2016)；③图神经网络(Garcia 等，2017)；④注意力循环比较器(Shyam 等，2017)。

13.3.1　连体神经网络

连体神经网络(Koch 等，2015)由两个共用相同权重 θ 的神经网络 f_θ 组成。连体神经网络使用两个输入 x_1, x_2，并计算两个隐藏状态 $f_\theta(x_1)$, $f_\theta(x_2)$，分别对应于最后一个隐藏层的激活模式。这些隐藏状态会被注入距离层，计算距离向量 $d = |f_\theta(x_1) - f_\theta(x_2)|$，其中 d_i 是指 $f_\theta(x_1)$ 和 $f_\theta(x_2)$ 第 i 个元素之间的绝对距离。根据该距离向量，x_1, x_2 之间的相似度计算为 $\sigma(\alpha^{\mathrm{T}} d)$，其中 σ 指 S 型函数(输出范围为[0,1])，α 为决定每个 d_i 重要性的自由权重参数的一个向量。该网络结构如图 13.3 所示。

Koch 等(2015)分两个阶段将该技术应用于少样本图像识别任务中。在第一阶段，他们在一个图像验证任务上训练连体孪生网络，无论两个输入图像 x_1 和 x_2 是否具有相同的类，目标是输出相同的类。这样就激发该网络学习判别性特征。

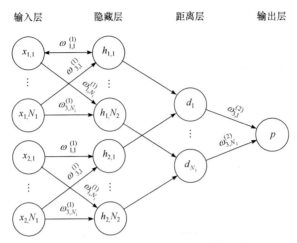

图 13.3　连体神经网络示例(Koch 等，2015)

在第二阶段，当模型面临一个新任务时，该网络就会利用其先验学习经验。也就是说，给定一个任务 $T_i = \left(D_{T_j}^{\mathrm{tr}}, D_{T_j}^{\mathrm{test}} \right)$ 和先前未知的输入 $x \in D_{T_j}^{\mathrm{test}}$，预测类别 $\hat{y}$ 就相当于产生与 x 相似度分数最高的实例的标签。与本章后续探讨的其他技术相比，连体神经网络不会为获得跨任务优异性能而直接进行优化。但它们能够利用从验证任务中习得的知识来更快地学习新任务。

总之，连体神经网络是一种进行少样本学习的简单方法。不过，它们并不适用于监督学习之外的场景。

13.3.2　匹配网络

匹配网络(Vinyals 等，2016)基于连体神经网络(Koch 等，2015)构建。它们对特定支撑集 $D_{T_i}^{\mathrm{tr}} = \left\{ (x_i, y_i) \right\}_{i=1}^{m}$ (对任务 T_j)和来自预期分类的查询/测试集的新输入 $x \in D_{T_j}^{\mathrm{test}}$ 之间进行成对比较。然而，匹配网络并不是为最相似的样本输入 x_i 分配类别 y_i，而是根据输入 x_i 与新输入 x 的相似度，使用支撑集中所有样本标签 y_i 的加权组合。具体而言，预测的计算方法如下：$\hat{y} = \sum_{i=1}^{m} a(x, x_i) y_i$，其中，$a$ 是一个非参数(不可训练)注意机制或相似度核。这个分类过程如图 13.4 所示。在该图中，f_{θ} 的输入必须使用支撑集 $D_{T_j}^{\mathrm{tr}}$ (输入至 g_{θ})进行分类。

所使用的注意力由输入之间的余弦相似度 c 上的柔性最大值(softmax)组成，即

$$a(x, x_i) = \frac{e^{c(f_{\phi}(x), g_{\varphi}(x_i))}}{\sum_{j=1}^{m} e^{c(f_{\phi}(x), g_{\varphi}(x_j))}} \tag{13.5}$$

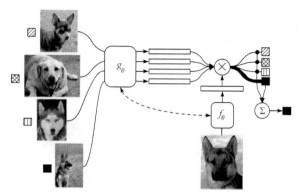

图 13.4　匹配网络架构(Vinyal 等，2016)

其中，f_ϕ 和 g_φ 为以 ϕ 和 φ 为参数的神经网络，将原始输入映射到一个(较低维度的)潜在向量(对应于神经网络最后一个隐藏层的激活状态)。这样，神经网络就成为嵌入函数。此时，x 和 x_i 嵌入之间的余弦相似度越大，$a(x，x_i)$ 就越大，因此标签 y_i 对输入 x 的预测标签 $\hat{y}$ 的影响也越大。

　　Vinyal 等(2016)提出了嵌入函数的两个主要选择。第一个选择是使用单个神经网络，使得 $\theta = \phi = \varphi$，因此 $f_\phi = g_\varphi$。该设置是匹配网络的默认形式，如图 13.4 所示。第二个选择是使用长短期记忆网络(LSTM)使 f_φ 和 g_φ 依赖于支撑集 $D_{T_j}^{tr}$。在这种情况下，f_ϕ 表现为注意力 LSTM，g_φ 表现为双向 LSTM。嵌入函数的选择被称为全语境嵌入(FCE)，与常规匹配网络相比，miniImageNet 的准确率提高了约 2%，表明针对任务的嵌入可以帮助对来自相同分布的新数据点进行分类。

　　匹配网络模式可建立一个良好的跨任务学习空间，以便对输入进行成对比较。与连体神经网络(Koch 等，2015)相比，该特征空间是跨任务而不是在单独的验证任务中学习。

　　总之，匹配网络是一种简单的基于度量的元学习方法。然而，这些网络在监督学习场景中并不适用，而且在标签分布有偏差时，这些网络会影响性能(Vinyal 等，2016)。

　　匹配网络的一些细微变化产生了新的基于度量的技术。原型网络(Snell 等，2017)使用欧几里得距离作为相似性函数的基础，并通过比较新输入 x 与支撑集中的类别原型(来自一个类别的输入 x_i 的平均向量)减少所需的成对比较次数。关系网络(Sung 等，2018)不是使用固定的相似度而是学习由神经网络表示的相似度进行度量，因而具有更大的表达能力。

13.3.3　图神经网络

　　图神经网络(Garcia 等，2017)使用比之前讨论的 N 类 k 样本分类技术更普遍和灵活的方法。这样,图神经网络就包括连体网络(Koch 等,2015)和原型网络(Snell 等,2017)在内。图神经网络方法将每个任务表示为一个完全连接的图 $G = (V, E)$,其中 V 是节点/顶点的集合, E 是连接节点的边的集合。在该图中,节点 v_i 对应于其独热编码标签 y_i,即 $v_i = [f_\theta(x_i, y_i)]$ 连接的输入嵌入 $f_\theta(x_i)$。对于来自查询/测试集的输入 x(没有标签),在所有 N 个可能的标签上使用一个统一的先验: $y = \left[\dfrac{1}{N}, \cdots, \dfrac{1}{N}\right]$。因此,每个节点包含一个输入和标签部分。边是连接这些节点的加权链接。

　　然后,图神经网络使用一些局部运算符在图中传播信息。其中潜在的理念是,标签信息可以从我们拥有标签的节点传输到我们必须预测标签的节点上。所使用的局部运算符不在本章探讨的范围内,读者可以参考 Garcia 等(2017)的详细研究资料。

　　通过将图神经网络应用于各种任务 T_j,可以改变传输机制以改善标签信息的流动,从而使预测变得更加准确。因此,除了学习优异的输入表征函数 f_θ 外,图神经网络还学习将标签信息从有标签的样本传输到无标签的输入。

　　图神经网络在少样本场景下获得良好性能(Garcia 等,2017),并且不会被限制在监督学习的场景。

13.3.4　注意循环比较器

　　与之前讨论的技术不同,注意循环比较器(Shyam 等,2017)不把输入作为一个整体而是按部分进行比较。这种方法的灵感源于人类如何对物体的相似性做出决定。也就是说,我们会将注意力从一个物体转移到另一个物体,并来回查看两个物体的不同部分。通过这种方式,两个物体的信息从一开始就融合起来(如匹配网络,Vinyals 等,2016),而图神经网络(Garcia 等,2017)只在最后(嵌入两个图像后)才综合两个物体的信息(Shyam 等,2017)。

　　给定两个输入 x_i 和 x,我们将其反复交替注入循环神经网络(控制器)中: x_i、$x, \cdots, x_i$、x。因此,当时间步 t 为偶数时, t 处的图像为 $I_t = x_i$。而当 t 为奇数时, $I_t = x$。然后,在每个时间步 t,注意力机制会专注于当前图像的方形区域: $G_t =$ 注意(I_t, Ω),其中 $\Omega = W_g h_{t-1}$ 为注意力参数,该参数根据上一个隐藏状态 h_{t-1} 计算而来。下一个隐藏状态 $h_{t+1} = \text{RNN}(G_t, h_{t-1})$ 由时间 t 的状态,即 G_t 和上一个隐藏状态 h_{t-1} 计算得出。整个序列由每张图片 g 个 Glimpse 组成。再将该序列送入至循环神经网络(用 RNN($\cdots\cdots$)表示),最后一个隐藏状态 h_{2g} 用作 x_i 相对于 x 的组合表征。该过程如图 13.5 所示。然后通过将组合表征送入分类器中来做出分类决策。在将组合表征注入分类器之前,也可利用双向 LSTM 对其进行处理。

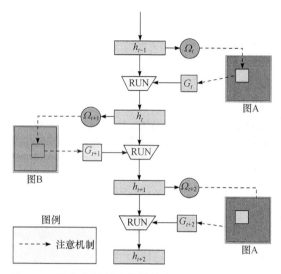

图 13.5 注意力循环比较器的处理(Shyam 等，2017)

注意力的方法是受生物启发的，在生物学上是合理的。注意力循环比较器的缺点是计算成本较高，且其性能往往并不比图神经网络等生物学上不太合理的技术好(Garcia 等，2017)。

基于度量的技术总结

本节我们了解了各种基于度量的技术。基于度量的技术可以获得一个信息丰富的特征空间，用于计算基于输入相似度分数的类别预测。

这些技术的主要优势为：①基于相似性预测基本理念的概念很简单；②当任务很小时，由于这些网络不需要进行针对任务的调整，因此它们在测试时的处理速度很快。然而，当元测试时的任务与元训练时的任务相差较大时，度量学习技术就无法将新的任务信息吸收到网络权重中，因而性能可能会受到影响。

此外，当任务更大时，成对比较所需的计算费用也会大大增加。最后，大多数基于度量的技术要求有标记样本，这使其无法在监督学习场景之外使用。

13.4 基于模型的元学习

深度神经网络的另一种元学习方法是基于模型的方法。从高层面来看，基于模型的技术依赖于一个自适应的内部状态，与基于度量的技术相反，后者通常在测试时使用一个固定的神经网络。

具体而言，基于模型的技术会维持任务的状态化内部表征。一个任务出现时，基于模型的神经网络将按顺序处理支撑/训练集。在每一个时间步，一个输入信息会进入并更改模型的内部状态。因此,内部状态可以捕获相关针对任务的信息,这些信息可用于对新的输入进行预测。

由于预测是基于对外部隐藏的内部动态,因此基于模型的技术也被称为黑盒模型。该模型必须记住之前输入的信息,所以基于模型的技术有一个内置或外置的记忆组件。

回顾一下,基于度量的技术机制仅限于成对的输入比较。而基于模型的技术则不然,设计人员可以自由选择算法的内部动态。因此,基于模型的技术并不局限于元学习良好的特征空间,还可以学习内部动态,用于处理和预测任务的输入数据。

更规范地说,给定一个对应于任务 T_i 的支撑集 $D_{T_i}^{tr}$,基于模型的技术可为新的输入 x 计算一个类别概率如下:

$$P_\theta(Y|x,D_{T_i}^{tr})=f_\theta(x,D_{T_i}^{tr}) \tag{13.6}$$

其中,f 代表黑盒神经网络模型,θ 代表其参数。

示例

使用与第 13.3 节相同的实例,假设我们得到一个任务训练集 $D_{T_j}^{tr}=\{([0,-4],1),([-2,-4],2)([-2,4]3),([6.0],4)\}$,其中一个元组表示一对 (x_i,y_i)。另外,假设我们的测试集只包含一个样本 $D_{T_j}^{test}=\{([4,0.5],4)\}$。该问题如图 13.2 所示(第 13.3 节)。鉴于该实例,我们不使用输入嵌入函数,直接对 $D_{T_j}^{tr}$ 和 $D_{T_j}^{test}$ 的原始输入进行操作。从内部状态来看,我们的模型会使用一个外部记忆矩阵 $M\in\mathbb{R}^{4\times(2+1)}$,包含四行(支撑集中的每个样本占一行)和三列(输入向量的维度,加上正确标签的一维)。模型将按顺序处理支撑集,从 $D_{T_j}^{tr}$ 中逐一读取样本,并将第 i 个样本存储在记忆模块的第 i 行。在处理完支撑集后,记忆矩阵包含了所有的样本,因此可作为一个内部任务表征。

这时,给定一个新的输入[4, 0.5],我们的模型就能够根据该表征使用许多不同的技术做出预测。为了简化问题,假设该模型计算输入向量 x 与每个内存 $M(i)$ 之间的点积(即 M 中第 i 行的二维向量),并预测产生最大点积的输入所属类别。计算结果将为 $D_{T_j}^{tr}$ 中的样本分别产生-2、-10、-6 和 24 的分数。由于最后一个实例[6,0]产生了最大的点积,我们预测该类别为 4。

为便于说明,仅使用了一个简单的实例。目前,人们已研发出更为先进和成功的技术,包括:①记忆增强神经网络(Santoro 等,2016);②元网络(Munkhdalai 等,2017);③简单神经注意力学习器(SNAIL)(Mishra 等,2018);④条件神经过程(Garnelo 等,2018)。

我们接下来将按顺序探讨这些技术。

13.4.1 记忆增强神经网络

记忆增强神经网络(Santoro 等，2016)的核心理念是使神经网络能在外部记忆体的支持下快速学习。然后，主控制器(与记忆体交互的循环神经网络)会跨任务逐步积累知识，同时外部记忆体能够快速适应特定任务。为此，Santoro 等(2016)使用了神经图灵机(Graves 等，2014)。此处，控制器以 θ 为参数，并作为记忆增强神经网络的长期记忆，而外部记忆模块用于短期记忆。

记忆增强神经网络的工作流如图 13.6 所示。注意，来自任务的数据将按顺序进行处理，即这些数据将逐个被注入网络中。首先，支撑/训练集数据会被注入记忆增强神经网络中。随后，该网络将处理查询/测试集数据。在时间步 t，模型收到的输入 x_t 带有上一个输入的标签，即 y_{t-1}，从而防止网络直接将类别标签映射至输出(Santoro 等，2016)。

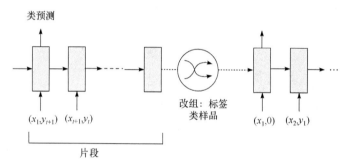

图 13.6　记忆增强神经网络的工作流(Santoro 等，2016)

控制器和记忆体之间的交互如图 13.7 所示。在时间 t 给出一个输入 x_t，控制器会产生一个键 k_t，该键用于 从记忆矩阵 M 中检索或存储记忆，即 $M_t(i)$。为使用键 k_t 从存储器中读取数据，创建一个(列)读取向量 w_t^r，其行数与记忆矩阵 M 的行数相同，其中每一项 i 表示键 k_t 和第 i 行存储的记忆体 $M_t(i)$ 之间的余弦相似度。然后，检索记忆体 $r_t = \sum_i w_t^r(i)M(i)$，该记忆体为记忆矩阵 M 中行与存储器的线性组合。

为写入记忆，Santoro 等 (2016)提出了一个新的机制，称为最近最少使用的存取(LRUA)。LRUA 会写入最近使用最少的，或者最近使用最多的记忆位置。在前一种情况下，存储器会保存最新的信息，而在后一种情况下，存储器会定期更新最近获得的信息。这种写入机制的工作原理是在一个使用向量 w_t^u 中记录每个内存位置被访问的频率，这个使用向量在每个时间步中根据以下更新规则进行更新：

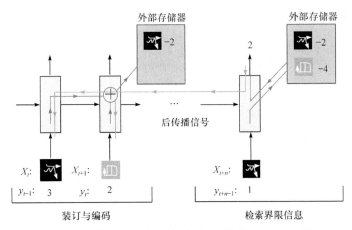

图 13.7　记忆增强神经网络中的控制器记忆体交互(Santoro 等，2016)

$w_t^u := \gamma w_{t-1}^u + w_t^r + w_t^w$，其中上标 u, w 和 r 分别指使用、写入和读取向量。换句话说，上一个使用向量会衰退(使用参数 γ 表示)，而 (w_t^r) 将当前的读写向量 (w_t^w) 添加到用法向量中。现在，我们用 n 表示存储器的读取总数，并用 $\ell u(n)(\ell u$ 表示"最少使用的")表示使用向量 w_t^u 中第 n 个最小的值。然后，最少使用的权重定义如下：

$$w_t^{\ell u}(i) = \begin{cases} 0, & w_t^u(i) > \ell u(n) \\ 1, & \text{其他} \end{cases}$$

写入向量 w_t^w 的计算公式为 $w_t^w = \sigma(\alpha)w_{t-1}^r + (1-\sigma(\alpha))w_{t-1}^{\ell u}$，其中 α 表示两个权重向量之间插值的参数。因此，如果 $\sigma(\alpha)=1$，我们会写入最近使用的记忆体中，而如果 $\sigma(\alpha)=0$，我们会写入最近最少使用的记忆体中。最后，写入会执行公式：$M_t(i) := M_{t-1}(i) + w_t^w(i)k_t$，该式对所有 i 成立。

预测过程如下：给出一个输入 x_t，记忆增强神经网络会计算相应的存储器 r_t 并将该存储器注入分类器中。记忆增强神经网络可跨任务学习一个良好的输入嵌入函数 f_θ 和分类器权重，然后将其用于处理新任务。

总之，记忆增强神经网络(Santoro 等，2016)用于结合外部记忆体和神经网络来实现元学习。具有长期记忆参数 θ 的控制器和存储器 M 之间的相互作用对于研究人类元学习也具有参考作用(Santoro 等，2016)。与很多基于度量的技术相比，这一基于模型的技术同时适用于分类和回归问题。这种技术的一个缺陷是架构非常复杂。

13.4.2　元网络

与记忆增强神经网络(Santoro 等，2016)类似，元网络(Munkhdalai 等，2017)也利用了外部记忆模块的想法。然而，元网络使用存储器的目的不同。元网络分为两个不同的子系统(由神经网络组成)，即基学习器和元学习器(在记忆增强神经网络中，基组件和元组件是交织在一起的)。其中，基学习器负责执行任务，并为元学习器提供元信息，如损失梯度；元学习器可为其自身和基学习器快速计算特定任务的权重，从而能够更好地执行特定任务 $T_j = \left(D_{T_j}^{\mathrm{tr}}, D_{T_j}^{\mathrm{test}} \right)$。元网络的工作流程如图 13.8 所示。

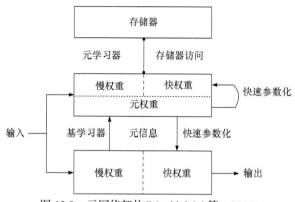

图 13.8　元网络架构(Munkhdalai 等，2017)

元学习器由神经网络 u_ϕ，m_φ 和 d_ψ 组成。网络 u_ϕ 用于表示一个输入表征函数，而网络 d_ψ 和 m_φ 用于计算特定任务的权重 ϕ^* 和实例级快速权重 θ^*。最后，b_θ 是指执行输入预测的基学习器。注意，我们在整个过程中使用了"快速权重"一词，它指的是慢速(初始)权重的特定任务/输入版本。

元网络的伪代码如算法 13.1 所示。首先，先创建支撑集的样本(第 1 行)，然后将其用于计算表征网络 u 的特定任务权重 ϕ^*(第 2~5 行)。

算法 13.1　元网络(Munkhdalai 等，2017)

1:　　样本 $S = \left\{ (x_i, y_i) \sim D_{T_i}^{\mathrm{tr}} \right\}_{i=1}^{\mathrm{T}}$ 来源于支撑集

2:　　**for** $(x_i, y_i) \in S$ **do**

3:　　　$\mathcal{L}_i = $ 误差 $(u_\phi (x_i) y_i)$

4:　　**end for**

5:　　$\phi^* = d_\psi \left(\left\{ \left(\nabla_f \mathcal{L}_i \right) \right\}_{i=1}^{\mathrm{T}} \right)$

6:　　**for** $(x_i, y_i) \in D_{T_i}^{\mathrm{tr}}$ **do**

7:　　　$\mathcal{L}_i = $ 误差 $(b_\theta(x_i), y_i)$

8:　　　$\theta_i^* = m_\varphi (\nabla_\theta \mathcal{L}_i)$

9:　　将 θ_i^* 存储在样本级权重记忆体 M 的第 i 个位置

10:　$r_i = u_{\phi,\ \phi^*}(x_i)$

11:　将 r_i 存储在表征记忆 R 的第 i 个位置

12:　**end for**

13:　$\mathcal{L}_{任务} = 0$

14:　**for** $(x, y) \in D^{tr}_{T_i}$ **do**

15:　$r_i = u_{\phi,\phi^*}(x)$

16:　$a = $ 注意(R, r) $\{a_k$ 为 r 和 $R(k)$ 之间的余弦相似度$\}$

17:　$\theta^* = \mathrm{softmax}(a)^{\mathrm{T}} M$

18:　$\mathcal{L}_{任务} = \mathcal{L}_{任务} + $ 误差$(b_{\theta,\sigma^*}(x), y)$

19:　**end for**

20:　使用 $\nabla_{\Theta} \mathcal{L}_{任务}$ 更新 $\Theta = \{\theta, \phi, \psi, \phi\}$

　　然后，元网络会在支撑集 $D^{tr}_{T_i}$ 的每个样本 (x_i, y_i) 上进行迭代。基学习器 b_θ 将尝试预测这些样本的类别，并产生一个损失值 $\mathcal{L}_i$(第 7~8 行)。这些损失的梯度用于计算样本 $\mathcal{L}_i$ 的快速权重 θ^*(第 8 行)，然后将其存储在记忆矩阵 M 的第 i 行(第 9 行)。此外，还要计算输入表征 r_i 并存储在记忆矩阵 R 中(第 10~11 行)。

　　此时，元网络已准备好处理数据集 $D^{test}_{T_j}$。它们会在每个实例 (x, y) 上进行迭代并计算其表征(第 15 行)。将该表征与支撑集的表征进行匹配，并存储在记忆矩阵 R 中。匹配后可得到一个相似度向量 a，其中每一项 k 表示输入表征 r 和记忆矩阵 R 中的第 k 行，即 $R(k)$(第 16 行)。在该相似度向量上执行 softmax 以使各条目正常化。所得到的向量用于计算支撑集中的输入所产生的权重的线性组合(第 17 行)。这些权重 θ^* 是针对查询集中的输入 x，可供基学习器 b 为该输入做出预测(第 18 行)。所获得的误差将加入至任务损失中。在处理完整个查询集后，所有相关参数可使用反向传播进行更新(第 20 行)。注意，有些神经网络会同时使用慢速权重和快速权重。Munkhdalai 等(2017)为此使用了一种增强设置，如图 13.9 所示。

　　简而言之，元网络依赖于每个任务的元学习器和基础学习器的再参数化。尽管这种方法非常灵活并适用于监督学习和强化学习场景，但也相当复杂。元网络由多个组件组成，每个组件都有其参数集，从而会增加记忆使用和计算的时间负担。此外，为所有相关组件找到正确的架构也非常费时。

13.4.3　简单的神经注意力学习器(SNAIL)

　　SNAIL(Mishra 等，2018)不使用外部记忆矩阵，而是使用一个特殊的模型架构作为存储器。Mishra 等(2018)认为，循环神经网络不可能实现这一目标，因为其记忆容量有限而且不能够明确特定的先验经验(Mishra 等，2018)。因此，SNAIL

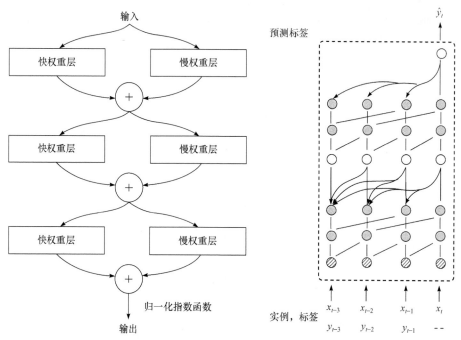

采用不同的由一个 1 维时间卷积(Oord 等，2016)和一个软注意力机制(Vaswani 等，2017)组成的架构。该时间卷积使"高带宽"存储器访问成为可能，而注意力机制则能使我们准确解释具体的体验。图 13.10 显示了处理监督学习问题的 SNAIL 架构和工作流。从这个图中，我们可以清楚地看出为什么这项技术是以模型为基础的。也就是说，模型的输出基于内部状态，是用早期的输入计算得出的。

图 13.9　层增强设置可用于结合慢速权重和快速权重(Munkhdalai 等，2017)

图 13.10　SNAIL 架构和工作流。时间卷积块为实心，注意力块为空心(Mishra 等，2018)

　　SNAIL 由三种构建块组成。第一种构建块为稠密块，将一个 1 维的卷积应用于输入中并将其结果连接(在特征/水平方向)起来。第二种构建块为 TC 块，由一系列稠密块组成，其时间卷积的扩张率呈指数型增长(Mishra 等，2018)。注意，该扩张只是网络中两个节点之间的时间距离。例如，如果我们使用扩张 2，L 层位置 p 上的节点就会被 $L-1$ 层位置 $p-2$ 节点激活。第三种为注意力块，学会聚焦先验经验中的重要部分。

　　与记忆增强神经网络(Santoro 等，2016)(第 13.4.1 小节)类似，SNAIL 也按顺序处理任务数据，如图 13.10 所示。不过，t 时刻的输入随着 t 时刻而不是 $t-1$ 时刻(记忆增强型神经网络中的情况即是如此)的标签出现。SNAIL 通过观察各种任务来学习内部动态，因此能够在支撑集的调节下对查询集做出良好的预测。

SNAIL 的一个主要优势是，它可用于监督学习和强化学习任务。此外，与前面探讨的各种技术相比，SNAIL 能够实现良好的性能。SNAIL 的缺点是找到正确的 TC 块和稠密块的架构可能会非常费时。

13.4.4　条件神经过程

与前面介绍的技术相比，条件神经过程(CNP)(Garnelo 等，2018)不依赖于外部记忆模块，而是将支撑集聚合到一个单一聚集的潜在表征中。其通用架构如图 13.11 所示。我们可以看到，条件神经过程在任务 T_j 上分三个阶段运行。首先，观察训练集 $D_{T_j}^{tr}$，其中包含地面增值输出 y_i。使用神经网络 h_θ 将样本$(x_i,y_i)\in D_{T_j}^{tr}$嵌入至表征 r_i 中。其次，使用运算符将这些表征聚集起来，生成表征 r，即 $D_{T_j}^{tr}$(因此该架构为基于模型的方法)。最后，利用一个元神经网络 g_ϕ 来处理这一个表征 r 和新的输入 x，并得出预测值 $\hat{y}$。

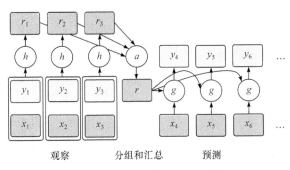

图 13.11　条件神经过程(Garnelo 等，2018)

设整个条件神经过程模型为 Q_Θ，其中 Θ 指所有涉及的参数集$\{\theta,\phi\}$。与其他技术相比，该技术的训练过程也不同。我们用 xT_j 和 yT_j 表示 $D_{T_j}^{tr}$ 中的所有输入和相应输出。然后，将 $D_{T_j}^{tr}$ 中的第一个实例 $\ell\sim U(0,\cdots,k\cdot N-1)$用作条件集 $D_{T_j}^c$(有效地将训练集分为真实训练集和验证集)。给出一个 ℓ 的值，目标是将标签 yT_j 的对数似然值(或最小化负对数似然值)最大化。在整个训练集 $D_{T_j}^{tr}$ 中，有

$$\mathcal{L}(\Theta)=-\mathbb{E}_{T_j\sim p(T)}\left[\mathbb{E}_{\ell\sim U(0,\cdots,k\cdot N-1)}\Big(Q_\Theta(y_{T_j}D_{T_j}^c,x_{T_j})\Big)\right] \tag{13.7}$$

通过对各个任务和值进行反复采样并将观察到的损失向后传播来训练条件神经过程。

总之，条件神经过程使用先前观察的输入的紧凑型表征来帮助新的观察任务分类。尽管这种技术非常简单，但其缺点是在少样本场景中，其性能往往低于匹配网络(Vinyals 等，2016)等技术(第 13.3.2 小节)。

基于模型的技术总结

我们在本节探讨了各种基于模型的技术。尽管这些技术之间存在明显的差异，但都建立在任务内部化的概念上，即在基于模型的系统中处理任务并将其表示为基于模型的系统状态，然后用该状态进行预测。

基于模型方法的优点包括系统内部动态的灵活性及大多数基于度量技术的更广泛的适用性。不过，在监督学习场景中，基于模型的技术表现往往不如基于度量的技术，如图神经网络(Garcia 等，2017，第 13.3.3 小节)，在遇到较大的数据集(Hospedales 等，2020)时可能表现不佳，并且与基于优化的技术相比，对较远任务的概括性较差(Finn 等，2018)。接下来我们探讨基于优化的技术。

13.5　基于优化的元学习

基于优化的技术对元学习的处理与前两种技术不同。这些技术明确优化了快速学习。大多数基于优化的技术都将元学习作为两层优化问题来处理。在内层上，基学习器会使用一些优化策略(如梯度下降)来对特定任务进行更新。在外层上，优化跨任务的性能。

更规范地说，给出一个任务 $T_j = \left(D_{T_j}^{\text{tr}}, D_{T_j}^{\text{test}} \right)$，新输入为 $x \in D_{T_j}^{\text{test}}$，且基学习器参数为 θ，基于优化的元学习器会返回：

$$P(Y \mid x, D_{T_j}^{\text{tr}}) = f_{g_{\varphi(\theta, D_{T_j}^{\text{tr}}, \mathcal{L}_{T_j})}}(x) \tag{13.8}$$

其中，f 是指基学习器，g_φ 是一个(习得的)优化器，使用训练数据 $D_{T_j}^{\text{tr}}$ 和损失函数对基学习器参数 θ 进行针对任务的更新。

示例

假设我们需要解决一个线性回归问题，其中每个任务都与不同的函数 $f(x)$ 相关。在本例中，假设我们的模型只有两个参数：a 和 b，共同构成了函数 $\hat{f}(x) = ax + bx$。再假设我们的元训练集由四个不同的任务组成，即 A、B、C、D。然后，根据基于优化的技术，我们希望找到一个参数集(a, b)，利用该参数集我们能够快速学习所有四个任务的优化参数，如图 13.12 所示。实际上，这就是流行的基于优化的技术 MAML 背后的逻辑(Finn 等，2017)。

现在，我们将依次讨论以下基于优化的技术：①LSTM 优化器(Andrychowicz 等，2016)；②强化学习优化器(Ravi 等，2017)；③模型无关的元学习(MAML)(Finn 等，2017)；④Reptile(Nichol 等，2018)。

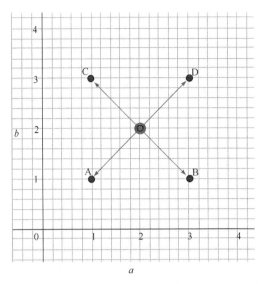

图 13.12 基于优化的技术示例(Finn 等(2017)研究的启发)

13.5.1 LSTM 优化器

标准的梯度更新规则如下：

$$\theta_{t+1} = \theta_t - \alpha \nabla_{\theta_t} \mathcal{L}_{T_j}(\theta_t) \tag{13.9}$$

其中，α 为学习速度，$\mathcal{L}_{T_j}(\theta_t)$ 是 t 时刻相对于任务 T_j 和网络参数 θ_t 的损失函数。LSTM 优化器背后的核心理念(Andrychowicz 等，2016)是用 LSTM g 提出的带有参数 φ 的更新替换更新项($-\alpha \nabla_{\theta_t} \mathcal{L}_{T_j}(\theta_t)$)。然后，新的更新变为

$$\theta_{t+1} = \theta_t - g_\varphi(\nabla_{\theta_t} \mathcal{L}_{T_j}(\theta_t)) \tag{13.10}$$

这个新的更新允许为特定任务族量身定制优化策略。注意，这也属于元学习，即 LSTM 会学会学习。

用于训练 LSTM 优化器的损失函数为

$$\mathcal{L}(\varphi) = E_{\mathcal{L}_{T_j}}\left[\sum_{t=1}^{T} w_t \mathcal{L}_{T_j}(\theta_t) \right] \tag{13.11}$$

其中，T 为参数更新的次数，w_t 为大于 0 的权重(原始论文中设置为恒 1) (Andrychowicz 等，2016)。通常情况下，由于二阶导数(由更新的权重和 LSTM 优化器之间的依赖性产生)的计算会产生很大的开销，因此该导数往往会被忽略。该损失函数是完全可微的，因此能够用于训练 LSTM 优化器(图 13.13)。图中，梯度只能通过实线边向后传播。ft 表示在时间步 t 时观察到的损失。为防止参数激增，

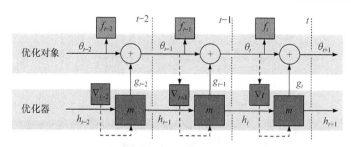

图 13.13　LSTM 优化器的工作流(Andrychowicz 等，2016)

在基学习器网络中，每个坐标/权重都使用相同的网络，这导致每个参数的更新规则都相同。当然，更新取决于其先验值和梯度。

与手工制作的优化器相比，LSTM 优化器的关键优势是学习速度更快，而且与用于训练优化器的数据集相比，它们可以更快地在不同的数据集上进行学习。然而，Andrychowicz 等 (2016)并没有将该技术用于少样本学习。事实上，他们没有跨任务应用该技术。因此，尚不清楚该技术在少样本场景中能否有优异表现，因为少样本场景中每个类别可供训练的数据极少。此外，该技术能否扩展至更大的基学习器架构也是一个问题。

13.5.2　强化学习优化器

Li 等(2018)提出了一个框架，将优化作为一个强化学习问题。然后通过现有的强化学习技术来执行优化。这样一来，从一个更高层面来看，优化算法 g 将初始权重集 θ_0 和一个具有相应损失函数 $\mathcal{L}_{T_j}$ 的任务 T_j 作为输入，生成新的权重序列 $\theta_1,\cdots,\theta_T$，其中 θ_T 是指找到的最终解决方案。在拟议的新权重序列上，我们可定义一个损失函数，体现不必要的特性(如缓慢收敛、振荡等)。学习优化器的目标可以更精确地表述为：我们希望学习最优优化器 g^*：

$$g^* = \arg\min_g \mathbb{E}_{T_j \sim p(T), \theta_0 \sim p(\theta_0)}\Big[\mathcal{L}(g(\mathcal{L}_{T_j}, \theta_0))\Big] \tag{13.12}$$

关键要理解的是，优化可以表述为一个部分可观察的马尔可夫决策过程(POMDP)。则状态对应于当前权重集 θ_t，动作对应于在时间步 t 提出的更新，即 $\Delta\theta_t$，策略对应用于计算更新的函数。根据该公式，优化器 g 可以通过现有的强化学习技术来学习。Li 等在其论文中使用了递归神经网络作为优化器。在每个时间步，他们将观察特征注入优化器中，这些特征取决于前一组权重、损失梯度和目标函数，并使用引导策略搜索来训练该优化器。

总之，Li 等(2018)通过强化学习优化器向通用优化迈出了第一步，该优化器被证明能够跨网络架构和数据集推广使用。然而，它所使用的基学习器架构相当小。问题是这种方法是否可以扩展到更大的架构中。

13.5.3　模型无关元学习(MAML)

模型无关元学习(MAML)(Finn 等，2017)使用一个简单的基于梯度的内部优化程序(如随机梯度下降)，而不是更复杂的 LSTM 程序或基于强化学习的程序。MAML 的核心理念是通过学习一组良好的初始化参数 θ 为快速适应新任务而进行明确优化，如图 13.14 所示：根据习得的初始化参数 θ，我们能够快速找到任务 T_j 的最佳参数集，即 θ_j^*，其中 $j=1$、2、3。习得的初始化参数可视为模型的归纳偏置，或者简单而言，就是模型对整个任务结构做出的一组假设(包含在 θ 中)。

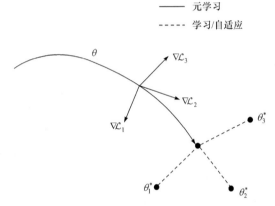

图 13.14　MAML 学习一个初始化点(Finn 等，2017)

更规范地说，设 θ 为初始模型参数。目标是快速学习新的概念，相当于在几个梯度更新步骤中实现损失最小化。必须预先确定梯度步数 s，以便 MAML 能够在该步数内为获得优异性能进行明确优化。假设我们只选择一个梯度更新步骤，即 $s=1$。然后，给出一个任务 $T_j=(D_{T_j}^{\text{tr}}, D_{T_j}^{\text{test}})$，梯度下降将针对任务 i 产生更新参数(即快速权重)：

$$\theta_j' = \theta - \alpha \nabla_\theta \mathcal{L}_{D_{T_j}^{\text{tr}}}(\theta) \tag{13.13}$$

跨任务间的快速适应(使用 $s=1$ 梯度步骤)可以表示为

$$\text{ML} := \sum_{T_j \sim p(T)} \mathcal{L}_{D_{T_j}^{\text{test}}}(\theta_j') = \sum_{T_j \sim p(T)} \mathcal{L}_{D_{T_j}^{\text{test}}}(\theta - \alpha \nabla_\theta \mathcal{L}_{D_{T_j}^{\text{tr}}}(\theta)) \tag{13.14}$$

其中，$p(T)$ 是任务的概率分布。该表达式包含一个内部梯度 $(\nabla_\theta \mathcal{L}_{T_j}(\theta_j))$。这样的话，使用基于梯度的技术来优化该元损失时，我们必须计算二阶梯度。计算过程如下：

$$
\begin{aligned}
\nabla_\theta \mathrm{ML} &= \nabla_\theta \sum_{T_j \sim p(T_j)} \mathcal{L}_{D_{T_j}^{\mathrm{test}}}(\theta_j') \\
&= \sum_{T_j \sim p(T)} \nabla_\theta \mathcal{L}_{D_{T_j}^{\mathrm{test}}}(\theta_j') \\
&= \sum_{T_j \sim p(T)} \mathcal{L}'_{D_{T_j}^{\mathrm{test}}}(\theta_j') \nabla_\theta(\theta_j') \\
&= \sum_{T_j \sim p(T)} \mathcal{L}'_{D_{T_j}^{\mathrm{test}}}(\theta_j') \nabla_\theta(\theta - \alpha \nabla_\theta \mathcal{L}_{D_{T_j}^{\mathrm{tr}}(\theta)}) \\
&= \underbrace{\sum_{T_j \sim p(T)} \mathcal{L}'_{D_{T_j}^{\mathrm{test}}}(\theta_j')(\nabla_\theta \theta - \alpha \nabla_\theta^2 \mathcal{L}_{D_{T_j}^{\mathrm{tr}}}(\theta))}_{\mathrm{FOMAML}}
\end{aligned}
\tag{13.15}
$$

其中，我们用 $\mathcal{L}'_{D_{T_j}^{\mathrm{test}}}(\theta_j')$ 来表示损失函数相对于测试集的导数，利用更新后的参数 θ_j' 来计算。$\alpha \nabla_\theta^2 \mathcal{L}_{D_{T_j}^{\mathrm{tr}}}(\theta)$ 是指二阶梯度。就时间和记忆成本而言，该项计算，特别是当优化轨道很大时(当每个任务使用一个较大的梯度更新次数时)会产生大量费用。Finn 等 (2017)在实验中撇开了二阶梯度，通过假设 $\nabla_\theta \theta_j' = I$，给出一阶 MAML(FOMAML，方程(13.15))。他们发现 FOMAML 的表现与二阶梯度 MAML 基本相似，这表明 MAML 的作用主要由更新后的梯度决定。这意味着只用一阶梯度 $\sum_{T_j \sim p(T)} \mathcal{L}'_{D_{T_j}^{\mathrm{test}}}(\theta_j')$ 来更新初始化参数的结果与方程(13.15)中的元损失的全梯度表达式大致相同。我们可以通过多阶梯度变量来扩展元损失，纳入多个梯度步骤。

此时，MAML 的训练过程如下：通过连续从一批 m 个任务 $B = \{T_j \sim p(T)\}_{i=1}^m$ 中采样更新初始化权重 θ；然后，对于每个任务 $T_j \in B$ 进行内部更新，以获得 θ_j'，反过来又可反馈观察到的损失 $\mathcal{L}_{D_{T_j}^{\mathrm{test}}}(\theta_j')$。

这些跨任务批次的损失被用于外部更新：

$$
\theta := \theta - \beta \nabla_\theta \sum_{T_j \in B} \mathcal{L}_{D_{T_j}^{\mathrm{test}}}(\theta_j')
\tag{13.16}
$$

MAML 的完整训练程序如算法 13.2 所示(Finn，2017)。在测试时间遇到一个新任务 j 时，模型会用 θ 进行初始化，并对任务数据做出大量梯度更新。注意，FOMAML 的算法与算法 13.2 相当，只是第 8 行的更新方式不同。也就是说，FOMAML 通过规则来更新初始化参数 $\theta := \theta - \beta \nabla_\theta \sum_{T_j \in B} \mathcal{L}_{D_{T_j}^{\mathrm{test}}}(\theta_j')$

算法 13.2　监督学习的一步式 MAML

1: 　随机初始化 θ

2: **while** not done **do**

3: 采样一批 J 个任务 $B = T_1, \cdots, T_j \sim p(T)$

4: **for** $T_j = (D_{T_j}^{\text{tr}}, D_{T_j}^{\text{test}}) \in B$ **do**

5: 计算 $\nabla_\theta \mathcal{L}_{D_{T_j}^{\text{tr}}}(\theta)$

6: 计算 $\theta_j' = \theta - \alpha \nabla_\theta \mathcal{L}_{D_{T_j}^{\text{tr}}}(\theta)$

7: **end for**

8: 更新 $\theta = \theta - \beta \nabla_\theta \sum_{T_j \in B} \mathcal{L}_{D_{T_j}^{\text{test}}}(\theta_j')$

9: **end while**

Antoniou 等(2019)针对 MAML 提出了许多技术改进，提升训练的稳定性、性能和推广能力。这些改进措施包括：①在每个内部更新步骤后(而不是在所有步骤完成后)更新初始化参数 θ，以增加梯度传播；②仅在 50 个 epochs 后使用二阶梯度，以提高训练速度；③学习分层学习率以提高灵活性；④随着时间的推移退火元学习率 β；⑤一些批次规范化的调整(保持运行统计而不是特定批次的统计，以及使用每步偏差)。

MAML 在深度神经网络的元学习领域获得了极大的关注，这可能是由于其：①简单性(只需要两个超参数)；②普遍适用性；③强大的性能。如上所述，MAML 的缺点是要为每个任务优化一个基学习器并从优化轨迹中计算高阶导数，因此需要耗费大量运行时间并占用大量内存。

一些研究人员基于 MAML 构建了其他基于优化的技术。这里，我们简要介绍其中一些技术。Meta-SGD(Li 等，2017)不仅学习初始化点，还学习网络中每个参数的适当学习率。潜在嵌入优化(LEO)(Rusu 等，2018)尝试在低维空间中找到有效的初始值，这一初始化有助于推广。它们还提出了 MAML 的概率版本，学习初始值上的分布(Grant 等，2018；Finn 等，2018)或共同优化的多个初始化参数(Yoon 等，2018)。最后，我们可以将表示模块(如 CNN)与闭式基学习器结合起来，推导出分析解(Bertinetto 等，2019；Lee 等，2019)。

13.5.4　爬行动物

与 MAML(Finn 等，2017)一样，Reptile(Nichol 等，2018)也是一个基于优化的技术，只试图找到一组有效的初始化参数 θ。然而，Reptile 寻找该初始化参数的方法与 MAML 大不相同。Reptile 会反复对一个任务进行采样，对任务进行训练，并将模型权重更新为训练后的权重。算法 13.3 展示了描述这个简单过程的伪代码(Nichol 等，2018)。

算法 13.3　Reptile

1: 初始化 θ

2: **for** $i = 1, 2, \cdots,$ **do**

3:　　样本任务 $T_j = (D_{T_j}^{\text{tr}}, D_{T_j}^{\text{test}})$ 和相应的损失函数 $\mathcal{L}_{T_j}$

4:　　$\theta'_j = \text{SGD}(\mathcal{L}_{D_{T_j}^{\text{tr}}}, \theta, k)$　{执行 k 个梯度更新任务，得出 θ^{θ_j}}

5:　　$\theta := \theta + \epsilon(\theta'_j - \theta)$ 将初始化点更新为 θ^{θ_j}

6: **end for**

Nichol 等(2018)指出，可以将 $(\theta'_j - \theta)/\alpha$ 视为梯度，并将其注入元优化器(如 Adam)，其中 α 是内部随机梯度下降优化器的学习率(伪代码第 4 行)。此外，我们可以在一批 n 个任务中采样，而不是一次采样一个任务，并将初始化 θ 向平均更新方向 $\bar{\theta} = \frac{1}{n}\sum_{j=1}^{n}(\theta'_j - \theta)$ 移动，同时授予其更新规则 $\theta := \theta + \epsilon\bar{\theta}$。

Reptile 背后的直觉知识是，向最新的参数更新初始化权重将为同一族的任务提供良好的归纳偏置。通过对 Reptile 和 MAML(一阶和二阶)的梯度进行泰勒展开，Nichol 等(2018)解释了预期梯度的方向各不相同。不过，他们认为，在实践中，Reptile 的梯度也会使模型趋于接近最小化任务的预期损失。

关于 Reptile 有效的数学论证如下：设 θ 为初始参数，θ_j^* 表示任务 T_j 的最佳权重集，并用 d 来表示欧氏距离函数。目标是使初始化点 θ 和最优点 θ_j^* 之间的距离最小，即

$$\min_\theta E_{T_j \sim p(T)}\left[\frac{1}{2}d(\theta, \theta_j^*)^2\right] \tag{13.17}$$

该预期距离相对于初始化 θ 的梯度由以下公式计算：

$$\nabla_\theta E_{T_j \sim p(T)}\left[\frac{1}{2}d(\theta, \theta_j^*)^2\right] = E_{T_j \sim p(T)}\left[\frac{1}{2}\nabla_\theta d(\theta, \theta_j^*)^2\right]$$
$$= E_{T_j \sim p(T)}(\theta - \theta_j^*) \tag{13.18}$$

其中我们利用了以下事实：两点(x_1 和 x_2)之间的欧氏距离的平方梯度是向量 $2(x_1 - x_2)$。Nichol 等(2018)坚持认为，对这个目标进行梯度下降会产生以下更新规则：

$$\theta = \theta - \epsilon \nabla_\theta \frac{1}{2}d(\theta, \theta_j^*)^2$$
$$= \theta - \epsilon(\theta_j^* - \theta) \tag{13.19}$$

虽然我们不知道 $\theta_{T_j}^*$，但是可以通过梯度下降 $\text{SGD}(\mathcal{L}_{T_j}, \theta, k)$ 的 k 个步骤粗略

估算这一项。简而言之，Reptile 可以被看作是在方程(13.17)中给出的距离最小化目标上的梯度下降。其可视化图像如图 13.15 所示。初始化θ(图中的ϕ)正以交错的方式向任务 1 和 2 的最优权重移动(因此产生了振荡)。

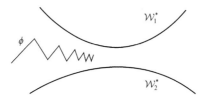

图 13.15　Reptile 学习轨迹的可视化图形(Nichol 等，2018)

　　总之，Reptile 是一种极其简单的元学习技术，它不需要像 MAML(Finn 等，2017)那样通过优化轨迹进行区分，节省了时间和内存成本。不过，其理论基础略显薄弱，性能也可能略差于 MAML。

基于优化的技术总结

　　基于优化的技术明确优化了快速学习。与基于模型的方法等相比，基于优化方法的一个核心优势是，它可以在更广泛的任务分布上获得更佳性能(Finn 等，2018)。然而，基于优化的技术会为它们所遇到的每项任务优化一个基学习器，从而产生大量的计算开销(Hospedales 等，2020)。

13.6　讨论与展望

　　本节中，我们回顾一下本章中所探讨的方法，以及深度神经网络的元学习领域。

　　近年来，该领域已获得了极大关注。自我改进的神经网络可以利用先验学习经验来更快地学习新任务，这个理念相当有吸引力。我们可以在不同的任务中使用同一个(元学习)模型，而不是为不同的任务从头开始训练一个新模型。因此，元学习可以扩大强大的深度学习技术的适用范围，使其适用于数据较少且计算资源有限的领域。

　　深度神经网络的元学习技术具有元目标的特点，这使其能够在各种任务中实现性能最大化，而不是像基学习目标那样，只能在一个任务中实现性能最大化。因为元学习法在一组不同的元训练任务中学习，所以这种元目标体现在元学习法的训练过程中。由于其任务由少数数据点组成，因此少样本学习能够很好地实现这一目标。从计算方面讲，该技术使得训练可以在许多不同的任务上进行，我们因而也能够评估神经网络是否能从少数样本中学习新的概念。训练和评估的任务构建确实特别需要注意防止记忆问题(元过拟合)，即神经网络记住了训练时看到的任务，但无法推广到新的任务中。巧妙的任务设计和元正则化可能有助于避免此类问题(Yin 等，2020)。此外，为提高测试性能，将训练条件和测试条件相匹配，并在比评估任务更复杂的任务中进行训练(Snell 等，2017)会更为有益(Vinyals 等，2016)。

总之，在深度学习的背景下有三种元学习：①基于度量的元学习；②基于模型的元学习；③基于优化的元学习。它们分别依赖于计算输入相似度、带有状态的任务嵌入和针对任务的更新。每种方法都有其优劣势。基于度量的学习技术简单而有效(Garcia 等，2017)，但在监督学习场景之外并不适用(Hospedales 等，2020)。基于模型的技术具有非常灵活的内部动态，但与元训练时使用的技术相比，缺乏对更遥远任务的概括性(Finn 等，2018)。

基于优化的方法具有更好的概括性，但计算成本普遍都很高，因为它们要为每个任务优化一个基学习器(Finn 等，2018；Hospedales 等，2020)。

表 13.1 简要概述了这些方法。每个元学习类别都有多种技术研发，即使在同一类别中，其基本理念也可能大相径庭。因此，表 13.2 概述了我们在本章探讨的所有方法及其核心理念。回顾一下，T_j 是一个任务，$D_{T_j}^{tr}$ 为相应的训练集，$\mathcal{L}_{T_j}$ 为损失函数，$k_\theta(x, x_i)$ 为返回两个输入 x 和 x_i 之间相似性的核函数，y_i 是样本输入 x_i 的真实标签，θ 为基学习器参数，g_φ 是参数为 φ 的(习得)优化器。

13.6.1　开放的挑战

尽管元学习在深度神经网络中具有巨大的潜力，但仍存在一些开放性挑战。除了上述挑战(计算成本和记忆问题)外，还有另外两个主要挑战。首先，本章讨论的大多数元学习技术都是在狭隘的基准集上评估的，这意味着元学习器用于训练的数据与用于评估其性能的数据相差不大。因此，人们可能会想，这些技术究竟能不能适应不同的任务。Chen 等(2019)认为，随着新任务距离训练时观察的任务越来越远，这些技术适应新任务的能力会下降。提高先验学习经验的可迁移性是一个重要而开放的挑战。正如 Hospedales 等(2020)所指出的，最近提出的元数据集(Triantafillou 等，2019)可能被证明是实现这一目标的一个优异的工具。

其次，Chen 等(2019)认为，简单的非元学习基线在少样本图像分类上比一些元学习技术更具有竞争力或性能更好。这就回避了一个问题：在少样本图像的场景中，深度神经网络的元学习是否是一个好方法。

13.6.2　未来的研究

未来的研究需要解决这些挑战。此外，进一步研究深度神经网络的元学习对在线、主动和持续/终身学习环境的适用性是件很有吸引力的事(Finn 等，2018；Yoon 等，2018；Finn 等，2019；Munkhdalai 等，2017；Vuorio 等，2018)，因为这可以提高深度学习工具在现实世界的适用性。

未来研究的另一个方向是创建组合式元学习系统，这些系统不是学习平坦和

关联函数 $x \rightarrow y$，而是以组合方式将知识组织起来。这就使其能够将一个输入 x 分解为几个(已经学习得的)组分 $c_1(x), \cdots, c_n(x)_i$，反过来也有助于提高系统在低数据状态下的性能(Tokmakov 等，2019)。最后，有人提出了这样一个问题：一些当代的深度神经网络的元学习技术是否真的学会了如何进行快速学习，或者仅仅是学习了一组强大的高级特征，这些特征可以被(重新)用于许多(新)任务。Raghu 等(2020)对 MAML(Finn 等，2018)这个问题进行了调查，发现它在很大程度上依赖于特征重用。

在本章的最后，我们列出了一个开放性研究问题清单，这些问题涉及将元学习应用到深度神经网络时所遇到的挑战。

(1) 我们如何才能设计出不易受记忆问题影响的元学习器(Yin 等，2020)？

(2) 目前的元学习技术在更远的任务中的概括性如何？以及我们如何才能提高可迁移性(Finn 等，2018)？

(3) 元学习技术在其他领域的表现如何，如主动学习、在线学习和终身学习(Finn 等，2019；Munkhdalai 等，2017)？

(4) 我们能否降低元学习系统的计算成本(Rajeswaran 等，2019)？

(5) 合成性原则能否成功应用于元学习器(Barrett 等，2018；Lake，2019)？

(6) 我们能理解为什么 Chen 等(2019)的非元学习基线优于一些最先进的元学习技术吗？

(7) 增加更多的元抽象层次，如元元学习、元元元学习等，是否可行并有帮助(Hospedales 等，2020)？

(8) 我们能否设计更多依靠快速学习，而不是重复使用习得的特征(Raghu 等，2020)的新型元学习技术？

深度神经网络的元学习是一个充满活力的研究领域。尽管该领域的研究已经取得巨大的进步，但仍有大量的挑战有待解决，这使得未来的研究工作充满期待。

参 考 文 献

Andrychowicz, M., Denil, M., Colmenarejo, S. G., Hoffman, M. W., Pfau, D., Schaul, T., Shillingford, B., and de Freitas, N. (2016). Learning to learn by gradient descent by gradient descent. In *Proceedings of the 30th International Conference on Neural Information Processing Systems*, NIPS'16, pages 3988-3996, USA. Curran Associates Inc.

Antoniou, A., Edwards, H., and Storkey, A. (2019). How to train your MAML. In *International Conference on Learning Representations*, ICLR'19.

Barrett, D. G., Hill, F., Santoro, A., Morcos, A. S., and Lillicrap, T. (2018). Measuring abstract reasoning in neural networks. In *Proceedings of the 35th International Conference on Machine Learning*, ICML'18, pages 4477-4486. JMLR.org.

Bertinetto, L., Henriques, J. F., Torr, P. H. S., and Vedaldi, A. (2019). Meta-learning with differentiable closed-form solvers. In *International Conference on Learning Representations*, ICLR'19.

Chen, W.-Y., Liu, Y.-C., Kira, Z., Wang, Y.-C., and Huang, J.-B. (2019). A closer look at few-shot classification. In *International Conference on Learning Representations*, ICLR'19.

Finn, C., Abbeel, P., and Levine, S. (2017). Model-agnostic meta-learning for fast adaptation of deep networks. In *Proceedings of the 34th International Conference on Machine Learning*, ICML'17, pages 1126-1135. JMLR.org.

Finn, C. and Levine, S. (2018). Meta-learning and universality: Deep representations and gradient descent can approximate any learning algorithm. In *International Conference on Learning Representations*, ICLR'18.

Finn, C., Rajeswaran, A., Kakade, S., and Levine, S. (2019). Online meta-learning. In Chaudhuri, K. and Salakhutdinov, R., editors, *Proceedings of the 36th International Conference on Machine Learning*, ICML'19, pages 1920-1930. JMLR.org.

Finn, C., Xu, K., and Levine, S. (2018). Probabilistic model-agnostic meta-learning. In *Advances in Neural Information Processing Systems 31*, NIPS'18, pages 9516-9527. Curran Associates Inc.

Garcia, V. and Bruna, J. (2017). Few-shot learning with graph neural networks. In *International Conference on Learning Representations*, ICLR'17.

Garnelo, M., Rosenbaum, D., Maddison, C., Ramalho, T., Saxton, D., Shanahan, M., Teh, Y. W., Rezende, D., and Eslami, S. M. A. (2018). Conditional neural processes. In Dy, J. and Krause, A., editors, *Proceedings of the 35th International Conference on Machine Learning*, volume 80 of *ICML'18*, pages 1704-1713. JMLR.org.

Grant, E., Finn, C., Levine, S., Darrell, T., and Griffiths, T. (2018). Recasting gradientbased meta-learning as hierarchical bayes. In *International Conference on Learning Representations*, ICLR'18.

Graves, A., Wayne, G., and Danihelka, I. (2014). Neural Turing Machines. *arXiv preprint arXiv:1410.5401*.

Hospedales, T., Antoniou, A., Micaelli, P., and Storkey, A. (2020). Meta-learning in neural networks: A survey. *arXiv preprint arXiv:2004.05439*.

Koch, G., Zemel, R., and Salakhutdinov, R. (2015). Siamese Neural Networks for Oneshot Image Recognition. In *Proceedings of the 32nd International Conference on Machine Learning*, volume 37 of *ICML'15*. JMLR.org.

Lake, B. M. (2019). Compositional generalization through meta sequence-to-sequence learning. In *Advances in Neural Information Processing Systems 33*, NIPS'19, pages 9791-9801. Curran Associates Inc.

Lee, K., Maji, S., Ravichandran, A., and Soatto, S. (2019). Meta-learning with differentiable convex optimization. In *Proceedings of the IEEE Conference on Computer Vision and Pattern Recognition*, pages 10657-10665.

Li, K. and Malik, J. (2018). Learning to optimize neural nets. *arXiv preprint arXiv:1703.00441*.

Li, Z., Zhou, F., Chen, F., and Li, H. (2017). Meta-SGD: Learning to learn quickly for few-shot learning. *arXiv preprint arXiv:1707.09835*.

Mishra, N., Rohaninejad, M., Chen, X., and Abbeel, P. (2018). A simple neural attentive meta-learner.

In *International Conference on Learning Representations*, ICLR'18.

Munkhdalai, T. and Yu, H. (2017). Meta networks. In *Proceedings of the 34th International Conference on Machine Learning*, ICML'17, pages 2554-2563. JMLR.org.

Nichol, A. and Schulman, J. (2018). Reptile: a scalable metalearning algorithm. *arXiv preprint arXiv:1803.02999*, 2:2.

Oord, A. v. d., Dieleman, S., Zen, H., Simonyan, K., Vinyals, O., Graves, A., Kalchbrenner, N., Senior, A., and Kavukcuoglu, K. (2016). Wavenet: A generative model for raw audio. *arXiv preprint arXiv:1609.03499*.

Raghu, A., Raghu, M., Bengio, S., and Vinyals, O. (2020). Rapid learning or feature reuse? towards understanding the effectiveness of MAML. In *International Conference on Learning Representations*, ICLR'20.

Rajeswaran, A., Finn, C., Kakade, S. M., and Levine, S. (2019). Meta-learning with implicit gradients. In *Advances in Neural Information Processing Systems 32*, NIPS'19, pages 113-124. Curran Associates Inc.

Ravi, S. and Larochelle, H. (2017). Optimization as a model for few-shot learning. In *International Conference on Learning Representations*, ICLR'17.

Rusu, A. A., Rao, D., Sygnowski, J., Vinyals, O., Pascanu, R., Osindero, S., and Hadsell, R. (2018). Meta-learning with latent embedding optimization. In *International Conference on Learning Representations*, ICLR'18.

Santoro, A., Bartunov, S., Botvinick, M., Wierstra, D., and Lillicrap, T. (2016). Metalearning with memory-augmented neural networks. In *Proceedings of the 33rd International Conference on Machine Learning*, ICML'16, pages 1842-1850. JMLR.org.

Shyam, P., Gupta, S., and Dukkipati, A. (2017). Attentive recurrent comparators. In *Proceedings of the 34th International Conference on Machine Learning*, ICML'17, pages 3173-3181. JMLR.org.

Snell, J., Swersky, K., and Zemel, R. (2017). Prototypical networks for few-shot learning. In *Advances in Neural Information Processing Systems 30*, NIPS'17, pages 4077-4087. Curran Associates Inc.

Sung, F., Yang, Y., Zhang, L., Xiang, T., Torr, P. H., and Hospedales, T. M. (2018). Learning to compare: Relation network for few-shot learning. In *Proceedings of the IEEE Conference on Computer Vision and Pattern Recognition*, pages 1199-1208.

Tokmakov, P., Wang, Y.-X., and Hebert, M. (2019). Learning compositional representations for few-shot recognition. In *Proceedings of the IEEE International Conference on Computer Vision*, pages 6372-6381.

Triantafillou, E., Zhu, T., Dumoulin, V., Lamblin, P., Evci, U., Xu, K., Goroshin, R., Gelada, C., Swersky, K., Manzagol, P.-A., et al. (2019). Meta-dataset: A dataset of datasets for learning to learn from few examples. *arXiv preprint arXiv:1903.03096*.

Vaswani, A., Shazeer, N., Parmar, N., Uszkoreit, J., Jones, L., Gomez, A. N., Kaiser, Ł., and Polosukhin, I. (2017). Attention is all you need. In *Advances in Neural Information Processing Systems 30*, NIPS'17, pages 5998-6008. Curran Associates Inc.

Vinyals, O. (2017). Talk: Model vs optimization meta learning. http:// metalearning-symposium.

ml/files/vinyals.pdf. Neural Information Processing Systems (NIPS); accessed 06-06-2020.

Vinyals, O., Blundell, C., Lillicrap, T., Kavukcuoglu, K., and Wierstra, D. (2016). Matching networks for one shot learning. In *Proceedings of the 30th International Conference on Neural Information Processing Systems*, NIPS'16, pages 3637-3645, USA. Curran Associates Inc.

Vuorio, R., Cho, D.-Y., Kim, D., and Kim, J. (2018). Meta continual learning. *arXiv preprint arXiv:1806.06928*.

Yin, M., Tucker, G., Zhou, M., Levine, S., and Finn, C. (2020). Meta-learning without memorization. In *International Conference on Learning Representations*, ICLR'20.

Yoon, J., Kim, T., Dia, O., Kim, S., Bengio, Y., and Ahn, S. (2018). Bayesian modelagnostic meta-learning. In *Advances in Neural Information Processing Systems 31*, NIPS'18, pages 7332-7342. Curran Associates Inc.

第 14 章　数据科学自动化

摘要　观察发现，在数据科学中，很大一部分工作通常落实在建模之前实施的各种准备步骤中。本章的主要目的是探讨其中一些步骤。待解决特定任务的综合描述通常由该领域专家提供。现有的技术能够处理自然语言描述，以获得任务描述符(如关键词)，并确定任务类型、领域和目标。这些结果反过来又能用于搜索适用于特定任务所需的特定域知识。在某些情况下可能无法获得所需数据，因此需要制定详尽的计划来获取数据。尽管截至目前该领域的研究还很少，但我们预期未来该领域的研究将取得更多的进展。与此相反，许多研究人员对预处理和转换领域进行了更多的探索，目前已有实例选择和(或)异常值消除、离散化及其他各种转换方法。我们有时称这个领域为"数据驱拢"。可以通过利用现有的机器学习技术(如示范学习)来学习这些转换。本章的最后一部分探讨了在给定任务中使用适当的细节层次(粒度)的问题。可以预见该领域将取得更多进展，但还需要开展更多工作来确定如何有效实施这些进展。

14.1　简　　介

众所周知，数据科学领域已经做了大量的准备操作工作，而建模工作通常较为轻松。这就促使研究人员去审视如何在建模之前实现工作自动化。本章的主要目的是分析这些准备步骤，其中包括：①确定当前的问题/任务；②确定适当的特定域知识；③获得数据；④数据预处理和其他转换；⑤自动模型生成及其部署；⑥自动报告生成。

前面一些章节已经讨论了其中一些步骤(如第 5 步)。第 14.6 节将简要概述第 5 步，而第 4 步将在后续章节中进一步讨论。

通常由数据科学专家执行第 1~3 步，许多人都认为很难实现这些步骤的自动化。这可能就是为什么这几个步骤不包含在近期开展的以数据科学自动化为主题的各种研讨会主题中[①]。尽管该阶段很难实现自动化，不过，探讨如何实现这一点并为数据科学提供支持是非常有意义的。

第 1 步，确定问题(或任务)，如第 14.2 节所述。可以预见的是，随着从许多

[①] 参见如 ADS 2019 研讨会(Bie 等，2019)。

不同领域积累的经验越来越多，可以确定一些共同模式，这些模式反过来至少能够为部分自动化提供基础。第 14.3 节探讨第 2 个步骤，确定可包含在训练数据或学习过程本身的有用的特定域知识。第 14.4 节专门介绍第 3 步，探讨用于获得训练数据的各种策略。如该节所述，可能会发生数据在一些应用场景中不可用的情况，所以必须设计出一个过程来解决这个问题。第 14.5 节讨论了数据处理，包括包含在 AutoML 方法中的多种转换类型，如特征选择，还包括数据整理，该过程可能并不容易实现自动化，但近期也吸引了大量的关注，比如各种相关的研讨会，如 AutoDS 2019(Bie 等，2019)和研究项目，如 AIDA(Alan Turing 研究所，2020)。本节还探讨数据聚合运算，这在许多数据挖掘应用中都非常重要。

　　本章的宗旨是推动对该领域的全面认识，并与他人分享。我们希望通过这种方式为这一领域未来决策支持系统的发展做出贡献，甚至可以实现相关过程的部分自动化。

14.2　确定当前的问题/任务

　　确定特定问题/任务涉及一系列的步骤，总结如下：①问题理解和描述；②生成任务描述符；③确定任务类型和目标；④确定任务域。

　　接下来的各个小节逐一详细介绍每个步骤。

14.2.1　问题理解和描述

　　这里我们探讨两大问题类型：商业问题和科学问题。关于商业问题，KDD 过程的初始部分用于确定商业数据描述。我们假设该部分由人利用自然语言来描述。例如，如果该部分的目的是了解某些机构的某些活动(如公司或医院)，我们需要确定对哪些方面感兴趣，这些可能包括以下几点。

　　(1) 财务方面，如净利润或生产成本。

　　(2) 成功案例的比例或频率。

　　(3) 问题案例的比例或频率，如不成功的车型/不得不关闭的分公司、医院的死亡病例等，以及其他方面。

　　这些信息有助于更详细地了解该领域和数据，从而能够专注于合适的数据挖掘任务。

14.2.2　生成任务描述符

　　任务描述通常由自然语言来完成。为了提取一组任务描述符(关键词)，必须对任务描述进行处理。我们先来看几个示例。

(1) 假设任务目标是开发一个信用评级系统，我们也得到了对该任务的描述。对该描述进行处理以检索一组描述符，例如，描述申请进行评级的实体(如中型企业)、贷款将在多少年内还清、现有的担保、目的(如扩大装置或购买机器)、付款历史、可能的价差等。

(2) 如果任务目标是开发一种将机器人从一个位置导航至另一个位置的方法，我们就需要检索完全不同的描述符。通常，这些描述符应能够描述机器人的初始位置、方向(角度)、速度、加速度及最后一组属性的类似描述符。同样，这些描述符应能够描述轨迹计划方法和规避策略。

(3) 如果任务目标是对重症监护室中的病人进行监控，则需要检索不同的描述符。例如，这些可能包括患者的心率、血压、血钾水平升高等，以及需要将这些指标维持在安全范围内的数值也需要详细说明。

例如，Contreras-Ochando 等(2019)就利用了这一策略，他们使用某些特定域的元特征来确定要执行的任务类型(如某些元特征可以表明任务包括将日期转化为规范化的格式)。

另外所使用的描述符应尽可能属于一组特定通用词汇表/本体术语，这样做有利于进一步处理。

14.2.3　确定任务类型和目标

适当的描述符所体现的特定商业或科学目标在很大程度上决定了应考虑的最高级别任务类型。如果任务目标只是获得对特定域的理解，无监督任务(如聚类)可能就是一个很好的选择。如果任务目标是预测特定变量(目标变量)的值，最合适的顶级任务可能是分类或回归。

根据一组描述符(关键词)来确定任务类型可公式化为元级分类问题。

我们发现，一个复杂的任务可能包括多个子任务。特定类型(如分类)的顶级任务可能涉及不同类型(如回归)的子任务。

1. 学习目标的作用

确定哪些概念(描述符)应发挥作用会受到学习目标的影响。俄罗斯心理学家 Wygotski(1962)注意到了这个问题。他提醒大家注意这样一个事实：当存在特定的需求时，概念就会产生并得到发展。因此，获得概念是一种有目的的活动，旨在实现特定目标或为特定任务寻求解决方案。

AI 和 ML 领域的研究人员也注意到了这个问题。许多研究人员(Hunter 等，1992a,b；Michalski，1994；Ram 等，2005)，都认为明确指导学习的目标很重要。学习被视为是在学习目标的指导下对知识空间的搜索。学习目标决定了先验知识的哪些部分是相关的，需要获得哪些知识，以什么形式获得，如何对其进行评估，以及何时停止学习。Hunter 等(1995)也指出了在这一过程中规划的重要性。

2. 为学习目标制定时间表

由于一些更为复杂的任务被描述为多个目标,因此最好能够确定实现(某些)目标的顺序。该问题可视为学习多个相互依存概念的问题。实际上,确定任务顺序可视为确定适当的程序偏差,因为该顺序决定搜索假设空间的方式。

14.3　确定任务域和知识

使用描述符描述特定任务可用于确定该任务属于哪个域。因为域有助于决定解决任务所需的数据类型,所以决定域这一过程非常重要。

解决这个问题的方法之一是激活适当的特定域描述符(本体)。

这个过程可以被看作是激活适当的域与相应的特定域描述符集(本体)的问题,可以比作激活 Minsky 框架的过程(Minsky, 1975)。然而,当关于框架的建议成文时,机器学习领域还不是很先进,因此当时用于调用框架的机制并不很明确。

总体而言,有两种机制可用于实现此目的,其中一个机制为关键词匹配,另一个机制为分类。这两个机制将在下面进行描述。

1. 通过匹配描述符/元特征来确定域

任务和域可使用描述符(关键词可包含在本体中)或元特征来描述。然后,通过匹配任务和域描述符可确定域。目标是确定最接近匹配的域。因此,必须确定任务描述符和特定域描述符之间相似性的适当测量标准。当然,我们要寻找与特定任务最相似的域。

2. 通过分类确定域

确定域可以被作为元级分类任务。输入是既定任务的一组特定的任务描述符,而输出是由一组域描述符表征的特定域。由于域可组织成一个层级结构,分类可在该层级的各个级别上进行。例如,任务描述符可能暗示给出的任务在较高层级上与医学有关,在较低层级上与产科有关。

3. 数据和目标的表征

对数据和目标进行适当的表征非常重要。过去,人们提出了各种方案。例如,Stepp 等(1983)提出了目标依赖网络(GDN)。本章,我们探讨了描述符的作用,它们有助于确定任务类型和合适的数据,其中一些描述符可作为学习目标的描述符。因此,举例来说,如果我们谈论的是存储在数据库中的特定数据项,那么公司利润可以被看作是数据的描述符。另一方面，如果我们的目的是要从其他信息中预测其价值，那么公司利润就成为一个学习目标。

14.4　获　得　数　据

在确定了域描述符后，需要确定并获得实际的数据。通常，任务目标是确定与当前任务相关的部分数据，这有利于进一步的处理。如果数据保存在一个关系数据库中，则必须确认相关的部分，即可能相互关联列表的一个子集。每个表格都有一个表头，其中每列的名称往往表明其中包含的信息类型。不过，有时候这些名称可能是设计者采用的缩写或代码。因此，如果表头中的每个名称都附有正确的本体描述符，那么将有助于解决任务描述符与数据描述符的匹配问题。

14.4.1　选择现有的数据或计划如何获得数据？

下一个重要的问题是数据是否可用。如果可用，则可以继续执行任务。然而，如果数据不可用或不足以解决当前的任务，则需要收集新的数据(如通过与"外界"交互或运行样本)。机器人科学家"亚当"(King 等，2009)就采用了后一种策略。该系统能够自动生成关于特定类型酵母(酿酒酵母)功能基因组学的假设，然后开展实验来验证这些假设。

14.4.2　确定特定域数据和背景知识

确定数据的正确部分不是一件微不足道的事情。例如，假设任务目标是预测是否为特定客户授予信贷。

如果数据不包含相关部分(如表格和相应的特征)，学习系统将不能够生成正确的归纳假设。在这种情况下，搜索空间不包含我们希望系统能够提出的归纳假设。

另一方面，如果数据包含了太多不必要的项目，其中一些可能与任务毫不相关，则系统可能不会在给定的时间预算中得出正确的假设。尽管在这种情况下，搜索空间包含了正确的归纳假设，系统也很难发现这些假设。

在归纳逻辑程序设计(ILP)中，数据是以事实的形式表示的。如 Srinivasan 等(1996)认为，学习问题通常可用一组约束条件来定义。其中一个重要的约束条件为 $H \wedge Bk \models E+$，表明归纳假设 H 和背景知识 Bk 应在逻辑上隐含一组正例 $E+$。[①] 他们发现，学习系统的性能对背景知识的类型和数量非常敏感。特别是当背景知识中包含与相关任务无关的信息时，搜索正确的假设会更加困难。

---

① Srinivasan 等(1996)将该约束条件称为强大的充分性。

因此，一般而言，如果我们的目标是实现获取数据过程的自动化，我们不仅要确定相关的特定域数据，还要确定相关的背景知识部分。有关问题的更多详细信息可参见接下来的几个小节。

14.4.3　从不同源中获得数据和背景知识

正如 Contreras-Ochando 等(2019)所指出的，数据科学必须整合来自不同数据源的数据。这些数据源可能包含数据库、资源库、网络、电子表格、文本文件和图像等。整合可能涉及同构来源(如两个类型相似但内容不同的不同数据库)或异构来源(如文本和图像)。

通过访问 OLAP 数据立方体来获得数据

该领域一个有用的概念即所谓的 OLAP 数据立方体，它仅由一个多维数组构成(Gray 等，2002)。切片操作能够通过为多维数据集的一个维度选择单个值来选择立方体的一个矩形子集。切块操作与切片类似，但允许我们设置多个维度的特定值。

其他一些操作在 14.5.4 节探讨，该节重点讨论更为具体的转换，其目标是改变数据的粒度。

14.5　自动化数据预处理和转换

数据预处理和转换可视为目标工作流(流水线)中的许多步骤之一。我们将讨论在分类工作流中有用的各种预处理操作。通常，选择特定的预处理操作不能脱离工作流中的其他元素而单独进行。例如，只有在特定分类器(如朴素贝叶斯)要求时，才需要进行离散化处理。

第 7 章详细阐述了这种可用于系统设计工作流的不同方法，因此在此不再赘述。我们接下来通过描述那些旨在进一步实现流程自动化的研究作为对讨论的补充，包括数据整理等任务。如 Chu 等(2016)所指出的，数据预处理的作用是修复数据(如基于一些质量规则)或转换数据，以便在进一步的分析中获得更好的结果(如在应用机器学习算法时)。此处，我们还要探讨如下操作：数据转换/数据整理；实例选择/清理/离群值剔除；数据预处理。

数据转换/数据整理将在第 14.5.1 小节进行讨论。实例选择将在第 14.5.2 小节进行讨论。数据预处理包括各种操作，如特征选择、离散化、标称至二进制转换、标准化/规范化、缺失值填充、特征生成(如 PCA 或嵌入)。这些操作的详细描述在不同的教科书中都有讨论(如 Dasu 等，2003)。第 14.3.5 小节讨论了自动选择适当的预处理操作方式。

尽管数据科学的完全自动化一直是许多研究的终极目标，但这一目标从计算上来说成本昂贵，主要是因为涉及的搜索空间很大。此外，一些决策可能需要域知识(如某个离群值是否可以删除？)，或者可能不存在可从中学习的基础事实。在第 7 章，我们探讨了在工作流设计自动化方面取得很大进展的系统，如 Auto-sklearn(Feurer 等，2015，2019)。该系统包含许多预处理操作(如标准化、缺失值填充和特征选择)。然而，即使是这个最先进的系统，目前也无法实现整个数据科学工作流的自动化。尽管如此，这类系统仍可作为进一步发展的有益起点。

　　本节的目的是介绍一些其他方法，这些方法通常旨在实现特定预处理技术(如离群值检测)的自动化或半自动化。尽管这些方法并不总能被容易地纳入 AutoML 系统，但它们确实能够独立地解决一些子问题，并有助于在未来构建更大、更有效的系统。

14.5.1　数据转换/数据整理

　　数据整理是将数据从一种数据表征形式(如原始数据)转换和映射至另一种表征形式，这种转换的目标是使数据适用于后续处理。例如，转换可将电子表格中的信息转换至一个表格数据集中。

1. 推断数据类型

　　该过程通常要求推断特定数据集实体(如列表示的特征)的数据类型(如日期、浮点、整数和字符串)。Valera 等(2017)提出了一种贝叶斯方法，该方法能够基于特定区域的数据分布来检测这些类型。然而，如果数据中存在缺失的数据和异常情况，该方法就不能够很好地工作。Ceritli 等(2020)提出的 ptype 系统是一种较新的方法，该方法采用一个更简单的概率模型来检测这种异常情况并稳健地推断数据类型。

2. 一些数据整理方法

　　有些系统会自动推断相关的转换，从用户提供的论断或特定样本集中进行学习。然而，由于由用户提供样本会产生成本，所以理想情况下，最好是在有限的实例基础上学习。这通常是通过在实际任务(如关于特定域中输出格式的假设)中施加高偏差来实现的，以使系统能够优先考虑一些转换。

　　这一点在该领域的一个早期系统中得以实现，即 Trifacta　Wrangler(Kandel 等，2011)，该系统会生成一个可转换的排序列表。这些转换可视为简单的程序，许多研究人员在 20 世纪 70 年代和 80 年代(如 Mitchell，1977；Mitchell 等， 1983；Brazdil，1981，等等)就探讨这些程序。

3. FOOFAH 系统

　　Jin 等(2017)开发了一种技术，从使用输入—输出样本对描述的样本转换中合成数据转换程序。其系统 FOOFAH，旨在搜索可能进行数据转换操作的空间，以生成待执行所需转换的程序。总之，该系统的目标是将结构不佳的数值网格(如电子表格)转换为 ML 程序可以使用的关系表。这种转换可结合使用运算符。有些运算符是面向列的，而有些是面向行甚至是整个表格的(如转置)。一些列运算符显示如下。

(1) 删除。删除表格中的一列。

(2) 移动。将一列从一个位置移至另一个位置。

(3) 合并。将两列合并起来，并将合并后的列附加到表格最后。

(4) 拆分。在分隔符出现的地方将一列分成两个或多个部分。

(5) 分割。根据某个谓词将一列分为两列。

(6) 提取。在指定列的每个单元格中提取给定正则表达式的第一个匹配项。

作者认为它们的系统获得所需程序的速度比前面讨论的 Wrangler 系统速度快。

4. ILP 在数据整理方法中的使用

一些研究人员采用了归纳编程(IP)或归纳逻辑编程(ILP)的方法(Gulwani 等，2015)，从而使数据整理方法得到了更广泛的传播。例如，微软已经决定在 Excel 中加入数据整理工具 Flashfill (Gulwani 等，2012)。

ILP 工具能够指定适当的特定域背景知识(BK)来限制搜索，因此似乎特别适用于处理转换任务。例如，Contreras-Ochando 等(2019)利用了这一策略，他们使用某些特定域的元特征来确定要执行的任务类型，而这反过来又使适当的背景知识能够发挥作用。这些作者解决的问题涉及识别特定命名实体的类型，它们可能是日期、电子邮件、姓名、电话号码或其他一些实体，以及取决于各国(如法国、英国等)的编码惯例。这也决定了 BK 的哪些部分能够被激活。例如，在一项任务中，目标是从不同格式的输入中提取每月的日期，如"25-03-74"应返回 25、"03/29/86"应返回 29。

5. TDE 和 SYNTH 系统

TDE(通过样本转换数据)(He 等，2018)的工作方式类似，但它使用一个代表不同转换的程序片段库。所提供的样本被用于选择产生正确输出的样本。

SYNTH(De 等，2018)可学习在一组工作表中实现数据自动补全。正如作者所述，解决该问题需要采取一系列不同的步骤。首先，需要找到方程式和/或获得一个或多个预测模型，以便使用其他单元格的值来计算另一个单元格的值。其次，必须应用方程式和/或推导的模型来填充空单元格、部分行或列。为处理不同的任务，系统使用不同的组件。

(1) 一个自动数据整理系统(synth-a-sizer)将数据集转换为传统的属性值格式，

以使标准的机器学习系统投入使用。

(2) 推导预测模型的 Mercs 系统(Van Wolputte 等，2018)。

(3) 在电子表格中推导约束条件和公式的 TacLe 系统。

(4) 将学习和推断联系在一起的组件。

14.5.2　实例选择和模型压缩

一些系统在传递数据进行进一步处理之前，会选择一个数据子集进行清理。例如，ActiveClean(Krishnan 等，2016)识别更可能影响后续建模结果的实例(记录)。

离群点检测/消除的领域与此有关。该领域存在许多著名的方法，如孤立森林(Liu 等，2012)、单类 SVM 或局部离群因子(Breunig 等，2000)，等等。通常情况下，这些方法在无监督的混合型场景下效果不佳。Eduardo 等(2020)使用变分自编码器(VAE)来检测和修复离群值，该工具在上述场景下也能很好地工作。

这方面的一个应用场景是模型压缩(或模型蒸馏)，通过选择训练数据获得更简单、更好的模型。这一领域的一项开创性工作是 John(1995)关于鲁棒决策树的工作，他研究了标签噪声的影响。在学习了鲁棒决策树之后，所有错误分类的实例都会从学习集中删除，然后学习新的决策树。虽然这个过程不会提高准确率，但所得到的决策树会小得多。Tomek(1976)、Wilson 等(2000)也提出了类似的 k-NN 方法。Smith 等(2018)报告了关于过滤错误分类实例的进一步研究。

14.5.3　自动选择预处理方法

Bilalli 等(2018，2019)预测了哪些预处理技术适合特定的分类算法。预处理方法包括比如，离散化、标称至二进制转换、数值的规范化和标准化、缺失值的替换、主成分的引入。其中的一些操作兼顾有监督和无监督两种变体。此外，有些操作只适用于一个属性，而有些则是全局性的，因此可以适用于所有属性。Bilalli 等为每个目标分类算法建立一个随机森林形式的元模型，并将其与目标数据集元特征一起使用，以预测哪种预处理技术应该包含在工作流中。相关的分类概率可用于按其预期效用对这些操作进行排序，由此产生的系统称为 PERSISTANT。在某种分类算法下，该系统会建议考虑哪些预处理程序，不使用哪个分类器。同样，Schoenfeld 等(2018)建立元模型，预测何时预处理算法可能会提高特定分类器的准确性或运行时间。

其他系统将这一理念扩展到预处理步骤的序列(子工作流)。例如，Learn2Clean(Berti-Equille，2019)试图选择最优的任务序列进行预处理，并考虑特定的数据集，目的是使完整工作流的性能最大化。同样，DPD(Quemy，2019)使用基于模型的序列优化(SMBO)技术来自动选择和调整预处理运算符，以在有限的时间预算内提高性能得分。作者发现，对于某些 NLP 预处理运算符，特定的配置对几种不同的算法来说是最优的。

最后，一些系统会生成可用于加快搜索速度的有前景的工作流(流水线)排名。Cachada 等(2017)和 Abdulraham 等(2018)描述了一种为目标数据集推荐最适合的工作流的方法。与 PERSISTANT 不同，该方法能够推荐一个工作流，其中可能包括预处理(CFS 特征选择)，然后是一个具有特定超参数设置配置的分类器。推荐结果会以最有用的工作流排名的形式出现。然后，系统可以利用这个排名进行实验，以确定具有最佳性能的工作流。

14.5.4　改变表征的颗粒度

最后，有可能实现自动化的底层任务之一是如何从数据库中提取数据，以便用于学习。

从 OLAP 立方体中生成聚合数据

正如我们前面提到的，一个 OLAP 数据立方体是一个多维的数据阵列(Gray 等，2002)。钻取/上卷的操作使我们能够在数据立方体中巡览，从最概括(上)到最详尽的数据(下)进行巡览。上卷涉及沿着特定维度总结数据。总结规则可能是一个聚合函数，例如，计算一个或多个维度的总数，具体取决于所需的详细程度。常见的聚合函数有 SUM、AVG、COUNT、MAX 和 MIN，等等。中间数据结构，有时称为子立方体，可以组织成一个网格。因此，上卷操作可以看作是在立方体的网格中向上移动。

过去人们已经进行了各种研究。一个是将聚合得到的特征整合到数据挖掘过程中。例如，Charnay (2016)在关系决策树和随机森林中就使用了这种特征。

聚合运算中所产生的特征通常会用于许多不同的系统中。我们来看一个机器人足球的例子。如 Stone (2000)所指出的，我们想要识别一位能够安全接到球的接球手。找到该接球手的一种方法是确定球员与周围对手球员的距离，并找到离球最近的球员，最近的距离表示聚合特征。

一些数据挖掘系统，如 RapidMiner，会提供一个聚合运算符，该运算符能够很好地与其他数据挖掘操作集成起来(Hofmann 等，2013)。

所有合法运算都会定义一个搜索空间，该搜索空间可能会太大而无法手动搜索。对于哪些表格能够被选择和/或连接，则存在多种可能性。在选择列或可用于表格的聚合运算方面，会产生进一步的选择。因此，需要一种自动数据选择工具，通过查找该搜索空间并为用户提供良好的建议，从而为该过程提供支持。

第 15 章将继续讨论更改表征粒度的问题。然而，该章的重点与本节不同，前者通过引入新的概念来讨论更改粒度的问题。

14.6 自动模型及报告生成

14.6.1 自动模型生成及部署

这一步操作的目标是为特定任务搜索最佳工作流(流水线)。通过使用合适的 AutoML/元级系统可实现上述目标。

AutoML 系统会搜索最佳工作流。该搜索可能会涉及在目标数据集上进行试验,目标是确定不同候选工作流(和不同配置的变体)的表现。第 6 章提供了更多关于该领域所涉及的技术及一些系统的详细信息。

如果过去处理过类似的问题并存在一个相应的元数据库,则可以使用元学习系统。第 2、5 和 7 章提供了更多详细信息。另一个可能的策略是使用知识迁移技术来调整现有的模型。更多详细信息可参考第 12 章。

14.6.2 自动报告生成

该领域一个很好的示例是自动统计学家(Steinruecken 等,2019)。该项目旨在实现数据科学各个阶段的自动化,包括从数据自动构建模型、对比不同的模型及在最小的人工干预下自动细化报告。除基本的图表和统计数据外,这些报告还可以包括人类可读的自然语言描述。

参 考 文 献

Abdulrahman, S. M., Cachada, M. V., and Brazdil, P. (2018). Impact of feature selection on average ranking method via metalearning. In *European Congress on Computational Methods in Applied Sciences and Engineering, 6th ECCOMAS Thematic Conference on Computational Vision and Medical Image Processing (VipIMAGE 2017)*, pages 1091- 1101. Springer.

Berti-Equille, L. (2019). Learn2clean: Optimizing the sequence of tasks for web data preparation. In *The World Wide Web Conference*, page 2580-2586. ACM, NY, USA.

Bie, D., De Raedt, L., and Hernandez-Orallo, J., editors (2019). *ECMLPKDD Workshop on Automating Data Science (ADS), Wurzburg, Germany* ¨. https://sites.google.com/view/autods.

Bilalli, B., Abello, A., Aluja-Banet, T., and Wrembel, R. (2018). Intelligent assistance for data pre-processing. *Computer Standards & Interf.*, 57:101-109.

Bilalli, B., Abello, A., Aluja-Banet, T., and Wrembel, R. (2019). PRESISTANT: Learning based assistant for data pre-processing. *Data & Knowledge Engineering*, 123.

Brazdil, P. (1981). *Model of Error Detection and Correction*. PhD thesis, University of Edinburgh.

Breunig, M., Kriegel, H.-P., Ng, R., and Sander, J. (2000). LOF: Identifying density-based local outliers. In *Proceedings of the MOD 2000*. ACM.

Cachada, M., Abdulrahman, S., and Brazdil, P. (2017). Combining feature and algorithm hyperparameter selection using some metalearning methods. In *Proc. of Workshop AutoML 2017, CEUR Proceedings Vol-1998*, pages 75-87.

Ceritli, T., Williams, C. K., and Geddes, J. (2020). ptype: probabilistic type inference. *Data Mining and Knowledge Discovery*, pages 1-35.

Charnay, C. (2016). *Enhancing supervised learning with complex aggregate features and context sensitivity*. PhD thesis, Universit´e de Strasbourg, Artificial Intelligence.

Chu, X., Ilyas, I., Krishnan, S., and Wang, J. (2016). Data cleaning: Overview and emerging challenges. In *Proceedings of the International Conference on Management of Data, SIGMOD '16*, page 2201-2206.

Contreras-Ochando, L., Ferri, C., Hernández-Orallo, J., Martínez-Plumed, F., Ramíre zQuintana, M. J., and Katayama, S. (2019). Automated data transformation with inductive programming and dynamic background knowledge. In *Proceedings of ECML PKDD 2019 Conference*.

Dasu, T. and Johnson, T. (2003). *Exploratory Data Mining and Data Cleaning*. John Wiley & Sons, Inc., NY, USA.

De Raedt, L., Blockeel, H., Kolb, S., Kolb, S., and Verbruggen, G. (2018). Elements of an automatic data scientist. In *Proc. of the Advances in Intelligent Data Analysis XVII, IDA 2018*, volume 11191 of *LNCS*. Springer.

Eduardo, S., Nazabal, A., Williams, C. K., and Sutton, C. (2020). Robust variational autoencoders for outlier detection and repair of mixed-type data. In *International Conference on Artificial Intelligence and Statistics*, pages 4056-4066.

Feurer, M., Klein, A., Eggensperger, K., Springenberg, J., Blum, M., and Hutter, F. (2015). Efficient and robust automated machine learning. In Cortes, C., Lawrence, N., Lee, D., Sugiyama, M., and Garnett, R., editors, *Advances in Neural Information Processing Systems 28*, NIPS'15, pages 2962-2970. Curran Associates, Inc.

Feurer, M., Klein, A., Eggensperger, K., Springenberg, J. T., Blum, M., and Hutter, F. (2019). Auto-sklearn: Efficient and robust automated machine learning. In Hutter, F., Kotthoff, L., and Vanschoren, J., editors, *Automated Machine Learning: Methods, Systems, Challenges*, pages 113-134. Springer.

Gray, J., Bosworth, A., Layman, A., and Pirahesh, H. (2002). Data Cube: A Relational Aggregation Operator Generalizing Group-By, Cross-Tab, and Sub-Totals. In *Proceedings of the International Conference on Data Engineering (ICDE)*, page 152-159.

Gulwani, S., Harris, W., and Singh, R. (2012). Spreadsheet data manipulation using examples. *Communications of the ACM*, 55(8):97-105.

Gulwani, S., Hernandez-Orallo, J., Kitzelmann, E., Muggleton, S., Schmid, U., and Zorn, B. (2015). Inductive programming meets the real world. *Communications of the ACM*, 58(11):90-99.

He, Y., Chu, X., Ganjam, K., Zheng, Y., Narasayya, V., and Chaudhuri, S. (2018). Transform-data-by-example (TDE): an extensible search engine for data transformations. In *Proceedings of the VLDB Endowment*, pages 1165-1177.

Hofmann, M. and Klinkenberg, R. (2013). *RapidMiner: Data Mining Use Cases and Business Analytics Applications*. Data Mining and Knowledge Discovery. Chapman & Hall/CRC.

Hunter, L. and Ram, A. (1992a). Goals for learning and understanding. *Applied Intelligence*, 2(1):47-

73.

Hunter, L. and Ram, A. (1992b). The use of explicit goals for knowledge to guide inference and learning. In *Proceedings of the Eighth International Workshop on Machine Learning (ML'91)*, pages 265-269, San Mateo, CA, USA. Morgan Kaufmann.

Hunter, L. and Ram, A. (1995). Planning to learn. In Ram, A. and Leake, D. B., editors, *Goal-Driven Learning*. MIT Press.

Jin, Z., Anderson, M. R., Cafarella, M., and Jagadish, H. V. (2017). Foofah: A programming-by-example system for synthesizing data transformation programs. In *Proc. of the International Conference on Management of Data, SIGMOD '17*, page 1607-1610.

John, G. H. (1995). Robust decision trees: Removing outliers from databases. In *Knowledge Discovery and Data Mining*, pages 174-179. AAAI Press.

Kandel, S., Paepcke, A., Hellerstein, J., and Heer, J. (2011). Wrangler: Interactive visual specification of data transformation scripts. In *CHI '11, Proceedings of SIGCHI Conference on Human Factors in Computing Systems*, page 3363-3372.

King, R. D., Rowland, J., Oliver, S. G., Young, M., Aubrey, W., Byrne, E., Liakata, M., Markham, M., Pir, P., Soldatova, L. N., Sparkes, A., Whelan, K. E., and Clare, A. (2009). The automation of science. *Science*, 324(5923):85-89.

Krishnan, S., Wang, J., Wu, E., Franklin, M., and Goldberg, K. (2016). ActiveClean: Interactive data cleaning for statistical modeling. *PVLDB*, 9(12):948-959.

Liu, F. T., Ting, K. M., and Zhou, Z.-H. (2012). Isolation-based anomaly detection. *ACM Trans. Knowl. Discov. Data*, 6(1):3:1-3:39.

Michalski, R. (1994). Inferential theory of learning: Developing foundations for multistrategy learning. In Michalski, R. and Tecuci, G., editors, *Machine Learning: A Multistrategy Approach, Volume IV*, chapter 1, pages 3-62. Morgan Kaufmann.

Minsky, M. (1975). A framework for representing knowledge. In Winston, P. H., editor, *The Psychology of Computer Vision*, pages 211-277. McGraw-Hill.

Mitchell, T. (1977). *Version spaces: A candidate elimination approach to rule learning*. PhD thesis, Electrical Engineering Department, Stanford University.

Mitchell, T., Utgoff, P., and Banerji, R. (1983). Learning by experimentation: Acquiring and refining problem-solving heuristics. In Michalski, R., Carbonell, J., and Mitchell, T., editors, *Machine Learning. Symbolic Computation*, pages 163-190. Tioga.

Quemy, A. (2019). Data pipeline selection and optimization. In *Proc. of the Int. Workshop on Design, Optimization, Languages and Analytical Processing of Big Data, DOLAP '19*.

Ram, A. and Leake, D. B., editors (2005). *Goal Driven Learning*. MIT Press.

Schoenfeld, B., Giraud-Carrier, C., M. Poggeman, J. C., and Seppi, K. (2018). Feature selection for high-dimensional data: A fast correlation-based filter solution. In *Workshop AutoML 2018 @ ICML/IJCAI-ECAI*. Available at site https://sites.google.com/site/automl2018ic ml/accepted-papers.

Smith, M. R. and Martinez, T. R. (2018). The robustness of majority voting compared to filtering misclassified instances in supervised classification tasks. *Artif. Intell. Rev.*, 49(1):105-130.

Srinivasan, A., King, R. D., and Muggleton, S. H. (1996). The role of background knowledge: using a problem from chemistry to examine the performance of an ILP program.

Steinruecken, C., Smith, E., Janz, D., Lloyd, J., and Ghahramani, Z. (2019). The Automatic Statistician. In Hutter, F., Kotthoff, L., and Vanschoren, J., editors, *Automated Machine Learning*, Series on Challenges in Machine Learning. Springer.

Stepp, R. S. and Michalski, R. S. (1983). How to structure structured objects. In *Proceedings of the International Workshop on Machine Learning*, Urbana, IL, USA.

Stone, P. (2000). *Layered Learning in Multiagent Systems: A Winning Approach to Robotic Soccer*. MIT Press.

The Alan Turing Institute (2020). *Artificial intelligence for data analytics (AIDA)*. https://www.turing.ac.uk/research/research-projects/artificial-intelligencedata-analytics-aida.

Tomek, I. (1976). An experiment with the edited nearest-neighbor rule. *IEEE Transactions on Systems, Man, and Cybernetics*, 6:448-452.

Valera, I. and Ghahramani, Z. (2017). Automatic discovery of the statistical types of variables in a dataset. volume 70 of *Proceedings of Machine Learning Research*, pages 3521-3529, International Convention Centre, Sydney, Australia. PMLR.

Van Wolputte, E., Korneva, E., and Blockeel, H. (2018). Mercs: multi-directional ensembles of regression and classification trees. *https://www. aaai. org/ocs/index. php/AAAI/AAAI18/paper/view/16875/16735*, pages 4276-4283.

Wilson, D. and Martinez, T. (2000). Reduction techniques for instance-based learning algorithms. *Machine Learning*, 38(3):257-286.

Wygotski, L. S. (1962). *Thought and Language*. MIT Press.

第 15 章　复杂系统设计自动化

摘要　本章探讨处理更复杂的数据科学任务时，是否能够将所需的相当复杂的工作流设计实现自动化。本章重点介绍符号方法，该方法对于实现复杂系统设计自动化仍然非常重要。本章开头探讨一些更复杂的运算符，包括条件运算符和迭代处理中使用的运算符。接下来，探讨引入新概念的问题及由此可能实现的粒度变化。我们将回顾以往开发的各种方法，如构造性归纳、命题化、规则的重制等，还要介绍一些新的研究进展，如深度神经网络中的特征构造。可以预见的是，在未来，符号方法和亚符号方法将在系统中共存，呈现出某种功能共生关系。有些任务不能一次性学完，而是需要细分成若干子任务，制定各组分学习计划，并将各部分结合在一起。其中一些子任务可能相互依赖，还有一些任务可能要求在学习过程中进行迭代。本章探讨能够推动复杂系统设计自动化的进一步研究并产生一些实际解决方案的各种示例。

15.1　简　　介

本章的目的是讨论比前几章更为复杂的系统的设计自动化问题，介绍在过去研究中被证明有用的各种技术，因为这些技术可视为当前和未来智能系统中的基本架构构建块。

复杂系统可分为两大类，其中一类系统可从相对较小的实例集中进行学习，而另一类系统需从较大的实例集(大数据)中学习。接下来我们将对这两类系统分别进行详细分析。

(1) 第一类系统通常只需使用少量的样本。上一个章节(数据科学自动化)，特别是数据整理小节中探讨过这类系统。这些系统通常从人类提供的输入中学习，其形式是输入—输出对，甚至是显示如何解决一个特定问题的单个步骤。它们经常利用符号公式(如 ILP)，并可能利用背景知识。本章介绍与这些系统密切相关的信息。

(2) 第二类系统通常在学习过程中使用较大的实例集(大数据)。在这个范畴，我们发现有许多系统都从大数据和数据流中进行学习(详细信息参见第 11 章)。目前许多为复杂任务开发的系统，如视觉或机器翻译，不再使用符号方法，而是使用深度神经网络(DDN)、嵌入方法等。值得注意的是，处理输入和构建嵌入可以看作是一个获取基本信息的过程。这些信息可用于处理新的问题。这样就出现一个问题，即本章所讨论的符号方法在当前的开发中是否有意义。

在我们看来，有几个理由能够说明符号方法是有意义的。

(1) 第一个理由是，多个通用原则被证明在符号学习和亚符号学习中是有用的。例如，第15.3节所讨论的构造性归纳概念可能与DNN更高层次引入的新节点相关。

(2) 第二个理由与可解释性的问题有关。许多人认为，现在的系统能够解释它们是如何得出一个特定的建议或决定的，这一点很重要。由于一些系统中很难做到这一点，包括神经网络中，所以可以保留一个符号模型来模拟更复杂的系统。这样一来，系统就有可能提供所需的解释。如果底层复杂过程的符号模型在建模过程中是忠实的，那么这种解决方案比一些相当复杂的、难以理解的解释更令人满意。可解释性有助于实现现在有些人所说的可信人工智能。

(3) 第三个理由是人们同时使用亚符号和符号推理。据推测这其中存在良好的动机，该动机可能与人的创造性有关。目前，我们只能假设该推理涉及什么内容，但我们相信抽象概念在这一过程中起着重要作用。

可以预见，未来的系统会从亚符号学习(如嵌入)和符号学习(如本体)之间较强劲的相互作用中受益。因此，亚符号和符号方法可以一种功能共生的方式共存。因此，我们认为，尽管那些在学习复杂系统过程中被证明是有用的方法和技术的概述是象征性的，但它们对实现复杂系统设计自动化仍然重要。

本章概述

更复杂的任务可能需要有条件运算符或迭代处理的计划。第15.2节将简要回顾这一问题。新概念的介绍见第15.3节。有些任务不能一次性学完，需要细分成若干子任务，制定各组分学习的计划，并将各部分结合在一起，第15.4节中讨论了该方法。学习进程中，有些任务需要一个迭代的过程，更多有关的详细信息可参见第15.5节。有些问题中任务是相互依存的，第15.6节分析一个相关问题。

15.2　利用一组丰富的运算符

工作流，有时也称为流水线，更广义的术语为网络，可视为待执行的计划。

由于有时候在执行计划之前需要确认某些条件，因此有必要丰富运算符集，以便能够处理这些情况。各种编程语言中的构造表明以下主要类别需要考虑：程序；条件运算符；重复运算符。

第一个类别程序，与第7章讨论的抽象运算符相关。条件运算符已在计划早期使用(Dean 等，1988)，在很多场景下都能发挥作用。例如，假设一个机器人计划从一个位置移动到另一位置。该计划可以这样描述：如果路上没有障碍，则直走，如果有障碍，则启动"规避计划"。重复运算符也必不可少，顾名思义，有些运算需要重复。例如，Kietz 等(2012)在他们的规划系统中使用了重复运算符来设计 KDD 工作流，该运算符用于重复预处理特定数据表格中每一列的运算。

15.3 引入新概念以改变粒度

在第 7 章，我们讨论了为特定任务提供最佳工作流的方法。我们注意到，基本的构建块已经给出，包括数据的描述符(特征、属性)和特定运算符的描述(如特定的预处理操作或特定分类器的应用)。我们在本节中希望解决的一个问题是概念从何而来。

在尝试回答该问题之前，我们先说明一下此处的"概念"是什么意思。一般而言，一组概念用于描述状态和其他事件或将一个状态联系至另一个状态的特殊子类，即过程和动作。

有两种方式将这些概念引入一个系统中。一种方式是从外部引入，另一种方式是由智能体控制的一些自主过程引入。这两种方案的详细介绍如下。

1. 从外部来源中引入新概念

研究人类儿童学习的研究人员注意到，儿童的许多概念是从其与长辈的互动中获得的。新的概念无疑塑造了进一步学习的过程。

有些 AI 系统也使用外部来源，其中一个常见的来源为互联网。许多信息提取任务可通过访问维基百科页面实现。该领域一个有名的系统是 Watson，它是一个能够解答以自然语言提出问题的问题解答系统(Ferrucci 等，2013)。这个系统最初是为了回答问答竞赛节目《危险边缘》中的问题而开发的。

尽管有许多系统都与外部来源进行互动，但据我们所知，截至目前该领域还很少开展将从外部来源引入的新概念与通过自主方法引入的新概念结合起来的研究。

2. 自主引入新概念

当谈论概念引入时，我们知道，正如 De Raedt(2008)(第 7 章)所指出的，这是一个持续的过程。引入的概念后续可能会经历各种阶段的修改。在以下的小节中，我们将介绍该领域的一些研究工作。

15.3.1 通过聚类定义新的概念

聚类(或聚类分析)是机器学习的一个分支，它将具有某些相同属性(特征)的数据项组合起来。该方法是一种无监督学习方法，因为它不会对数据点(样本)进行分类或标记。聚类不是进行分类，而是找到数据的共同点，并用属性(特征)进行表示。因此，从这个过程得到的集群(群组)可视为新的概念。系统可以为这些概念赋予新的内部名称(如概念#12)，但当其需要与其他智能体，包括人类进行联系时，通常需要使用常用的名称。

15.3.2　构造性归纳

Michalski 以引入构造性归纳一词而闻名。Diettrich 等(1983)将构造性归纳定义为改变描述空间的归纳过程，即产生输入数据中不存在的新描述符(如特征)的过程。

15.3.3　以规则为基础的理论重构

1. 通过专业化重构理论

ELM 系统(Brzdil，1981，1984)可学习解决算数和代数问题。既定的规则(条件)被修定为学习结果。该过程涉及的许多操作可描述为特化。

注入系统的一组问题包括一个特定的秩。因为较简单问题的解决方案往往可以后续重新使用，所以较简单的问题应在较复杂的问题之前处理。

这些问题包括算数领域的一些问题，如 $4+(1+2)=X1$，以及代数领域的问题，即有一个未知数的方程，如$(2+1)+X1=5$。在学习阶段，系统也会给出正确结果，以及一些称作迹的生成解决方案的中间正确步骤。

与皮亚诺公理类似，既定的规则表示算术和代数中的有效运算，包括后继函数及其逆函数，即先趋函数。此外，还给出了表示结合律和交换律的规则。有些规则还能够引入一个新的变量。例如，目标 $X1 + X2 = X3$ 可以转换为 $X1 = X4 \& X4 + X2 = X3$。

系统会通过扩大搜索空间来查找解决方案。所给定的迹在搜索过程中能够提供很大的帮助，但如果有足够的计算能力，即使没有迹也能够找到解决方案。在达成解决方案后，该系统的目的是修改既定规则，以避免错误的步骤。具体实现方式有两种。第一种是以明确的命令形式对现有的规则施加一些排序约束，如 $r_i >r_j$，表示规则 r_i 应优先于 r_j。所有的规则实际上都遵循一个偏序。因此，该系统采用了偏好学习的某些方面(Fürnkranz 等，2003；Fürnkranz 等，2011)。

ELM 系统不允许进行循环。为避免出现这种情况，ELM 系统使用第二种方法，即限制规则的适用性。这些限制包括，例如，int(X_i)表示 X_i 是整数，var(X_i)表示 X_i 是一个变量，以及 $X_i :=: X_{ja}$ 表示 X_i 和 X_j 可统一起来。这一研究工作的主要理念是分析解决方案的痕迹并收集正确使用特定规则的场景实例，称为选择上下文，以及收集错误使用规则的实例(拒绝上下文)。

该系统的目标是找到能够区分这两种情况的最具体的术语。这个系统与大约在同一时期构想的 LEX 系统(Mitchell，1977、1982)有一些相似之处。两者之间的区别是，LEX 系统将概念按其通用性组织成网格，并以引入变型空间而闻名。

2. 折叠与展开

Burstall 等(1977)探讨了修订程序的问题。他们定义了各种运算(展开、折叠)来实现这个目的。这里，我们简要回顾一下折叠运算：如果 $E \leftarrow E'$ 和 $F \leftarrow F'$ 都是方程，并且在 F' 中出现实例 E'，将其替换成相应的实例 E，得到 F''，然后添加方程 $F \leftarrow F''$。

展开运算的定义与此类似，但在展开运算中，不是在 F' 中查找实例 E'，而是查找实例 E。

尽管 $F \leftarrow F''$ 是一个新定义，但我们不倾向于将其看作"新概念"。为此，这一概念必须满足其他标准，比如在几个不同的任务中具有广泛的适用性。

3. 吸收

Sammut (1981)定义的吸收运算与折叠运算类似。该运算符与另外三个运算符(即识别、内构和互构)后来被用于命题学习系统 DUCE(Muggleton，1987)及其一阶升级系统 CIGOL (Muggleton 等，1988)中。我们来分析一个说明使用吸收运算的实例，该实例转自 De Raedt (2008)(第 7 章)的研究。例如，假设理论由子句构成：

灵长目动物 ← 两条腿、没有翅膀

人类 ← 两条腿、没有翅膀、不毛茸茸、没有尾巴

应用吸收运算符后会将第二个子句转换成：

人类 ← 灵长目动物、不毛茸茸、没有尾巴

我们发现这个运算符改变了其中一个子句中的子句体，但并没有引入新的概念(一个新的子句在子句头中会有一个新符号)。

15.3.4　引入表示为规则的新概念

Muggleton 等(1988)发现，包含共同连带前提的几个规则可以用一个新概念替换共同组来重写。这种运算称为互构(Muggleton 等，1988；Muggleton，1991)。命题学习和一阶学习场景中都定义了该运算符。这里我们简要介绍一下转自 De Raedt (2008)(第 7 章)的一个命题示例。假设输入理论为

人类 ← 两条腿、没有翅膀、不毛茸茸、没有尾巴

大猩猩 ← 两条腿、没有翅膀、毛茸茸、没有尾巴、黑色

因此，在对人类和大猩猩的定义中组合出现的两条腿、没有翅膀可单独挑出，并用一个内部名称(如 p)的新概念来代替。系统可要求用户建议一个合适的名字，

我们假设这个名字为灵长目动物。因此，修改后的理论将变成

$$灵长目动物 \leftarrow 两条腿、没有翅膀$$

$$人类 \leftarrow 灵长目动物、不毛茸茸、没有尾巴$$

$$大猩猩 \leftarrow 灵长目动物、毛茸茸、没有尾巴、黑色$$

在 Michalski 讨论构造性归纳时，相构运算符可能被视为一种构造新特征的机制。

尽管此处所提供的示例包含了"人类""大猩猩"等概念，但此处所讨论的运算，如互构，也应包含在运算符序列中。

15.3.5　命题化

在一阶学习/归纳逻辑编程(ILP)中引入了命题化一词，目的是使 ILP 学习更加高效。LINUS 系统(Lavrač 等，1991；Lavrač 等，1994)中就利用了这一技术。该系统在更具表达性的逻辑编程框架中采用了命题学习器。该算法通过以下三个步骤来解决 ILP 问题：

(1) 将学习问题从关系型转化为属性值(命题)型；

(2) 用属性值(命题)学习器解决转换后的问题；

(3) 将学到的概念重新转化为关系型。

命题化从其理念上来说可能非常接近 Michalski 的研究意图，因为命题化会产生新的特征，然后将新的特征用于表示特定数据实例。

15.3.6　深度神经网络中的自动特征构造

近年来，深度神经网络已成为一个热门研究领域，主要归因于其在图像和语音识别中取得的许多成功应用与结果。在神经网络中，每一层节点都参与训练一组不同的特征，同时利用前几层的输出。更高层级通常包含更复杂的特征，它们会聚集并重新组合来自前一层的特征。这些特征可以从神经网络中导出并在其他应用中重新使用。

注意，这种机制与第 15.4 节讨论的在进一步学习中重复使用子任务解决方案的方法相似。这表明该机制是相当普遍的，可以在各种不同的情境中使用。

15.3.7　重用新概念来重定义本体

本章所讨论的能够定义新概念的各种方法也可以用于运算符序列。Muggleton 等(1988)定义的运算符互构可用于识别运算符的共同子序列，并用一个新的抽象运算符来代替它们。如果继续该运算过程，可以设想最终我们能够得到一个抽象和具体运算符的本体，这个本体代表当前许多 HTN 规划系统的重要组成部分。

15.4　在继续学习中重用新概念

在继续学习中重用子任务的解决方案的理念渗透在整个 ML 领域。我们再以图 7.2 为例。该图表明，一个"DM 操作"可以通过执行预处理操作，然后建立模型操作和后处理操作来完成。该图在较低层次上提供了更多细节。例如，它决定什么样的预处理操作可以考虑。

正如我们在第 7 章所指出的，本体体现某些描述性和程序性偏差，这对构建新任务的解决方案很有用。

示例：用习得的技能学习更复杂的行为

很多学者都讨论过一个理念，即子问题的解决方案可重新用于解决其他更复杂的问题。例如，Stone (2000)探讨过一个称为分层学习的策略，即从基础技能开始学习。所习得的技能可视为基本动作。在学习这些动作后，系统可进一步学习更复杂的动作。

Lake 等(2017)也提出了一个类似的理念。他们表达了这样一个观点，即人们应该重用之前运行良好的方法。结果就是，每学习一项新技能后，学习其他新技能将变得更加容易。

我们来分析 Stone (2000)探讨过的模拟足球的一个例子。在该示例中，球员需将球传给另一个智能体，称为接球手，该接球手必须拦截这个球。拦截球即为一种之前习得的技能，该技能现在可重新用于这个场景中。

由于球场上有多个球员，传球手必须决定要将球传给谁。在这种情况下，球员的标识符可视为需要学习的参数。

传球手宣布传球意图后，队员会回复他们已准备好接球。传球手在训练过程中随机选择一名接球手并宣布要传给他。接球手和他附近的四名对手球员会使用习得的拦截技能试图拿到球。如果接球手成功地将这个球送入对手的球门，则这个训练示例可视为成功，反之则失败。作者指出，如果接球手除了传球之外还有其他的选择，其表现可以进一步提高。也就是说，如果没有传球条件，该智能体可以决定继续运球。

15.5　迭　代　学　习

在进一步学习中使用学习输出的理念非常普遍。在本小节中，我们探讨遵循这一理念的学习递归定义的问题。这个问题非常重要，因为许多概念通过这种方式能够最好地展现出来。

人们在文献中提出了各种方法。例如，Burstall 等(1977)提出了一种为特定任务修改递归定义的系统；Shapiro (1996)的模型推理系统(MIS)对涵盖实例的子句进行了从一般到特殊的搜索，并能够合成递归定义；De Raedt (2008)对这个系统做了相当详细的介绍。随后还出现了各种其他系统，包括 RTL(Baroglio 等，1992)、CRUSTACEAN(Aha 等，1994)和 SKILit(Jorge 等，1996；Jorge，1998)等。

在本节中，我们将主要介绍其中的一种方法(SKILit)，该方法能够在随机选择的几个样本基础上以相对较高的概率合成正确的定义。原则上，也可以使用其他系统(如 ALEPH)。除了类似于第 8.3 节中讨论的语法形式的特定域知识外，该方法不假定任何关于解决方案的先验知识。

假设我们想合成一个算法来处理结构化对象，如列表。在合成前，我们可能想体现(并利用)以下理念：如果你想使用某个过程(P)来处理一个结构化的对象，先把它分解成数个部分，然后在这些部分递归调用相同的过程，最后把各个部分的解决方案连接起来。

我们可构想一个语法来理解这一理念。在该领域中，子句(可能是递归的)的一般结构可规定如下：

主体(P)→ 分解、测试、递归(P)、组合

该语法规定，在这个域中，需要四组不同的字面量。第一组字面量是将一个列表分解成多个部分；第二组是开展一个测试，测试结果为真或假；第三组可以允许引入递归调用；第四组由组合字面量组成，使我们能够根据不同部分的结果构建输出。[①]符号 P 是指我们希望合成定义的头字的谓词名称。例如，如果我们的目标是合成插入排序(insertion sort)，则该符号将代表 isort。

我们在此跳过所有其他细节，只介绍递归组的定义，这些信息可以在原论文中找到。

recursion(P) → recursive lit(P)

recursion(P) → recursive lit(P), recursion(P)

recursive lit(P) → [P]

顾名思义，我们发现递归组包含与其自身的联系。这样就出现了一个问题，即如何调整第 15.4 节中讨论的自下而上的方法，即在学习更高层次的概念之前学习子概念。本小节的目的就是为了说明这一点。

只要在语法或相应的图中存在与自身的联系，解决方案就包括重复一次以上的学习循环。在每一步中都会产生一个暂时性理论 T_i，该理论随后在归纳过程的下一个循环中作为背景知识重新使用(图 15.1)。如果满足停止条件，该过程就会终止。

---

① 读者可将此内容与 KDD 工作流设计中使用的语法进行比较（第 7.2 节）。

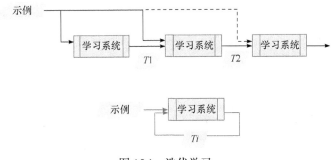

图 15.1　迭代学习

示例：学习插入排序的定义

我们来检验迭代归纳法如何能够帮助合成插入排序(isort/2)的定义(Jorge 等，1996)。首先，我们来看看哪些谓词可作为特定域元知识供系统使用。

最初，这些谓词包括一些基本的列表处理谓词，包括 split/4 和 con-cat/3 等。在迭代归纳的第一步产生的一些属性与理论 $T1$ 一致，如下所示：

$$isort([A, B], [A, B]) \leftarrow A < B$$
$$isort([A, B], [B, A]) \leftarrow B < A$$

系统归纳的属性代表了正确(但具体)的双元素列表排序程序。第一个子句规定，如果列表已经排序(即第一个元素小于第二个)，则应维持该顺序。第二个子句负责在必要时交换这两个元素。可以看到，这两个属性概括了许多具体的样本。借助这些发现的属性，系统往往能够在下一步生成正确的定义。

在另一个实验中(Jorge，1998)，谓词 insertb(A, B, C)被添加至背景知识中。该谓词会将元素 A 插入列表 B 中，并生成结果 C。在这个过程中，属性

$$isort([A, B], C) \leftarrow insertb(A, [B], C)$$

生成为理论 $T2$。在下一个循环中，会生成正确的理论 $T3$：

$$isort([], [])$$
$$isort([A|B], C) \leftarrow isort(B, D), insertb(A, D, C)$$

以上所述方法能够基于少量样本合成不同谓词的正确定义(概率相对较高)。总之，在只给出 5 个正例的情况下，准确率在 90%以上。

15.6　学习解决共生任务

在一些情况下，我们需要以协调的方式控制两个或更多的过程。我们来探讨这种情形出现时的一些情境。例如，我们探讨如何发动汽车(假设汽车不使用自动换挡)。在启动发动机后，我们需要松开离合器并踩下加速器。这两个动作需要协调地进行，否则汽车就会熄火。

　　在控制模拟飞机时也会出现类似的情况，因为有些动作涉及不止一个控件。例如，如果目标是向左转，就有必要确定是否不仅要调整升力器，而且还要调整螺旋桨和推力。

　　让我们分析一下 Camacho 等(2001)探讨过的一种情况。该情况涉及两个控件，即控件 i 和控件 j，它们相互影响。一般情况如图 15.2 所示。两个控件之间的相互依存关系用一个连接它们的链条来说明。

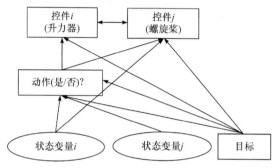

图 15.2　两个相互依存控件的概念图

　　如果我们忽略控件 j(螺旋桨)的影响，在时间 t 学习控件 i(升力器)的变化将涉及时间 $t-1$ 的状态变量。此外，我们还需要考虑目标是什么，是否有必要采取行动(时间 $t-1$ 的值)。由于我们的目的是获得其他控件的效果，我们需要在模型中添加相关信息。在这里，我们需要将时间 $t-1$ 时使用的控件 j(螺旋桨)的变化信息添加到控件 i(升力器)的模型中。

　　在学习控件 j(螺旋桨)的变化时所采用的方法类似。使用的信息涉及在时间 $t-1$ 时的状态变量、当前目标和在时间 $t-1$ 时控件 i(升力器)变化的当前值。

　　该方法通过大量的实验得到了验证(Camacho 等, 2001)。实验表明，如果遵循所述策略，就有可能获得以明显协调的方式同时处理几个控件的能力。

　　该方法沿用前面第 15.4 节中所述的自下而上学习(或分层学习)的基本方法。由于概念的相互依赖性，该方法可视为第 15.5 节中探讨的迭代学习的变体。一些习得的概念可用作下一阶段学习的输入。

参 考 文 献

Aha, D. W., Lapointe, S., Ling, C. X., and Matwin, S. (1994). Inverting implication with small training set. In Bergadano, F. and De Raedt, L., editors, *Machine Learning: ECML-94, European Conference on Machine Learning, Catania, Italy*, volume 784 of *Lecture Notes in Artificial Intelligence*, pages 31-48. Springer.

Baroglio, C., Giordana, A., and Saitta, L. (1992). Learning mutually dependent relations. *Journal of Intelligent Information Systems*, 1:159-176.

Brazdil, P. (1981). *Model of Error Detection and Correction*. PhD thesis, University of Edinburgh.

Brazdil, P. (1984). Use of derivation trees in discrimination. In O'Shea, T., editor, *ECAI 1984 - Proceedings of 6th European Conference on Artificial Intelligence*, pages 239-244.North-Holland.

Burstall, R. M. and Darlington, J. (1977). A transformation system for developing recursive programs. *J. ACM*, 24(1):44-67.

Camacho, R. and Brazdil, P. (2001). Improving the robustness and encoding complexity of behavioural clones. In De Raedt, L. and Flach, P., editors, *Proceedings of the 12th European Conference on Machine Learning (ECML '01)*, LNAI 2167, pages 37-48, Freiburg, Germany. Springer.

De Raedt, L. (2008). *Logical and Relational Learning*. Springer.

Dean, T. and Boddy, M. (1988). Reasoning about partially ordered events. *Artificial Intelligence*, 36:375-399.

Diettrich, T. and Michalski, R. (1983). A comparative review of selected methods for learning from examples. In Michalski, R., Carbonell, J., and Mitchell, T., editors, *Machine Learning: An Artificial Intelligence Approach*, pages 41-82. Tioga Publishing Company.

Ferrucci, D., Levas, A., Bagchi, S., Gondek, D., and Mueller, E. (2013). Watson: Beyond Jeopardy! *Artificial Intelligence*, 199:93-105.

Fürnkranz, J. and Hüllermeier, E. (2003). Pairwise preference learning and ranking. In Lavrač, N., Gamberger, D., Blockeel, H., and Todorovski, L., editors, *Proceedings of the 14th European Conference on Machine Learning (ECML2003)*, volume 2837 of *LNAI*, pages 145-156. Springer-Verlag.

Fürnkranz, J. and Hüllermeier, E. (2011). ˝ *Preference Learning*. Springer-Verlag. Jorge, A. M. (1998). *Iterative Induction of Logic Programs*. PhD thesis, Faculty of Sciences,University of Porto.

Jorge, A. M. and Brazdil, P. (1996). Architecture for iterative learning of recursive definitions. In De Raedt, L., editor, *Advances in Inductive Logic Programming*, volume 32 of *Frontiers in Artificial Intelligence and applications*. IOS Press.

Kietz, J.-U., Serban, F., Bernstein, A., and Fischer, S. (2012). Designing KDD-Workflows via HTN-Planning for Intelligent Discovery Assistance. In Vanschoren, J., Brazdil, P., and Kietz, J.-U., editors, *PlanLearn-2012, 5th Planning to Learn Workshop WS28 at ECAI-2012, Montpellier, France*.

Lake, B. M., Ullman, T. D., Tenenbaum, J. B., and Gershman, S. J. (2017). Building machines that learn and think like people. *Beh. and Brain Sciences*, 40.

Lavrač, N. and Džeroski, S. (1994). *Inductive Logic Programming: Techniques and Applications*, chapter 5. LINUS: Using attribute-value learners in an ILP framework, pages 81-122. Ellis Horwood.

Lavrač, N., Džeroski, S., and Grobelnik, M. (1991). Learning non-recursive definitions of relations with LINUS. In *Proceedings of the 5th Working Session on Learning*, pages 265-281. Springer.

Mitchell, T. (1977). *Version spaces: A candidate elimination approach to rule learning*. PhD thesis, Electrical Engineering Department, Stanford University.

Mitchell, T. (1982). Generalization as Search. *Artificial Intelligence*, 18(2):203-226.

Muggleton, S. (1987). Duce: an oracle-based approach to constructive induction. In *Proceedings of the 10th International Joint Conference on Artificial Intelligence*, pages 287-292. Morgan Kaufmann.

Mugglelon, S. and Buntine, R. (1988). Machine invention of first-order predicated by inverting resolution. In *Proceedings of the 5th International Workshop on Machine Learning*, pages 339-351. Morgan Kaufmann.

Muggleton, S. H. (1991). Inverting resolution principle. In Hayes, J. E., Michie, D., and Tyugu, E., editors, ˙ *Machine Intelligence 12: Towards an Automated Logic and Thought*.

Sammut, C. (1981). Concept learning by experiment. In *Proceedings of the Seventh International Joint Conference on Artificial Intelligence, Vancouver*.

Shapiro, E., editor (1996). *Algorithmic Program Debugging*. MIT Press.

Stone, P. (2000). *Layered Learning in Multiagent Systems: A Winning Approach to Robotic Soccer*. MIT Press.

第三部分
组织和利用元数据

第16章　元数据储存库

摘要　本章介绍研究人员可以在其中分享数据、代码和实验的在线储存库。特别是其中包含的 OpenML，一个自动精确地分享、组织机器学习数据的在线平台。OpenML 中包含成千上万个数据集和算法，以及数百万份实验结果。我们介绍其背后的基本理念及基本组成部分：数据集、任务、流程、设置、运行和基准测试套件。OpenML 具备各种编程语言的 API 绑定，用户很容易通过母语与 API 互动。OpenML 可以集成到各种机器学习工具箱之中，如 Scikit-learn、Weka 和 mlR，这是其重要的特征之一。这些工具箱的用户可以自动上传他们获得的所有结果，从而形成一个庞大的实验结果储存库。

16.1　简　　介

在全球范围内，每天都会有数千次的机器学习实验，生成源源不断的关于机器学习技术的经验信息。如果我们能够采集、存储并整理所有这些实验结果，将能获得一个丰富多样的资源库，可供多种多样的元学习应用使用。

本章介绍一个自动精确地分享、整理机器学习数据的在线平台——OpenML(Vanschoren 等，2014)。OpenML 生成一种动态实验方法，其中所有实验信息能够免费共享、相互关联，并能够让全球各地的研究人员直接再用。同时，OpenML 详细记录数据集、算法和实验结果的所有元数据，这样我们就能跨数据集和实验进行学习，并在学习新任务时利用这些信息。

16.2　整理世界机器学习信息

有些反常的是，虽然机器学习领域非常重视适当地收集数据进行可靠分析，但在系统收集和整理机器学习实验的输出以实现元级学习方面的研究却出奇地少。

16.2.1　对更好的元数据的需求

元数据对机器学习的发展有着深远的影响。如果没有可重用的先验实验数据作为基础，每项研究都需从头开始。事实上，这也会限制许多研究的深度，使其概括性更低、更难以解释，甚至完全矛盾或出现偏差(Aha，1992；Hand，2006；Keogh 等，2003；Hoste 等，2005；Perlich 等，2003)。这也使得我们这个领域很难正确解读文献并指导未来的工作。此外，机器学习研究的竞争思维往往是聚焦最先进技术的小规模研究，而不是大规模的、严谨信息的分析(Sculley 等，2018)。我们在开展机器学习实验的过程中充满了无正式文件记录的假设和决策，而且很多详细信息都没有出现在论文上。因此，机器学习正在努力克服复现危机(Hutson，2018；Hirsh，2008)。

机器学习实验对输入信息的精确性要求非常高，如精确的训练集、超参数设置、实施详细信息和评估程序。因此，正确地记录这些信息至关重要。如果连人类都要努力理解实验结果的确切含义和真实性，那么从这些数据中自动学习的元学习技术就非常容易被误导。如果我们想拥有获得深入的、可概括的元学习结果的机会，我们首先就需要收集和整理广泛的、精细的和正确的元数据。这不仅仅关系到某一个研究人员的资源，而是全社会努力的结果，需要良好的实践及必要的工具来系统收集详细的经验数据，并将其推送到在线平台，帮助我们组织和重用全球的机器学习信息。

16.2.2　工具和方案

有多个方案旨在部分缓解这些问题，如通过创建数据集存储库。UCI 数据库(Dheeru 等，2017)和 LIBSVM(Chang 等，2011)包含了大量的数据集。还有许多专业化的数据库，例如，UCR(Chen 等，2015)用于存储时间序列数据，Mulan(Tsoumakas 等，2011)用于存储多标签数据集。最近还有一些计划提供了对数据集的编程访问，如用于下载通用(多为分类)数据集的 kaggle.com 和 PMLB(Olson 等，2017)APIs，用于下载不平衡分类和缺失值数据集的 KEEL(Alcala 等，2010)API，以及用于下载计算机视觉和自然语言处理数据集的 skdata(Bergstra 等，2015)API。

还有一些其他平台将数据集与可重复的实验联系起来[①]。早期计划包括 StatLog(Michie 等，1994)、MetaL(Brazdil 等，2009)、DELVE[②]和 MLcomp[③]，但目前这些项目都已经停止维护了。机器学习实验数据库(Vanschoren 等，2012)是 OpenML 的前身，是最早整理大量实验结果并能够通过在线接口查询的数据库，但它们要求用户手动将其实验翻译成通用格式，这很烦琐，且容易出现错误和遗漏。最近，OpenAI Gym(Brockman 等，2016)允许人们运行和评估可复制的强化学

---

① 数据挖掘挑战平台，如 kaggle.com、chalearn.org 和 aicrowd.com 会分享排行榜结果，但这些数据通常不可复制。

② http://www.cs.toronto.edu/~delve/。

③ mlcomp.org。

习实验，但缺乏关于完整训练片段的丰富、系统的元数据。AI 基准评测系统，如 MLPerf[①]，以及复现方案，如 PapersWithCode[②]确实提供了非常有趣的评估结果，但往往针对性过于明确而无法为后续元学习提供通用元数据。但要注意的是，重现性是元学习的一个主要要求，因为我们要能够信任我们所构建的元数据。

16.3　OpenML

Vanschoren 等(2014)实施了 OpenML 项目，这是一个共享数据集和可重复实验的在线平台。OpenML 提供了 API(在 Python、Java 和 R 中)，用于将统一格式的数据下载到常用的机器学习库中，上传并比较产生的结果。它还提供用于标准化评估的元数据(如预定义的训练/测试分割)，以及用于对评估结果的深入分析。

OpenML 被整合到各种常用的机器学习工具中，如 Weka(Hal 等，2009)、R(Bischl 等，2016b)、Scikit-learn(Buitinck 等，2013；Pedregosa 等，2011)和 MOA(Bifet 等，2010a)，还有一些集成正在处理过程中，如集成至深入学习工具中。这样的话，任何人都能够轻松将数据集导入这些工具中，选择任何算法或工作流来运行，并自动共享所有获得的结果。结果都是在本地生成的：每个参与者都可在本地进行试验(或任何其他地方开展实验)，随后在 OpenML 上共享结果。网页接口使人们能够轻松访问所有收集的数据和代码，比较根据相同数据或算法产生的结果，构建数据可视化，并支持在线讨论。

OpenML 还提供各种服务便于共享和查找数据集、下载或擦混剪科学任务、共享和查找算法工作流(称为流程)、共享和整理实验(称为运行)。

16.3.1　数据集

对于许多元学习应用，每个数据集都是一个元数据点。因此，提供丰富的且不断增长的各种数据集至关重要。OpenML 支持从创建环境中直接上传数据集(如上传 Python 脚本)。数据可通过调用一个 API 上传，也可以通过 URL 直接引用。这个 URL 可以是一个包含更多信息或使用条款的登录页面，也可能是对大型科学数据存储库，如 SDSS(Szalay 等，2002)的 API 调用。OpenML 将自动对每个数据集进行版本管理，并确保将实验结果与特定版本关联起来。作者可授权管理数据并添加引用请求。最后，还可添加其他信息，如标签数据的(默认)目标属性，或命名实例的数据行 ID 属性。

---

① https://mlperf.org/。

② https://paperswithcode.com/。

接下来，OpenML 将计算一系列数据特征，也称为元特征。这些特征通常按简单、统计、信息论和地标进行分类(Pfahringer 等，2000)。表 16.1 呈现 OpenML 计算的一些元特征(van Rijn，2016)。

表 16.1　OpenML 中的标准元特征

类别	元特征
简单	#实例、#属性、#类别、维度、默认准确性、#缺失值的观察值、#缺失值、%缺失值的观察值、%缺失值、#数值属性、#标称属性、#二元属性、%数值属性、%标称属性、%二元属性、多数类大小、%多数类、少数类大小、%少数类
统计	数值属性平均值的平均值、数值属性平均标准差异、数值属性平均峰度、数值属性平均偏度
信息论	类熵、平均属性熵、平均互信息、属性当量数、噪信比
地标	决策树桩的准确性、决策树桩的 Kappa 系数、决策树桩的 ROC 曲线下面积、朴素贝叶斯的准确性、朴素贝叶斯的 Kappa 系数、k-NN 准确性、k-NN 的 ROC 曲线下面积，…

数据集及其元数据可通过在线搜索引擎搜索，通过 REST API 作为 JSON 和 XML 进行检索，以及使用相应的 API 作为本地 Python、R 或 Java 数据结构进行检索。这些结构化元数据包括用户提供的描述、提取的属性信息、元特征甚至是数据分布的统计数据。

16.3.2　任务类型

仅仅一个数据集并不构成一个科学任务。首先我们必须对期望分享的结果类型达成一致，这可用任务类型来表示：定义提供哪类输入、预期返回哪类输出、应使用哪些科学协议。例如，分类任务应该包括良好定义的交叉验证程序和标记的输入数据，并要求预测作为输出。

OpenML 目前涵盖监督分类、监督回归、聚类、学习曲线分析、数据流分类、生存分析和子组发现。这些定义都非常笼统：一个分类可以涵盖文本、图像或任何其他类型的分类。每种任务类型都有关于如何训练和评估模型的信息，如预定义的交叉验证分类的分割，以及数据流的预顺序(先测试后训练)分割。

16.3.3　任务

任务是具有特定输入的任务类型实例化。图 16.1 给出了此类任务的一个示例。在这种情况下，它是一个在 MNIST 数据集(版本 1)上定义的分类任务。除了数据集，该任务还包括目标属性和用于生成训练和测试分割的评估程序(这里是 10 折交叉验证)。该任务所需的输出是对所有测试实例的预测，以及可选的由用户建立的模型和计算的评价。OpenML 将始终在服务器上计算大量的评估指标，以确保比较的客观性。之后可以根据元级分析类型选择首选的评价措施。

给定输入

元数据	退火(1)	数据集(必须)
评估程序	10折交叉验证	评估程序(必须)
评估指标	预测准确性	字符串(可选)
目标特征	类别	字符串(必须)
数据分割	http://www.openml.org/api_splits/get/1/1/Task_1_splits.arff	训练测试分割(隐藏)

预期输出

模型	包含基于所有输入数据构建的模型的文件	文件(可选)
评估用户定义的任务评估列表作为键值对		键值(可选)
预测	带有模型预测的arff文件	预测(必须)

图 16.1　OpenML 任务描述示例

任务可以再次通过网站、REST API 或特定语言的 API 查看或下载,包括在该任务上训练的所有算法及其评估的列表。然后,这些信息可以在不同的元学习应用软件中重复使用。

16.3.4　流程

流程是为解决一个特定任务而设计的单个算法、工作流(也称为流水线)或脚本的实施过程。对于实际的流水技术,流程会定义工作流的确切组分及其之间如何配合,以及各组分的详细信息,如可调优的超参数列表。OpenML 会存储每个超参数的名称、描述和默认值(如果已知),还会存储依赖性和引用信息等元数据,以确保流程能够在之后重新构建和重新使用。

流程可根据需要经常更新。OpenML 会对每个更新的流程进行版本管理,用户也可提供其自身的版本名称用于参考。与数据集一样,各流程都有自己的页面,该页面包含了所有已知信息和在 OpenML 任务上运行流程所获得的所有结果(图 16.2)。

⚙ moa.HoeffdingTree
✎ 可见性:公开 ☁ 上传日期:24-06-2014 由 Janvan Rijn 上传 ⬢ Moa2014.03 ★
270 次运行

Hoeffding 树(VFDT)是一个递增的、随时决策树归纳算法,能够从大量数据流中学习,假设产生实例的分布不会随时间而改变。Hoeffding 树利用一个小样本往往就足以选择最优的分割属性这一事实。这个想法在数学上得到了 Hoeffding 边界的支持，它量化了在规定的精度(在我们的例子中，是指一个属性的好坏)内预估某些统计数据所需的观察值(在我们的例子中，是指实例)的数量。

请引用：Geoff Hulten 等：挖掘时变数据流。见：ACM SIGKDD 知识发现与数据挖掘国际会议，2001：97-106。

参数

b	binarySplits：仅支持二元分割。		默认值：错误
c	splitConfidence：分割决策中的容许误差，接近0的数值将需要更长时间来决定。		默认值：1.0E-7
e	memoryEstimatePeriod：内存消耗之间有多少个实例。		默认值：1000000
g	gracePeriod：一个叶在分割之间应观察到的实例数量。		默认值：200次尝试。
l	leafprediction：待使用的叶预测。		默认值：NBAdaptiv
m	maxByteSize：决策树消耗的最大内存。		默认值：33554432
p	noPrePrune：禁用预剪枝。		默认值：错误
q	nbThreshold：在允许句段合并朴素贝叶斯之前叶应该观察到的实例数量。		默认值：0
r	removePoorAtts：禁用差的属性。		默认值：错误
s	splitCriterion：待使用的分割标准。		默认值：InfoGainSplitCriterion
t	tieThreshold：低于该阈值，分割将被迫中断关系。		默认值：0.05。
z	stopMemManagement：达到内存限制时，就会停止增长。		默认值：错误

图 16.2　OpenML 流程示例

需要强调的是，流程通常不在 OpenML 服务器上执行，它们能够在本地或在用户能够访问的任何计算机服务器上执行。

16.3.5　设置

设置是流程和特定超参数配置的组合。设置能够对超参数的影响进行分析，如第 17 章所述。以默认参数设置运行的设置会标记为默认参数。

16.3.6　运行

运行是在特定任务上流程的应用。它们通过上传所需的输出(如预测)及任务 ID、流程 ID 和任何参数设置来提交。

每个运行都有其自身的页面，包含所有详细信息和结果，部分运行如图 16.3 所示。这个案例是一个分类运行，其中特定任务的预测会上传至服务器中，然后服务器会计算评估指标。根据参数设置，运行也会链接到设置上。

★运行 24996

🏆任务 59(监督分类) ▤ Iris ☁上传日期：13-08-2014 由 Janvan Rijn 上传

流程

weka.J48Ross Quinlan(1993)。　　 C4.5：机器学习程序。
weka.J48 C 0.25
weka.J48 M 2

结果文件

☁ **说明**　　　　　　　　　　　　　　　　　　　　　　　　　　　xml

XML文件描述运行，包括用户定义的评估指标。

☁ **模型可读性**　　　　　　　　　　　　　　　　　　　　　　模型

所构建模型的可读性描述。

☁ **模型序列化**　　　　　　　　　　　　　　　　　　　　　　模型

可由生成模型的工具读取的模型序列化描述。

☁ **预测**　　　　　　　　　　　　　　　　　　　　　　　　　arff

ARFF文件，其中包含模型生成的实例级预测。

评估

ROC曲线下面积	0.9565±0.0516		
	Iris-setosa	Iris-versicolor	Iris-virginica
	0.98	0.9408	0.9488

混淆矩阵	实际值/预测值	Iris-setosa	Iris-versicolor	Iris-virginica
	Iris-setosa	48	2	0
	Iris-versicolor	0	47	3
	Iris-virginica	0	3	47

精度	0.9479±0.0496		
	Iris-setosa	Iris-versicolor	Iris-virginica
	1	0.9038	0.94

预测准确性	0.9467±0.0653		

调用	0.9467±0.0653		
	Iris-setosa	Iris-versicolor	Iris-virginica
	0.96	0.94	0.94

图 16.3　OpenML 运行示例

OpenML 会计算详细的评估结果，包括每折预测。对于 ROC 曲线下面积、精度和召回率等特定类别的评估指标，OpenML 会存储每个类别的结果。其他信息，如运行时间和硬件的详细信息，可由用户提供。

由于每个运行都与特定任务、流程、设置和作者相关联，OpenML 能够相应地筛选、聚合和显示相关结果。根据元学习应用，可以构建不同的元数据集，包括数据集元特征、流程超参数设置和运行评估结果。

16.3.7 研究和基准测试套件

最后，OpenML 能够绑定任务集和运行集，这样就能更容易地为特定目标确定特定任务集，并对特定运行集(机器评估结果)进行分组以获得固定的元数据集用于后续分析。一个任务集蕴含一组特定的基础数据集，而一个运行集蕴含特定的流程集和任务集。

任务集的一个特殊用例是基准测试套件(Bischl 等，2021)，即选中一组用于在一组精确指定的条件下评估算法的任务。从而确保在这些数据集上运行的实验具有清晰的可解释性、可比性和可重复性。基准测试套件可以使用现有的 OpenML 接口和 API 来创建和检索。其中一个示例是 OpenML-CC18(Bischl 等，2021)。随后，可轻松下载这些任务，然后根据现有的 OpenML 绑定关系(Casalicchio 等，2017；van Rijn 等，2015；Feurer 等，2019a)，使用不同的库在这些任务上运行分类器，包括 Scikit-learn(Pedregosa 等，2011)、mlr(Bischl 等，2016a)和 Weka(Hall 等，2009)。

16.3.8 在机器学习环境中集成 OpenML

OpenML 被整合到数个常用的机器学习环境中，因此可以开箱即用。这些集成通常以库(如 R 或 Python 包)或现有工具箱中的插件方式提供。

图 16.4 呈现如何将 OpenML 集成至 WEKA 实验平台(Hall 等，2009)。在选

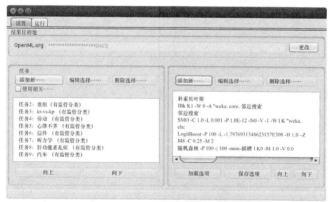

图 16.4　OpenML 集成至 WEKA

择 OpenML 作为结果目的地并提供登录凭证后，可通过对话添加很多任务。插件支持使用过滤器(用于预处理操作)、上传参数扫描轨迹(用于参数优化)，以及上传由 WEKA 生成的可读模型表征。

其他集成包括用于运行实验和对数据流(Bifet 等，2010b；Read 等，2012)进行元学习的 MOA(Bifet 等，2010a)，以及运行复杂工作流(van Rijn 等，2015)的 Rapid-Miner(Hofmann 等，2013)。

使用 R 或 Python 的研究人员可以使用中央数据库 CRAN 和 PyPI 上提供的 openml 包。图 16.5 呈现如何从 R 中(连同所有的元数据)下载任务和上传运行的示例。一旦创建分类器(第 3 行)，就需要调用两次函数来将任务下载至记忆(第 4 行)中并运行分类器(第 5 行)。应用分类器后，只需调用一次函数即可上传所有结果(第 6 行)。

```
1  library(mlr)
2  library( OpenML)
3  lrn = makeLearner(" classif. r和lomForest")
4  task=getOMLTask(6)
5  run = runTaskMlr(task , lrn)
6  uploadOMLRun(run)
```

图 16.5　在字母任务上运行 mlR 中实现的随机森林分类器的 R 代码(任务 ID=6)

Python 代码及其工作原理也与 R 代码非常相似(图 16.6)。函数调用 get task() 和 run model on task 用于将任务下载到记忆中(第 4 行)并在任务上运行分类器(第 5 行)。最后，成员函数 run.publish 将结果上传到 OpenML(第 6 行)。

```
1  from      sklearn     import     ensemble
2  from      openml      import     tasks , runs
3  clf  =  ensemble.R和lomForestClassifier()
4  task  =  tasks. get task (6)
5  run  =  runs. run model on task (clf,  task)
6  run. publish()
```

图 16.6　在字母任务上运行 Scikit-learn 中实现的随机森林分类器的 Python 代码(任务 ID=6)

Java 代码照例要更冗长一些(图 16.7)。为了简洁起见，标头中的导入已被省略。Java 函数 executeTask 在任务上运行分类器，并自动将每次执行的运行上传到服务器(第 8 行)。

这些 API 还可以方便地下载各种格式的所有结果。

利用现有评估结果的一个研究示例

图 16.8(Feurer 等，2019b)是 Python 代码的一个实例，说明如何下载详细的评估结果，以研究 SVM 算法的超参数的影响。结果如图 16.9(Feurer 等，2019b)所示。

```
1    public static void    runTasks和Upload()    throws    Exception
2    OpenmlConnector openml  =  new  OpenmlConnector();
3    openml. setApiKey(" FILL IN OPENML API KEY ")
4    Classifier forest  =  new  R和lomForest();
5    Task task  =  openml. taskGet(6);
6    Instances  d  =  InstancesHelper. getDatasetFromTask(openml , task);
7    Pair <Integer , Run> result  =  RunOpenmlJob. executeTask(
8    openml ,  new  WekaConfig(), task. getTask id (), forest);
9    Run run  =  openml. runGet( result. getLeft());
10   }
```

图 16.7　在字母任务上运行 Weka 中实现的随机森林分类器的 Java 代码(任务 ID=6)

```
1    import    openml;
2    import    numpy as np
3    import    matplotlib. pyplot as plt
4    df = openml. evaluations. list evaluations setups(
5      ' predictive  accuracy', flow=[8353], task=[6],
6      output format= 'dataframe',
7      parameters in separate columns= True ,
8    ) # Choose SVM flow (e.g. 8353) 和 dataset 'letter' (task 6).
9    hp names = ['sklearn.svm. classes.SVC(16)  C ','sklearn.svm. classes.SVC(16) gamma ']
10   df[ hp names] = df[ hp names ]. astype(float).apply(np.log)
11   C, gamma ,      score= df[ hp names [0]], df[ hp names [1]], df['value']
12   cntr  =  plt. tricontourf
13      C, gamma , score , levels=12 , cmap='Rd Bu  r')
14   plt. colorbar(cntr, label='accuracy')
15   plt.xlim((min(C),max(C))); plt.ylim((min(gamma), max(gamma)))
16   plt. xlabel('C (log10 )', size=16);
17   plt. ylabel('gamma (log10 )', size=16)
18   plt.title('SVM performance l和lscape', size=20)
```

图 16.8　检索 SVM 分类器在 "字母" 数据集上的预测准确性并创建等高线图的代码

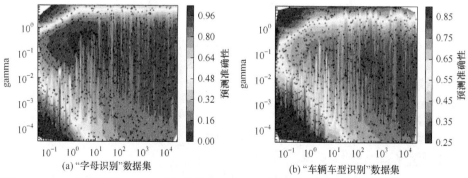

(a) "字母识别" 数据集　　　　　　　(b) "车辆车型识别" 数据集

图 16.9　SVM 分类器的 gamma 和超参数 C 的曲面图(两个维度都显示了超参数的值, 网格的
颜色显示了特定配置的执行情况)(见彩图)

　　下一章探讨如何使用 OpenML 中可用的实验数据来获得对数据属性、工作流和性能之间关系的新理解。

参 考 文 献

Aha, D. W. (1992). Generalizing from case studies: A case study. In Sleeman, D. and Edwards, P., editors, *Proceedings of the Ninth International Workshop on Machine Learning (ML92)*, pages 1-10. Morgan Kaufmann.

Alcala, J., Fernandez, A., Luengo, J., Derrac, J., Garcia, S., Sanchez, L., and Herrera, F. (2010). Keel datamining software tool: Data set repository, integration of algorithms and experimental analysis framework. *Journal of Multiple-Valued Logic and Soft Computing*, 17(2-3):255-287.

Bergstra, J., Pinto, N., and Cox, D. (2015). SkData: data sets and algorithm evaluation protocols in Python. *Computational Science & Discovery*, 8(1).

Bifet, A., Holmes, G., Kirkby, R., and Pfahringer, B. (2010a). MOA: Massive Online Analysis. *J. Mach. Learn. Res.*, 11:1601-1604.

Bifet, A., Holmes, G., and Pfahringer, B. (2010b). Leveraging Bagging for Evolving Data Streams. In *Machine Learning and Knowledge Discovery in Databases*, volume 6321 of *Lecture Notes in Computer Science*, pages 135-150. Springer.

Bischl, B., Casalicchio, G., Feurer, M., Gijsbers, P., Hutter, F., Lang, M., Mantovani, R. G., van Rijn, J. N., and Vanschoren, J. (2021). OpenML benchmarking suites. In *Proceedings of the Neural Information Processing Systems Track on Datasets and Benchmarks*, NIPS'21.

Bischl, B., Kerschke, P., Kotthoff, L., Lindauer, M., Malitsky, Y., Fŕechette, A., Hoos, H., Hutter, F., Leyton-Brown, K., Tierney, K., et al. (2016a). ASlib: A benchmark library for algorithm selection. *Artificial Intelligence*, 237:41-58.

Bischl, B., Lang, M., Kotthoff, L., Schiffner, J., Richter, J., Studerus, E., Casalicchio, G., and Jones, Z. M. (2016b). mlr: Machine Learning in R. *Journal of Machine Learning Research*, 17(170):1-5.

Brazdil, P., Giraud-Carrier, C., Soares, C., and Vilalta, R. (2009). *Metalearning: Applications to data mining*. Springer.

Brockman, G., Cheung, V., Pettersson, L., Schneider, J., Schulman, J., Tang, J., and Zaremba, W. (2016). OpenAI Gym. *arXiv: 1606.01540*.

Buitinck, L., Louppe, G., Blondel, M., Pedregosa, F., Mueller, A., Grisel, O., Niculae, V., Prettenhofer, P., Gramfort, A., Grobler, J., Layton, R., VanderPlas, J., Joly, A., Holt, B., and Varoquaux, G. (2013). API design for machine learning software: experiences from the scikit-learn project. In *ECML PKDD Workshop: Languages for Data Mining and Machine Learning*, pages 108-122.

Casalicchio, G., Bossek, J., Lang, M., Kirchhoff, D., Kerschke, P., Hofner, B., Seibold, H., Vanschoren, J., and Bischl, B. (2017). OpenML: An R package to connect to the machine learning platform OpenML. *Computational Statistics*.

Chang, C. C. and Lin, C. J. (2011). LIBSVM: A library for support vector machines. *ACM Transactions on Intelligent Systems and Technology (TIST)*, 2(3):27.

Chen, Y., Keogh, E., Hu, B., Begum, N., Bagnall, A., Mueen, A., and Batista, G. (2015). The UCR time series classification archive. www.cs.ucr.edu/~eamonn/time_series_data/.

Dheeru, D. and Taniskidou, E. K. (2017). UCI machine learning repository.

Feurer, M., Klein, A., Eggensperger, K., Springenberg, J. T., Blum, M., and Hutter, F. (2019a). Auto-sklearn: Efficient and robust automated machine learning. In Hutter, F., Kotthoff, L., and Vanschoren, J., editors, *Automated Machine Learning: Methods, Systems, Challenges*, pages 113-134. Springer.

Feurer, M., van Rijn, J. N., Kadra, A., Gijsbers, P., Mallik, N., Ravi, S., Muller, A., Van- ¨schoren, J., and Hutter, F. (2019b). OpenML-Python: an extensible Python API for OpenML. *arXiv preprint arXiv:1911.02490.*

Hall, M., Frank, E., Holmes, G., Pfahringer, B., Reutemann, P., and Witten, I. H. (2009). The WEKA Data Mining Software: An Update. *ACM SIGKDD Explorations Newsletter*, 11(1):10-18.

Hand, D. (2006). Classifier technology and the illusion of progress. *Statistical Science*, 21(1):1-14.

Hirsh, H. (2008). Data mining research: Current status and future opportunities. *Statistical Analysis and Data Mining*, 1(2):104-107.

Hofmann, M. and Klinkenberg, R. (2013). *RapidMiner: Data Mining Use Cases and Business Analytics Applications*. Data Mining and Knowledge Discovery. Chapman & Hall/CRC.

Hoste, V. and Daelemans, W. (2005). Comparing learning approaches to coreference resolution. There is more to it than bias. In Giraud-Carrier, C., Vilalta, R., and Brazdil, P., editors, *Proceedings of the ICML 2005 Workshop on Meta-Learning*, pages 20-27.

Hutson, M. (2018). Missing data hinder replication of artificial intelligence studies. *Science.*

Keogh, E. and Kasetty, S. (2003). On the need for time series data mining benchmarks: A survey and empirical demonstration. *Data Mining and Knowledge Discovery*, 7(4):349-371.

Michie, D., Spiegelhalter, D. J., and Taylor, C. C. (1994). *Machine Learning, Neural and Statistical Classification*. Ellis Horwood.

Olson, R. S., La Cava, W., Orzechowski, P., Urbanowicz, R. J., and Moore, J. H. (2017). PMLB: A large benchmark suite for machine learning evaluation and comparison. *BioData Mining*, 10(36).

Pedregosa, F., Varoquaux, G., Gramfort, A., Michel, V., Thirion, B., Grisel, O., Blondel, M., Prettenhofer, P., Weiss, R., and Dubourg, V. (2011). Scikit-learn: Machine learning in Python. *Journal of Machine Learning Research*, 12(Oct):2825-2830.

Perlich, C., Provost, F., and Simonoff, J. (2003). Tree induction vs. logistic regression: A learning-curve analysis. *Journal of Machine Learning Research*, 4:211-255.

Pfahringer, B., Bensusan, H., and Giraud-Carrier, C. (2000). Meta-learning by landmarking various learning algorithms. In Langley, P., editor, *Proceedings of the 17th International Conference on Machine Learning*, ICML'00, pages 743-750.

Read, J., Bifet, A., Pfahringer, B., and Holmes, G. (2012). Batch-Incremental versus Instance-Incremental Learning in Dynamic and Evolving Data. In *Advances in Intelligent Data Analysis XI*, pages 313-323. Springer.

Sculley, D., Snoek, J., Wiltschko, A., and Rahimi, A. (2018). Winner's curse? on pace, progress, and empirical rigor. In *Workshop of the International Conference on Representation Learning (ICLR).*

Szalay, A. S., Gray, J., Thakar, A. R., Kunszt, P. Z., Malik, T., Raddick, J., Stoughton, C., and vandenBerg, J. (2002). The SDSS SkyServer: public access to the Sloan digital sky server data. In *Proceedings of the 2002 ACM SIGMOD International Conference on Management of Data*, pages

570-581. ACM.

Tsoumakas, G., Spyromitros-Xioufis, E., Vilcek, J., and Vlahavas, I. (2011). MULAN: A Java library for multi-label learning. *JMLR*, pages 2411-2414.

van Rijn, J. N. (2016). *Massively collaborative machine learning*. PhD thesis, Leiden University.

van Rijn, J. N., Holmes, G., Pfahringer, B., and Vanschoren, J. (2015). Having a Blast: Meta-Learning and Heterogeneous Ensembles for Data Streams. In *2015 IEEE International Conference on Data Mining (ICDM)*, pages 1003-1008. IEEE.

van Rijn, J. N. and Vanschoren, J. (2015). Sharing RapidMiner workflows and experiments with OpenML. In Vanschoren, J., Brazdil, P., Giraud-Carrier, C., and Kotthoff, L., editors, *Proceedings of the 2015 International Workshop on Meta-Learning and Algorithm Selection (MetaSel)*, number 1455 in CEUR Workshop Proceedings, pages 93- 103.

Vanschoren, J., Blockeel, H., Pfahringer, B., and Holmes, G. (2012). Experiment databases: a new way to share, organize and learn from experiments. *Machine Learning*, 87(2):127-158.

Vanschoren, J., van Rijn, J. N., Bischl, B., and Torgo, L. (2014). OpenML: networked science in machine learning. *ACM SIGKDD Explorations Newsletter*, 15(2):49-60.

第 17 章　学习储存库中的元数据

摘要　本章介绍可利用存储在实验数据库中的大量数据开展的各种类型的实验。重点介绍利用 OpenML 中存储的数据开展的三种实验。首先介绍确定特定算法如何在给定数据集上运行的实验。我们探讨说明哪种算法在特定数据集上表现最好的实验，并确定特定超参数对性能影响的实验。其次，我们介绍确定特定算法如何在不同数据集上运行的实验。探讨确定性能差异的统计学意义的实验，所选算法的超参数优化对不同数据集的影响，以及确定哪些算法通常能做出类似预测的实验。最后介绍确定某些数据或工作流特征对性能的影响的实验。通过考虑已计算的各种元特征，探索当某一类型的算法(如线性模型，包括特征选择的模型)比另一类型的算法表现更好的趋势。

17.1　简　　介

上一章节(第 16 章)介绍的 OpenML 包含了大量的实验信息，这些信息以结构化的方式收集和整理起来，便于探索数据以开展各种研究，并能够获得关于算法表现的有用信息。如 Vanschoren 等(2012)所指出的，这些研究根据总体目标能够分为以下几组。

(1) 模型级分析，其主要目标是分析特定算法的表现如何。

(2) 数据级分析，其目标是研究算法何时表现良好。

(3) 方法级分析，其目标是确定为什么算法会以这样的方式执行。

本章大致按照上述分组进行介绍。第 17.2 节介绍不同算法或其配置在一些数据集上的性能差异。第 17.3 节将该研究扩展至不同算法或其配置在不同数据集上的性能差异。第 17.4 节介绍对不同数据集研究算法性能和可测量特征之间的相互作用的研究(如算法性能或元特征)。

这些研究的目标之一是扩大我们对算法在某些类型数据上的行为方式的理解。另一个目标是展示可以在其他环境中复制的一些简单样本(如新的算法何时可用)。

17.2　每数据集的算法性能分析

本节我们介绍两项研究。在第一项研究中，我们展示不同算法在一些数据集上的性能差异。在第二项研究中，重点介绍不同的超参数环境对性能的影响。

17.2.1　对比不同的算法

　　该研究的目的是检验不同的算法在对不同字体的字母进行分类任务中的表现差异。这些数据可在 UCI "字母识别" 数据集中找到(Frey 等，1991)。该任务包含 26 个类别(字母表中的每个字母为一类)，且每个类别使用一组预定义的属性进行描述。

　　研究结果如图 17.1 所示。x 轴表示 OpenML 命名法(流程)中的一个特定算法[1]，y 轴表示预测准确性。每个点表示具有特定参数设置的特定变体。该图包含了同分类工作平台的算法(流程)，即 Weka、mlR 和 Scikit-learn。为了不使图像过载，图中只显示 30 个表现最好的算法(流程)。集成方法根据使用的基学习器进行分组(如装袋法 k-NN 与装袋法 J48 被视为不同的流程)。

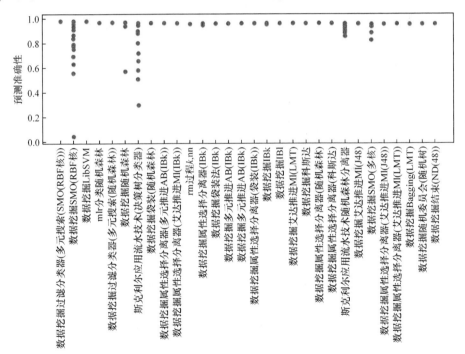

图 17.1　"字母" 数据集上的不同算法性能

　　该图表明基于内核的方法在这个特定数据集上表现相当好。在表现最好的算法中，多数都是支持向量机(SVM)、随机森林和基于实例的方法的变体。该图还表明有些算法(流程)(如 weka.SMO(RBFKernel))的性能差异较大,是因为这个流程

---

[1]　一个流程是指实施一个算法或工作流，更多详细信息见第 16 章。

的超参数设置跨度很大。

17.2.2　更改一些超参数设置的影响

本节介绍一项探索更改某些超参数设置对性能影响的研究。我们将重点研究 Weka 中实现的带有 RBF 核的 SVM 的 gamma 参数的影响,同时所有其他的超参数仍维持其默认设置。

图 17.2 只显示了一些数据集的影响。可以看出,有些数据集的性能曲线变化趋势非常类似。在 "waveform" "soybean" 和 "optdigits" 情况下,性能会下降到默认的准确性。在 "字母识别" 和 "汽车" 的情况下,性能会首先增加,直至达到一个最佳值,然后下降到默认的准确性。对于本研究中使用的所有数据集来说,参数的最佳值是不同的,这也是能够预期的。从结果来看,将该参数值设置为一个低值比设置为高值的性能影响更小。

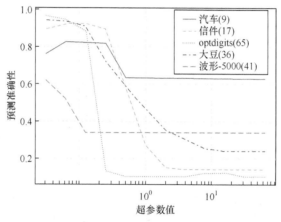

图 17.2　更改 SVM gamma 超参数的影响

这项研究表明了在所有其他超参数使用固定设置(默认值)的假设下,一个特定的超参数如何影响性能的局部效果。

基于边界的超参数的全局效果

边际值为每个超参数定义了当所有其他超参数在所有可能的值中被平均后的预期性能。虽然这样看起来不便于计算,但 Hutter 等(2014)认为,可以通过使用树形结构代理模型来有效计算。

图 17.3 勾勒了 Scikit-learn 中实现的带有 RBF 核的支持向量机在几个数据集上的 gamma 参数的边际值。注意,边际值比显示局部效果图中的值要低。这是因为这些值是其他超参数的所有可能值的平均值,其中可能还涉及许多次优值。这项研究说明超参数 gamma 是如何影响性能的全局效果的。使用边际值可解决其他超参数应设置为哪个值的问题。

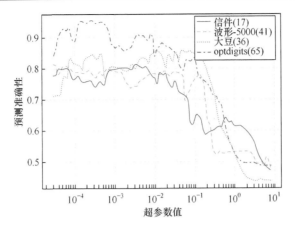

图 17.3　SVM gamma 超参数的边界(见彩图)

在第 8 章中，我们讨论了 van Rijn 等(2018)的研究，他们解释了如何使用边际值来确定哪些超参数对优化很重要。

17.3　跨数据集的算法性能分析

本节探讨旨在分析不同算法在不同的数据集上性能差异的实验。主要讨论三种实验。第一种是关于算法的基准测试，第二种是研究超参数优化的影响，第三种是分析几种算法在预测中的差异。

17.3.1　使用不同分类器的默认超参数的影响

为稳健评估算法的性能，基准测试和评估应该包括大量的数据集。本节通过一项研究来说明这一点。我们从 OpenML 中选择了一组分类器和数据集及相应的元数据，其中包括预测准确性和 ROC 曲线下的面积(AUC)。

由于特定算法在不同数据集上的性能各不相同，因此可以通过小提琴图来详细说明。该图与箱线图类似，但它们还显示了数据在不同数值上的概率密度，并通过核密度估计器进行平滑处理。图 17.4 呈现的是 105 个数据集上使用默认超参数设置的各种 Weka 分类器结果的小提琴图(带集成箱线图)。分类器按中位数排序。右边的分类器通常比左边的分类器表现更好。随机森林(Breiman，2001)在这组数据集上的平均表现最好。其他一些集成方法也表现良好，如自适应提升法(Freund 等，1996)和逻辑提升法(Friedman 等，1998)。逻辑模型树(LMT)(Landwehr 等，2005)(即树和逻辑回归的组合)也表现得相当好。

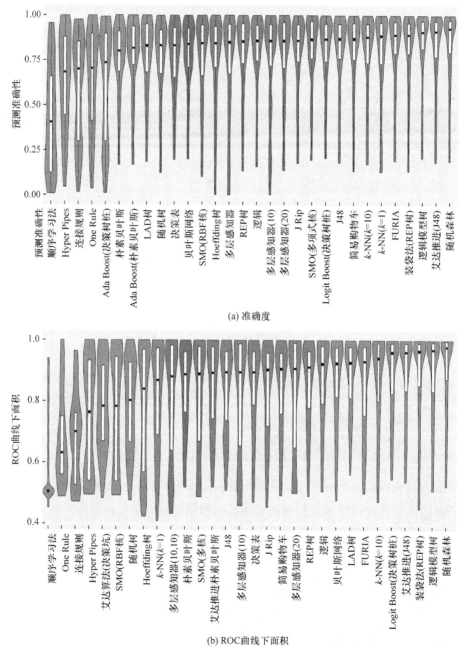

(a) 准确度

(b) ROC曲线下面积

图 17.4　算法在 105 个数据集上的排序(van Rijn，2016)(见彩图)

　　注意当分类器排名较低时，不一定表明该分类器的整体表现糟糕，有可能是该分类器专门针对特定类型的数据集，或者只是需要调优超参数。例如，我们注意到带 RBF 核的支持向量机在排名中的位置并不是很理想。然而，正如我们在图 17.1 中所看到的,这个分类器的一些变体(具有特定超参数设置的变体)在"字母识别"数据集上是表现最好的。因此, 在现代应用中, 很少有不用适当超参数优化的基准算法。

评估统计显著性

为评估上述结果的统计意义,我们可使用 Friedman 检验和 Nemenyi 后续检验, 这两个检验已在第 3 章中做过探讨。图 17.5(van Rijn, 2016)呈现对图 17.4 中分类器的预测准确性进行 Nemenyi 检验的结果。这些分类器按其平均等级进行排序(越低越好)。我们发现图中得到的分类器排序与图 17.4 类似。同样, 我们发现逻辑模型树和随机森林两个分类器表现最佳。

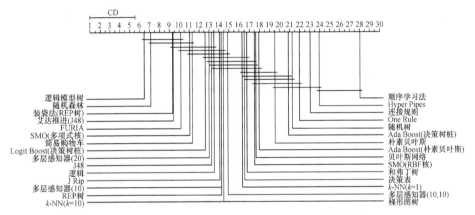

图 17.5　OpenML 中分类器预测准确性的 Nemenyi 检验结果(α = 0.05)

横线连接的分类器在统计学上是等效的。例如, 该图表明没有统计证据证明逻辑模型树的表现优于 FURIA。另外, 有统计证据证明逻辑模型树的表现优于"Simple CART"算法。

如果应用得当, 统计检验可以对算法的性能进行更可靠的评估, 而不是简单地比较性能值(详见第 3 章)。

17.3.2　超参数优化的影响

人们普遍认为,超参数优化对算法的性能影响很大(Lavesson 等, 2006; Hutter 等, 2011; Bergstra 等, 2012; 斯诺克等, 2012; Domhan 等, 2015; Klein 等, 2017; Li 等, 2017; Thomas 等, 2018; Falkner 等, 2018)。本节介绍一项实验, 解释如何利用 OpenML 来研究这两者之间的关系。

为特定算法找到最佳超参数设置集的搜索策略有很多,第 6 章已探讨一些搜索策略。

为获得无偏建议, 通常遵循嵌套交叉验证程序(第 3 章), 该程序将数据分成训练集、验证集和测试集。训练集用于利用不同的超参数设置来训练各种变体，然后在验证集上评估这些变体。在验证集上表现最佳的模型将获得推荐，然后在测试集(表示未知数据样本)上确定其性能。

OpenML 使用任务的概念来定义训练集和测试集，由用户决定是否从训练集中分离一部分作为验证集使用。

在接下来的示例中，我们对比在不同数据集上两个具有优化超参数和默认超参数的 Weka 分类器的性能。图 17.6 显示决策树和一个带有 RBF 核的支持向量机(SVM)的结果。

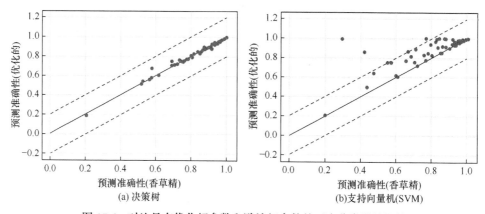

图 17.6　对比具有优化超参数和默认超参数的两个分类器的性能

在每个数据集上，两个分类器分别应用两次：第一次使用默认超参数，第二次使用通过超参数优化方法(Weka 的 MultiSearch 模型)获得的超参数设置。结果用散点图来表示。每个点表示默认超参数和优化超参数在特定数据集上的表现。默认超参数的性能表现在 X 轴上，优化超参数的性能表现在 Y 轴上。

对角线实线表示等值点，这条线上的所有点代表了一个实验，即超参数优化对预测性能既无益处，也无损害。实线上方(下方)的点表示具有优化参数的分类器在一个数据集上的表现比默认参数的分类器更好(更差)。注意，超参数优化也有可能会使性能恶化。配置的选择是基于该配置在验证集上的表现，所选配置在测试集上的表现可能不尽如人意。然而，这种情况应该并不常见。

该图表明超参数优化通常能够改善支持向量机的性能。几乎在所有数据集上，优化超参数分类器的性能都优于默认超参数分类器的性能。但在决策树算法中，这种优势不明显，这种超参数优化方法的影响在大多数数据集上似乎可以忽略不计。以上我们的事实前提是：大多数数据点都分布在上述对角线的周围。

大多数最先进的算法，如深度神经网络和梯度提升法，都能从超参数优化中获益。因此，在所有现实环境中，我们的问题通常不是是否使用超参数优化，而是应该使用何种超参数优化技术。

17.3.3 识别具有相似预测的算法(工作流)

本节介绍识别在单个样本上具有相似(或不同)表现的分类器。识别具有相似性能的算法非常重要,这样就可用一个分类器来代替另一个分类器(可能训练过程很慢)。

为什么识别具有不同预测表现的分类器是重要的,另一个原因如第 9 章和第 10 章所示,许多集成模型(如装袋集成模型)需要在一组不同的分类器上进行训练。仅仅评估分类器的性能还不够,两个分类器可能具有相似性能,但在测试的一些实例上可能表现不同。

本节所采用的方法论是基于 Lee 等(2011)的提议,该提议使用了分类器输出差异(COD)指标,基于一对分类器之间预测的差异。读者可以参考第 8 章(第 8.5 节)以了解更多详细信息。

层次凝聚聚类(HAC)将这些信息转换为一个层次聚类。HAC 首先将每个观察值分配给自身的聚类,然后将距离最近的两个聚类连接起来(Rokach 等,2005)。全链接策略可用于确定两个聚类之间的距离。从形式上看,两个聚类 A 和 B 之间的距离可定义为 $\max\{COD(a,b):a\in A,b\in B\}$。

图 17.7 呈现利用 Auto-sklearn 为所有分类器构建的树状图。该图使用 OpenML-CC18 基准套件的 45 个数据集上获得的测试结果(Bischl 等,2021),说明哪些分类器做出较为相似的预测。显而易见,Adaboost 分类器与决策树分类器在该数据集上的预测非常相似,而 Bernoulli 朴素贝叶斯分类器的预测与其他分类器都相差较大。这有可能表明一个分类器的表现非常糟糕,而其他分类器的表现非常好。

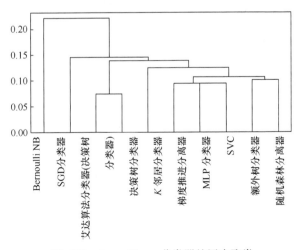

图 17.7 Auto-sklearn 分类器的层次聚类

17.4　特定数据/工作流特征对性能的影响

本节我们介绍三个实验。在第一个实验中，我们研究了哪种类型的数据集非线性模型比线性模型更有优势。这项研究涉及算法属性(是否产生一个线性模型或一个非线性模型)和数据特征。在第二个实验中，我们调查特征选择对算法性能的影响。与第一种情况一样，该实验也涉及算法属性和数据特征。在最后一个实验中，我们探讨算法的可调性及优化特定超参数的效果。

17.4.1　选择线性和非线性模型的影响

本节表明，先前的实验可用于研究某些组(类型)的算法与性能之间的关系。

Strang 等(2018)曾开展实验对线性模型和非线性模型之间的性能结果做出比较，并使用 200 次随机搜索的迭代对结果进行了优化。线性模型包括线性 SVM、线性神经网络(NN)(无隐藏层)和决策树桩，而非线性模型包括具有 RBF 核的 SVM、具有隐藏层的神经网络和决策树。Strang 等(2018)的目标是探讨哪类数据集中线性模型的表现优于非线性模型。

直觉上，非线性模型的表现优于线性模型。但是，由于线性模型比非线性模型更简单、计算更高效并更容易理解，因此，线性模型仍在实践中使用。

图 17.8(Strang 等，2018)呈现支持向量机和神经网络的实验结果。图中的每个点表示线性和非线性模型在不同数据集上的实验。其位置由两个数据集的特征决定，即观察值数量(x 轴)和特征数量(y 轴)。每个点的颜色表明哪种模型在相应的数据集上表现更佳。红色(蓝色)点表明非线性模型的表现明显优于(差于)线性模型，灰色点表示根据 Nemenyi 检验，统计差异并不显著的情况。

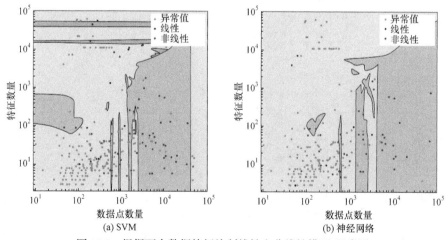

图 17.8　根据两个数据特征绘制线性和非线性模型(见彩图)

基于 $k = 5$ 的 k 最近邻模型，背景色表明哪类分类器在相应区域中占优势[①]。图 17.8 表明非线性模型在以大量数据点(实例)为特征的红色区域中占优势。线性模型很少明显优于非线性模型。根据统计检验，两类模型在许多数据集上的性能相当。这些情况出现在灰色区域。

尽管线性模型只在少数数据集中表现更好，但结果表明线性模型在许多情况下仍非常有用。当两者性能相当时，对线性模型有利的一个理由是它们训练速度更快且更容易分析。一个开放性问题是，如果使用具有先进正则化方案的非线性模型，上述结果是否仍然成立。

17.4.2　采用特征选择的影响

数据预处理通常视为一个能够影响分类算法性能的重要因素。OpenML 中的实验可以帮助我们研究与预处理有关的具体问题。

本节我们探讨以下问题：特征选择能否改善分类性能？如果能，分类器类型和数据集属性如何影响分类性能？

本节内容基于 Post 等(2016)的实验研究。作者先在每个数据集上运行无特征选择的分类器，然后运行有特征选择的分类器。特征选择的方法多种多样，本实验中使用了基于相关性的特征子集选择方法。这种方法试图识别与目标属性高度相关且相互之间不相关的特征(Hall，1999)。

结果以散点图的形式显示，与上一节中的散点图相似。在图 17.9 中，每个点表示实验中使用的一个数据集。点的位置由该数据集的特征(属性)数量(x 轴)和相应的实例数量(y 轴)决定。点的颜色表示特征选择产生的结果是好是坏。当有特征选择的分类器性能优于(差于)没有特征选择的分类器，使用绿色(红色)点表示，蓝色点表示两者性能相差无几。

这些图显示了一些预期的行为，以及一些有趣的模式。首先，结果显示，特征选择分类器对 k-NN 和朴素贝叶斯等方法最为有利。这正是人们所期望的结果：由于维数灾难，最近邻方法会受到过多属性的影响(Radovanović 等，2010)，而朴素贝叶斯容易受到相关特征的影响(John 等，1995)。

其次，这项研究证实，当 k-NN 时，特征选择会在具有许多特征的数据集上产生良好的结果(Post 等，2016)。

另外，我们还注意到一些非预期行为。例如，我们发现一些树状归纳算法对不相关的特征有内置保护(Quinlan，1986)。然而，图 17.9 显示，在许多情况下，特征选择仍然是有益的。此外，人们认为多层感知器模型能够选择相关特征。然而如图所示，情况并非如此。

[①] 背景颜色的形状取决于一个事实，即该背景在欧几里得空间中确定，并在对数空间中进行表示。

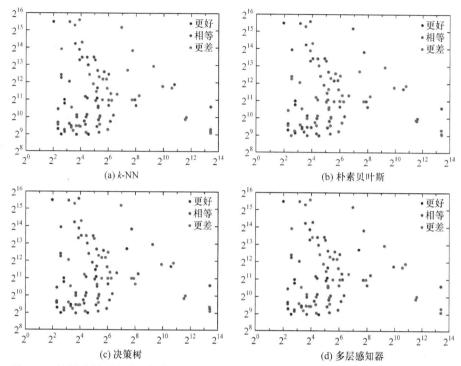

图 17.9　特征选择对分类器性能的影响及其对特征数量(x 轴)和实例数量(y 轴)的依赖(van Rijn，2016)(见彩图)

　　总体而言，很难就上述数据集特征(元特征)和性能之间的相关性得出明确的结论。我们相信，未来人们能够开发出可预测何时使用或不使用特征选择的更复杂的模型(Post 等，2016)。

17.4.3　特定超参数设置的影响

　　正如本书其他章节所示，元学习和 AutoML 系统在为目标任务制定具体解决方案的过程中，会探索一组预先指定的备选方案。如第 8 章所示，该章讨论了构形空间，其备选方案通常包括不同的算法、相关的超参数，以及每个参数的可能值或范围。

　　本节我们首先介绍一些具体的算法并研究是否可以通过调优超参数来提高其性能。在第二个研究中，我们探讨某些具体算法的不同超参数，并研究哪些超参数中对性能有最显著的影响。这些问题的答案有助于提供好的建议，这样我们就能够将重点放在那些真正重要的选项上，而忽略那些不相关的选项。

1. 跨算法可调性

　　Probst 等(2019)定义了跨算法的可调性概念,即为每个算法定义特定数据集的默认超参数和最佳超参数之间的差异。图 17.10(a)呈现这些结果。本研究证实了支持向量机超参数调优的重要性。

2. 不同超参数的可调性

Probst 等(2019)还定义了特定算法不同超参数的可调性。这是通过比较默认超参数的性能与优化了单一超参数的算法的性能来实现的。图 17.10(b)展示了这些结果。根据该图，我们可以推测，超参数"mtry"和"samples.fraction"对性能的影响最大。

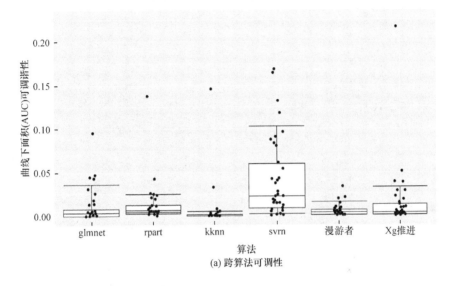

(a) 跨算法可调性

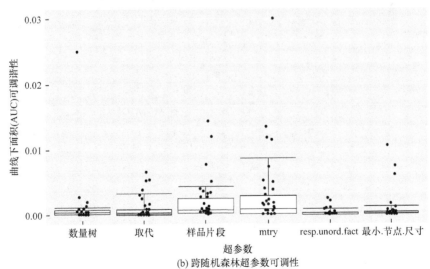

(b) 跨随机森林超参数可调性

图 17.10　可调性结果(Probst 等，2019)

3. 基于函数方差分析的超参数在不同数据集的重要性

第 8 章(8.4 节)探讨了函数方差分析。该方法将一般模型的方差分解为相对于一组给定的超参数的加性部分(Hutter 等，2014；van Rijn 等，2018)。对于每个算法，可以为每个超参数(或超参数的组合)计算一个边际值[①]。特定超参数(或超参数的组合)的重要性与这个边际值有关。该值越高，该超参数就越重要。图 17.11 展示 Scikit-learn 对随机森林、艾达推进(Adaboost)和支持向量机(RBF 核)的实现结果[②]。图 17.11(a)的结果在一定程度上与图 17.10(b)的结果一致。在这些比较

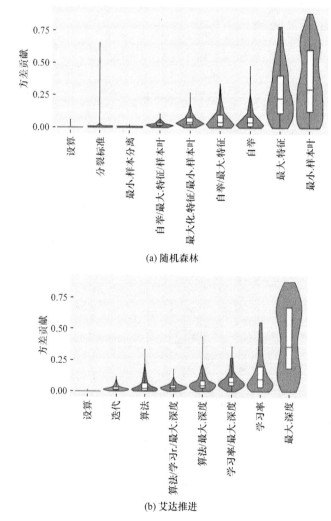

(a) 随机森林

(b) 艾达推进

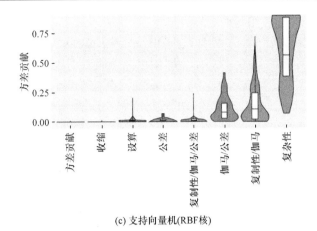

(c) 支持向量机(RBF核)

图 17.11　不同数据集的方差贡献(van Rijn 等，2018)(见彩图)

中，我们必须考虑到一些超参数的名称在不同的工具箱中可能不一致。例如，mlR 的超参数 "mtry" 与 Scikit-learn 的超参数 "max features" 相同。本节探讨的两种方法都认为这个超参数很重要。人们对一些超参数是否重要也存在着分歧。例如，Scikit-learn 认为 "min. samples leaf" 是最重要的超参数，而 mlR 中没有定义该参数。van Rijn 等(2018)推测，这是因为 "min. samples leaf" 并没有看上去那么重要，因为它有一个强大的默认值，在不同的数据集上都表现良好。

此外，Probst 等(2019)认为超参数 "samples.fraction" 很重要，而 Scikit-learn 中最密切相关的超参数 "bootstrap" 则似乎不太重要。要完全理解这些超参数的重要性，还需要进一步调查研究。

本节介绍的实验可增进我们对在调优过程中应关注哪些超参数的理解。一个重要的问题是，我们如何利用这些知识来重组特定的构形空间，以及如何将其纳入新一代更先进的元学习/AutoML 系统中。

17.5　总　　结

本章介绍了基于 OpenML 结果的几个实验。我们将这些实验组织成越来越复杂的构建块。第 17.2 节介绍用简单的实验设置进行的研究。在一个实验中，我们研究了算法性能在单一数据集上的变化。在另一个实验中，我们研究了超参数对一小部分数据集的影响，从而对算法有了更好的理解。

大家知道，在单一数据集上进行的实验通常没有很好的概括性，所以第 17.3 节通过在不同数据集上进行实验来扩大概括性。其中一项研究针对不同算法在不同数据集上的性能进行比较。另一项研究说明了超参数优化的效果，使读者能够评估其潜在的影响。最后一项研究涉及确定哪些分类器做出类似的预测，并根据

Lee 等(2011)的研究，利用这些信息来构建一个层次聚类。

第17.4节旨在将性能与特定的数据和算法特征联系起来。我们已经介绍了两项研究。在第一项研究中，结果显示何时使用(或不使用)特征选择是有利的，以及何时使用(非)线性模型是有利的。第二项研究旨在增进我们对哪些是重要的超参数的理解，这可以指导我们建立更好的构形空间和元学习/AutoML 系统。

参 考 文 献

Bergstra, J. and Bengio, Y. (2012). Random search for hyper-parameter optimization. *Journal of Machine Learning Research*, 13(Feb):281-305.

Bischl, B., Casalicchio, G., Feurer, M., Gijsbers, P., Hutter, F., Lang, M., Mantovani, R. G., van Rijn, J. N., and Vanschoren, J. (2021). OpenML benchmarking suites. In *Proceedings of the Neural Information Processing Systems Track on Datasets and Benchmarks*, NIPS'21.

Breiman, L. (2001). Random forests. *Machine learning*, 45(1):5-32.

Domhan, T., Springenberg, J. T., and Hutter, F. (2015). Speeding up automatic hyperparameter optimization of deep neural networks by extrapolation of learning curves. In *Twenty-Fourth International Joint Conference on Artificial Intelligence*.

Falkner, S., Klein, A., and Hutter, F. (2018). BOHB: Robust and efficient hyperparameter optimization at scale. In Dy, J. and Krause, A., editors, *Proceedings of the 35th International Conference on Machine Learning*, volume 80 of *ICML'18*, pages 1437-1446. JMLR.org.

Freund, Y. and Schapire, R. (1996). Experiments with a new boosting algorithm. In *Proceedings of the 13th International Conference on Machine Learning*, ICML'96, pages 148-156.

Frey, P. W. and Slate, D. J. (1991). Letter recognition using Holland-style adaptive classifiers. *Machine Learning*, 6:161-182.

Friedman, J., Hastie, T., and Tibshirani, R. (1998). Additive logistic regression: a statistical view of boosting. *Annals of Statistics*, 28:2000.

Hall, M. (1999). *Correlation-based feature selection for machine learning*. PhD thesis,　University of Waikato.

Hutter, F., Hoos, H., and Leyton-Brown, K. (2014). An efficient approach for assessing hyperparameter importance. In *Proceedings of the 31st International Conference on Machine Learning*, ICML'14, pages 754-762.

Hutter, F., Hoos, H. H., and Leyton-Brown, K. (2011). Sequential model-based optimization for general algorithm configuration. *LION*, 5:507-523.

John, G. H. and Langley, P. (1995). Estimating continuous distributions in Bayesian classifiers. In *Proceedings of the Eleventh Conference on Uncertainty in Artificial Intelligence*, pages 338-345. Morgan Kaufmann.

Klein, A., Falkner, S., Bartels, S., Hennig, P., and Hutter, F. (2017). Fast Bayesian optimization of machine learning hyperparameters on large datasets. In *Proc. of AISTATS 2017*.

Landwehr, N., Hall, M., and Frank, E. (2005). Logistic model trees. *Machine Learning*, 59(1-2):161-205.

Lavesson, N. and Davidsson, P. (2006). Quantifying the impact of learning algorithm parameter tuning. In *AAAI*, volume 6, pages 395-400.

Lee, J. W. and Giraud-Carrier, C. (2011). A metric for unsupervised metalearning. *Intelligent Data Analysis*, 15(6):827-841.

Li, L., Jamieson, K., DeSalvo, G., Rostamizadeh, A., and Talwalkar, A. (2017). Hyperband: Bandit-Based Configuration Evaluation for Hyperparameter Optimization. In *Proc. of ICLR 2017*.

Post, M. J., van der Putten, P., and van Rijn, J. N. (2016). Does feature selection improve classification? a large scale experiment in OpenML. In *Advances in Intelligent Data Analysis XV*, pages 158-170. Springer.

Probst, P., Boulesteix, A.-L., and Bischl, B. (2019). Tunability: Importance of hyperparameters of machine learning algorithms. *Journal of Machine Learning Research*, 20(53):1-32.

Quinlan, J. R. (1986). Induction of decision trees. *Machine Learning*, 1:81-106.

Radovanović, M., Nanopoulos, A., and Ivanović, M. (2010). Hubs in space: Popular nearest neighbors in high-dimensional data. *JMLR*, 11:2487-2531.

Rokach, L. and Maimon, O. (2005). Clustering methods. In *Data Mining and Knowledge Discovery Handbook*, pages 321-352. Springer.

Sharma, A., van Rijn, J. N., Hutter, F., and Muller, A. (2019). Hyperparameter importance for image classification by residual neural networks. In Kralj Novak, P., Smuc, T., and Džeroski, S., editors, *Discovery Science*, pages 112-126. Springer International Publishing.

Snoek, J., Larochelle, H., and Adams, R. P. (2012). Practical Bayesian optimization of machine learning algorithms. In *Advances in Neural Information Processing Systems 25*, NIPS'12, page 2951-2959.

Strang, B., van der Putten, P., van Rijn, J. N., and Hutter, F. (2018). Don't rule out simple models prematurely: A large scale benchmark comparing linear and non-linear classifiers in OpenML. In *International Symposium on Intelligent Data Analysis*, pages 303-315. Springer.

Thomas, J., Coors, S., and Bischl, B. (2018). Automatic gradient boosting. *arXiv preprint arXiv:1807.03873*.

van Rijn, J. N. (2016). *Massively collaborative machine learning*. PhD thesis, Leiden University.

van Rijn, J. N. and Hutter, F. (2018). Hyperparameter importance across datasets. In *KDD '18: The 24th ACM SIGKDD International Conference on Knowledge Discovery & Data Mining*. ACM.

Vanschoren, J., Blockeel, H., Pfahringer, B., and Holmes, G. (2012). Experiment databases: a new way to share, organize and learn from experiments. *Machine Learning*, 87(2):127-158.

第 18 章　结　束　语

摘要　由于元知识在本书中讨论的许多方法中都具有核心作用，因此我们探讨在不同的元学习/AutoML 任务中使用什么样的元知识的问题，如算法选择、超参数优化和工作流生成。同时注意到一些元知识是由系统获得(习得)的，而另一些则是给定的(如特定构形空间的不同方面)。本章接着讨论未来挑战，如元学习与 AutoML 方法的进一步整合，以及系统能够为元学习/AutoML 系统的配置提供怎样的指导以适应新的设置。上述任务涉及以提高搜索效率为目的的构形空间的(半)自动缩减。本章的最后一部分将探讨我们在努力实现数据科学不同步骤的自动化时遇到的各种挑战。

18.1　简　　介

本章由两节组成。在第一节中，我们分析在本书所讨论的不同方法中使用的各种形式的元知识。我们的目的是对这个问题提出统一的观点。我们在第二节介绍元学习领域的一些未来挑战，以及其在自动机器学习(AutoML)中的应用，旨在帮助研究人员找到有意义且有前景的研究路线。

18.2　不同方法中使用的元知识形式

本书讨论的不同的元学习法涉及两个层面，一个是基级元学习，另一个是元级元学习。前者可被视为一个基级解决方案或部分构建的解决方案的存储库，以解决现实世界的问题，如诊断患者或预测客户的终身价值。这些解决方案通常包括一些机器学习算法和配置的超参数。更复杂的解决方案可以表示为工作流或操作流水线，并可能涉及相当复杂的结构，如集成或深度神经网络。

元级元学习涉及不同类型的信息，这些信息在确定当前任务最佳配置的基级算法/工作流/结构的过程中非常有用。关于具体如何实施，本书中介绍了各种方法。

元知识，即关于基级流程行为的知识，在这个过程中起着重要作用。元知识通常是由元学习系统从给定的元数据中导出(或学习)。因此，本章我们将这种元知识称为习得或获得的元知识。

然而，元学习系统的运作也受到应用设置的影响，涉及不同的实体，包括：①基级算法的组合；②基级算法的超参数和其可能设置；③决定上述元素的可接受组合的本体/语法/运算符；④特定的应用约束，如可用的计算资源、交付时间和模型的可解释性要求。

对这些实体的描述，本章中称其为构形元知识。这些概念很重要，因为它们决定了系统在寻找潜在的最佳选择时可以考虑的备选方案的空间。通常，这种元知识是由数据科学家提供的。然而，正如我们在第 8 章中所阐释的，构形元知识的某些部分可以由系统来完善。

这里我们的目的是重温本书中讨论的一些方法，即算法选择方法、超参数配置、工作流程的生成、跨深度神经网络的知识转移，并分析每种情况下使用的元知识的形式，特别关注学习的元知识和配置的元知识。

18.2.1 算法选择方法中的元知识

在接下来的小节中，我们区分使用先验元数据(仅在先验任务中获得的元数据)和动态元数据(既在先验任务中获得又在当前任务中更新)的方法。

1. 使用先验元数据的排序法

第 2 章探讨基于排序的算法选择方法。这些方法使用在不同的先验任务/数据集上获得的性能元数据来构建平均排序。目标数据集将沿用此排序，直至规定的时间预算用完为止。数据集的特征可以用来预选与目标数据集最相似的数据集子集，从而利用相关的元数据指导搜索。确定的最佳算法可用于对目标数据集进行预测。因此，在这种方法中，平均排序代表习得的元知识，这些知识可随时用于解决新任务。这种方法要求给出适当的构形元知识。

尽管这种方法很简单，但它可以为目标数据集提供非常好的算法或工作流建议，并实现良好的性能。这是因为特定的构形元知识可能包括相当复杂的结构，如集成或深度神经网络，以及针对特定任务调整的各种结构变体。因此，如果新的任务与过去的任务之一相似，就会有一个现成的解决方案可用。这种方法的一个缺点是，构形元知识是一种扩展形式，如工作流(流水线)的排序，而且排序是静态的。

2. 利用动态元数据的方法

第五章中讨论的一些方法是为了克服与之前方法相关的缺点而设想出来的，这些方法利用成对测试和基于性能的数据集特征(元特征)。因此，性能元数据会随当前数据集上进行的测试得到更新。换句话说，元数据是动态变化的。

主动测试方法使用性能增益的估计值来描述成对的模型(经训练的算法)。这些估计值代表两个模型性能之间的预期差异。因此，元知识是以这种估值形式存在的。系统使用这些信息推荐可能获得比现有(当前最佳候选)性能更高的算法或工作流。

先验元数据和动态元数据的组合也经常用于集成方法的元学习应用中，相关内容已在第 10 章探讨。

18.2.2 超参数优化方法中的元知识

第 6 章探讨如何将元学习用于超参数优化。其中介绍的各种方法探索这样一个事实：对于许多算法来说，不同算法配置(具有不同超参数设置的配置)的"性能表面"是相当"平滑"的[①]。因此，有可能构建一个元级模型(通常称为代理模型)，该模型可用于搜索可产生更高性能的配置。使用代理模型的优势是，它能够快速识别有希望的新配置。

元级模型可视为习得的元知识的一部分。这种方法是动态的，随着更多的配置被检查，元级模型会变得更加精练。而精练的模型反过来又能提供更可靠的建议，说明哪些超参数设置能够产生更好的性能。尽管是在特定任务中生成的，但最终确定的模型也代表习得的元知识。

如第 6 章所述，一些方法在这个过程中会使用以前的数据集和当前数据集上习得的元知识。有些代理模型可以跨任务使用。它们在任务中学习相似函数，可以将有关配置中工作良好部分的知识迁移到类似的任务中。

18.2.3 工作流设计中的元知识

由于备选工作流的空间可能非常大，因此很难依靠由枚举备选工作流组成的扩展方法。人们已经设计了各种方法来克服这个问题。所采用的表征法为增强式模型，允许产生各种可能的工作流或其配置。第 7 章探讨该领域中常用的一些表征法。包括：本体(第 7.2 节)；上下文无关语法(CFG)(第 7.2 节)；规划系统的抽象/具体运算符(第 7.3 节)。

如第 7 章所示，每种形式都有其优劣势。这些表征法通常体现了数据科学家的知识，因此是构形元知识的一部分。

正如我们在第 7 章中指出的，搜索潜在的最佳工作流的过程可以看作是逐步完善在当前任务(习得的元知识)上获得的元知识的过程。

18.2.4 迁移学习和深度神经网络中的元知识

第 12 章探讨迁移学习涉及迁移(部分)模型，如将参数(即权重)从一个任务迁移到另一个任务。

---

① 有些算法(如具有特定核的 SVM)并不真正具有平滑的性能表面。

迁移学习和深度神经网络领域都对一组相对同构的数据集(元样本)上使用预训练的模型进行探讨。然后，该模型(更准确地说是模型参数)可作为目标数据集(元样本)的初始模型使用(如第 13 章讨论的 MAML)，并使用新任务的新实例对该模型进行微调。从而获得令人满意的性能，甚至在可用(标签)实例数量较少时也能够改善性能。该场景通常称为少样本学习。

因此，如果使用该章中应用的术语，我们会发现初始模型(或参数权重)表示迁移到目标任务的习得的元知识。尽管该模型仍需对目标任务上的数据进行一些训练，但所需的数据量和时间往往比没有任何元知识的模型要少得多。

18.3　未　来　挑　战

近年来，元学习和 AutoML 领域的研究迅速增长，越来越多的研究成果被集成至数据科学工具中。然而，仍有许多为人所关注的相关问题没有解决，或者还可能开发出更好的解决方案。在以下小节中，我们会谈到其中一些问题。

18.3.1　设计与数据集特征和性能相关的元特征

根据与目标数据集的相似性来预选数据集涉及元学习系统开发过程中的一个最复杂的挑战：设计代表影响算法(相关)性能的数据集特征的元特征，如第 4 章所述。尽管人们提出了不同类型的元特征并研究了元特征设计和使用的系统化问题，但该领域仍可提供新的有用的贡献。

18.3.2　元学习与 AutoML 方法的进一步集成

在第 6 章中，我们讨论了旨在利用从过去问题和当前问题上习得的元知识的一些方法。前者记录学习过程行为的一般信息，而后者能够对当前任务的解决方案进行调整。可以预见，这些方法有待进一步改善。不过，问题是：整合这两种元知识的最佳方法是什么？这个问题可从不同的方面来解决。以下几节将探讨其中一些方案。

18.3.3　自动化适应当前任务

理想的解决方案是，元学习/AutoML 系统能够自动适应(自动配置)当前任务。这涉及识别适当的特定域知识，或从类似任务中习得的元知识。此外，当前任务的元知识可以丰富之前任务中习得的元知识。

元数据采集自动化

在第 8 章中，我们讨论了为获得一个合格的 AutoML/元学习系统应满足的一些条件。其中一个条件涉及元数据的大小，该条件决定了习得的元知识的质量。

但问题是，人们是应该不断执行新的测试来探索一个领域，还是应该专注现有元知识的开发利用。第 8 章(第 8.9 节)探讨多臂老虎机领域的一些策略中针对该问题提出建议。然而，人们仍需开展更多研究工作从而为该问题找到最佳潜在解决方案。

18.3.4　自动化减少构形空间

在搜索解决方案时，许多系统可能会使用定义一个相当大构形空间的策略。这样做的动机是，如果构形空间太小，系统将不能够找到合适的模型。然而，构形空间太大也会有一些缺点。由于要探索的选项太多，系统可能需要很长时间才能找到潜在的最佳解决方案。此外，许多备选选项可能是多余的(即导致相同或非常相似的模型)，这些选项不会产生增值且浪费资源。第 8 章讨论可用于减少构形空间的一些策略。影响构形空间的因素包括：包含基级算法的特定组合的内容；算法的超参数及其可能的值；本体/语法/运算符决定了可接受工作流的空间。

接下来逐一介绍这几种情况。

1. 自动化减少基级算法

第 8 章(第 8.5 节)介绍了一种基于从先验任务中获得的元知识来减少基级算法问题的解决方案。该方法包括两个基本步骤：确定合适的算法并消除冗余算法。可想而知，该提议方法能够进一步改善。

我们发现，即使是构形元知识也能够以自动方式进行修改。这一过程可视为元元学习，其目的是修改现有的元知识。

2. 自动化减少超参数空间

第 8 章(第 8.4 节)探讨能够识别特定算法最重要超参数的方法。这很有用，因为它使人类设计师能够相应地重新定义构形空间。然而，我们面临的挑战是设计一个能够自动执行这个过程的系统。实现该目标的一个步骤是找到一个代理模式，从而能够在模型之间传递关于超参数空间部分行为的知识(第 6 章)。

3. 自动化减少工作流(流水线)空间

特定的本体/语法/运算符可视为另一种形式的构形元知识，它决定构形空间可接受哪种工作流(流水线)。困难在于，如何设计一个能够自动学习/更新这类元知识的系统，如从特定的可接受/不可接受工作流样本中学习。

18.3.5　数据流挖掘自动化

实际工作中的许多数据集实际上是连续的数据流。第 11 章探讨使用元学习的各种方法，包括将数据流分割成大小相同的多个区间并从各个区间中提取元特征。然后基于这些元特征构建一个元模型，并预测下一个区间的潜在最佳算法(如分类器)。或者利用 BLAST 在数据流的过程中训练多个分类器，并根据这些分类器在先前观察值中的表现，为下一组观察值选择一个合适的分类器。

最后，数据流可能包含季节性和重复的概念。通过存储先前的模型，集成和/或元学习方法可用于为下一部分数据流选择合适的方法。

尽管目前有多种方法可用，但仍然存在很多挑战。数据流环境的一个主要挑战是存在概念漂移。在任何时候，数据的渐进或突然变化都可能降低早期训练模型的性能。漂移检测器已经克服了这个困难，因此自我评估机器学习工具的新研究工作在改善模型性能方面能够发挥重要作用(König 等，2020)。

18.3.6 神经网络参数配置自动化

众所周知，训练深度神经网络是一个数据密集型和费时的过程。现代元学习方法可通过从相关任务中迁移知识来帮助解决这些问题。对于许多方法而言，知识迁移发生在参数层面，而不是超参数层面。少样本学习旨在将这些技术应用至只有极少量数据项目的场景中。

由于这些技术适用于相对同构的数据源，因此出现了如何估计"同构度"的问题，这一问题可以决定除了通常使用的少数实例之外还需要多少训练。因此，一个重要的挑战是确定哪些数据集可视为"类似"，并开发出能够自动检测可从哪些数据集迁移知识的技术。

18.3.7 数据科学自动化

近期，数据科学领域吸引了人们的极大关注，因为它能够获得比数据挖掘等更为通用的框架。于是就出现了能否使用自动化方法的问题，而这一问题已经被一些研究人员解决。在第 14 章，我们对数据科学应包括哪些内容提出了我们的观点。该章我们探讨了以下几个步骤：确定当前的问题/任务；确定适当的特定域知识；获得数据；自动化数据预处理和转换；改变表征的颗粒度；搜索最佳工作流；自动报告生成。

尽管每个步骤都有其挑战，但有些步骤的研究工作比其他步骤进展更快。例如，许多论文探讨了适合第 4 步的方法，包括数据预处理和转换的自动化。读者可查阅第 14 章(第 14.3 节)以了解有关该问题的更多详细信息。

第 6 步是关于搜索潜在最佳的算法/配置/工作流，这在本书的各个章节中都有涉及。第 14 章简要探讨了第 7 步。可以预见，现有的研究工作为未来的发展提供了良好的基础。

在我们看来，第 1、2、3 和 5 步面临着更困难的挑战，因为目前关于这些步骤自动化方面的研究工作很少。接下来我们将详细地讨论这些阶段。

1. 确定当前的问题/任务

在第 14 章，我们提出，尽管最初的描述需要由域专家提供(如用自然语言描述)，但在(半)自动化方法的帮助下能够对这些介绍作进一步处理。针对这个问题我们提出了一些初步的想法，其中涉及可在进一步处理中使用的任务描述符(关键字)，如下一小节中所述的任务描述符。

2. 确定适当的特定域元知识

所有希望解决各种不同问题的系统都会面临这一问题。此处，特定域知识包括元数据、先验任务中习得的元知识及适当构形空间(构形元知识)的定义。确定特定域元知识的好处是能够专注更小的构形空间，并使搜索潜在最佳解决方案更为容易。

3. 获得数据

如果系统已知数据的位置，则该步骤非常容易执行。通常，数据会存储在某些数据库或 OLAP 中并从中检索。然而，如果我们希望系统能够自动执行这个步骤而不需要依赖人工协助，则该阶段也面临着一些挑战。

如第 14.2 节所述，我们可能会遇到的一个问题是可用数据很少。人类大量科学工作都会遇到这种情况。科学家们需要制定一个计划，该计划通常会涉及与外界或互联网某个网站的交互，以获得所需的数据。例如，在第 14.2 节，我们提到了用于处理该操作的机器人科学家系统。一些下一代数据科学系统可能希望在其设计中实现该技术。

4. 改变表征的颗粒度

该领域也面临着一些挑战。如第 14 章所述，许多实际应用程序会利用数据库或 OLAP 立方体中的信息来生成适当的聚合数据，以便能够推动数据挖掘的发展。尽管过去一些论文中讨论了这个问题，且在许多实际应用程序中这个问题极为重要，但在近期举办的一些数据科学研讨会(如上述 ADS 2019 研讨会)中并没有太多关注这个问题。

然而，如第 15 章所述，除了上述的聚合之外，还应考虑其他粒度的变化。因此，现有的挑战在于能否将这些过程纳入一个更为先进的 AutoDS 系统中。

18.3.8　具有更复杂结构解决方案的设计自动化

在第 15 章，我们探讨未来研究的多个方向。有人指出，并不是所有的解决方案都可以用工作流的形式表示，因为可能需要更复杂的结构(如条件运算符、迭代等)。因此，挑战在于如何扩展现有的元学习/AutoML 方法，以实现具有更复杂结构的解决方案。

18.3.9　设计元学习/AutoML 平台

本书各个章节不仅探讨了不同的方法，还详细介绍了相应的实施系统，特别是现有的元学习/AutoML 平台，该平台通常能够用于解决许多不同的问题。这些平台不仅对未来的研究非常重要，而且对现实世界的部署工作也非常重要。

然而，这些平台并不总是包括该领域的最新进展。因此，我们面临的挑战是如何扩展现有的平台，设计新的平台，并进行比较研究，以确定更有竞争力的平台，从而进一步开展研究工作。

读者的最终挑战

近几年来，许多新旧问题都出现了新的解决方案，也出现了许多新的挑战。随着 AutoML 和元学习在深度神经网络中的兴起，出现了许多新的研究社群。我们希望本书能够激发读者兴趣，激励他们参与到相应解决方案的研究工作中来。我们计划在本书的下一版中回顾这些挑战及其解决方案。

参 考 文 献

Konig, M., Hoos, H. H., and van Rijn, J. N. (2020). Towards algorithm-agnostic uncertainty estimation: Predicting classification error in an automated machine learning setting. In *7th ICML Workshop on Automated Machine Learning (AutoML)*.

彩　图

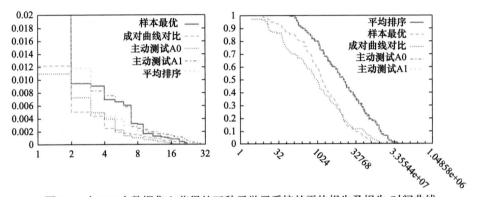

图 3.4　在 105 个数据集上获得的五种元学习系统的平均损失及损失-时间曲线

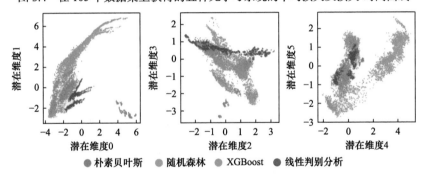

● 朴素贝叶斯　● 随机森林　● XGBoost　● 线性判别分析

图 4.2　基于 42000 个配置概率矩阵分解的潜在嵌入，用算法进行色彩编码

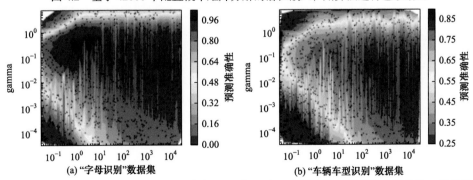

(a) "字母识别"数据集　　　　　　(b) "车辆车型识别"数据集

图 16.9　SVM 分类器的 gamma 和超参数 C 的曲面图(两个维度都显示了超参数的值，网格的颜色显示了特定配置的执行情况)

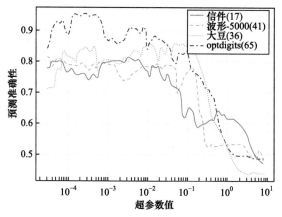

图 17.3   SVM gamma 超参数的边界

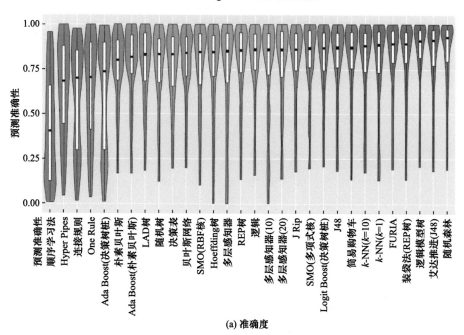

(a) 准确度

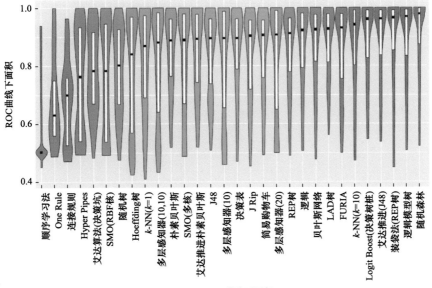

(b) ROC曲线下面积

图 17.4　算法在 105 个数据集上的排序(van Rijn，2016)

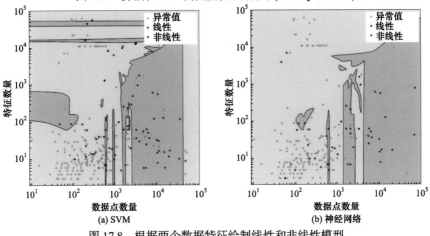

(a) SVM　　　　　　　　　　　　(b) 神经网络

图 17.8　根据两个数据特征绘制线性和非线性模型

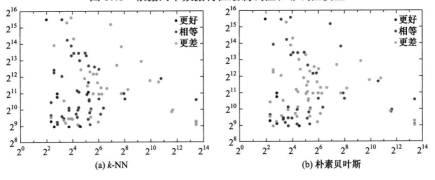

(a) k-NN　　　　　　　　　　　　(b) 朴素贝叶斯

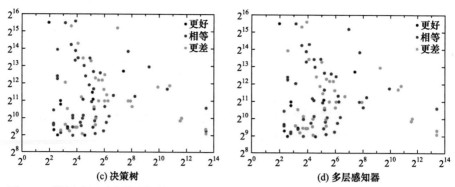

图 17.9　特征选择对分类器性能的影响及其对特征数量(x 轴)和实例数量(y 轴)的依赖(van Rijn，2016)

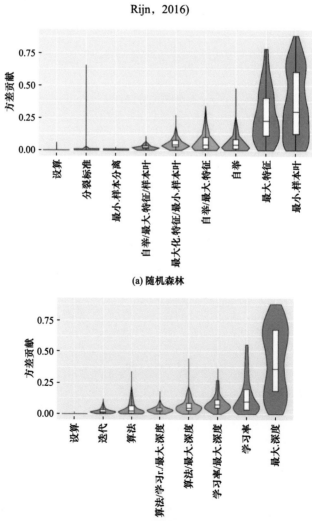

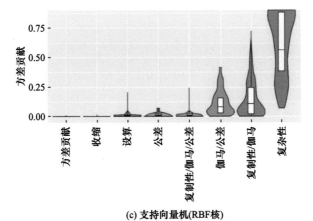

(c) 支持向量机(RBF核)

图 17.11　不同数据集的方差贡献(van Rijn 等，2018)